과학잡학사전 통조림

일반과학편

출판은 사람과 나무 사이에서 이루어지는 가치 있는 일입니다.
도서출판 사람과나무사이는 의미 있고 울림 있는 책으로
독자의 삶을 좀 더 풍요롭게 만들기 위해 최선을 다하겠습니다.

1NICHI 1PAGE DE SHOGAKUSEI KARA ATAMA GA YOKUNARU!
KAGAKU NO FUSHIGI 366

Interior illustrations by Arika CHIKARAISHI, Eiichiro TSUCHIYA
First published in Japan in 2021 by Kizuna Publishing.
Korean translation rights arranged with PHP Institute, Inc.
through Imprima Korea Agency.

지식을 쌓으려면
통째로, 조목조목!

과학 잡학사전 통조림

일반과학편

사마키 다케오 외 지음 | 서수지 옮김

사람과
나무사이

이 책을 읽는 독자들에게

인간을 포함해 우리 주위에 존재하는 자연에는 '재밋거리'가 넘쳐난다. 자연은 우리 눈에 보이지 않는 소립자와 원자·분자·이온 등 극소 세계에서부터, 크게는 우주까지 무척 넓다. 눈에 보이는 세계만 해도 돌, 흙, 풀, 나무, 곤충, 새, 동물에서 인간, 강, 바다, 하늘, 별까지 무궁무진하다.

전 세계 과학자는 이러한 자연을 상대로 다양한 연구에 집중하고 '상식'으로는 생각할 수 없는 일, 알고 나면 입이 떡 벌어지는 놀라운 일을 수없이 밝혀왔다.

그렇게 완성한 학문이 바로 자연과학(이하 '과학')이다.

그런데도 아직 이 세상에는 모르는 일투성이라서, 과학자들은 지금도 연구에 매진하고 있다. 자연에는 아직 수수께끼가 가득하다. 하지만 밝혀진 부분도 많다.

이 책에서는 광대한 자연의 비밀을 풀어, 여태까지 밝혀진 기본적인 사실을 보여주려 한다. 과학의 기본을 알게 되면 자연을 보는 눈과 자연의 원리를 파악하는 힘을 기를 수 있다.

우리 필자들은 우선 과학의 재미를 깨닫게 해주고 싶었다. 먼저 주제를 보고 '나라면 어떻게 생각할까?' 고민한 다음 읽어보자.

이 책에는 수긍할 수 있는 부분도, 동의할 수 없는 부분도, 이해할 수 있는 부분도 그렇지 않은 부분도 있을 것이다. 우리는 독자 여러분이 이 책을 읽고 '이건 왜 그럴까? 저건 뭐지?'라고 궁금증을 가지길 기대한다. 호기심과 바람직한 궁금증을 품고 배우는 과정은 사람을 풍요롭고 현명하게 만든다. 이것은 인생을 살아가는 소중한 자양분이 된다.

초등학생, 중학생, 고등학생, 이과 대학생, 과학을 가르치는 교사, 과학에 흥미 있는 성인 독자를 위한 잡지 『이과 탐험(RikaTAN)』에서 과학을 쉽고 즐겁게 전하려 애써온 필자들이 뭉쳤다. 고생스러운 편집 작업을 거쳐 이 책을 완성해주신 기즈나 출판사 편집부의 사와 유이치로(澤有一郎)에게 감사드린다.

필자들을 대표하여

사마키 다케오

· 차 례 ·

생물 | 인간

과학 | 다양한 힘

우주 | 우주의 구조

기계와 도구 | 소리와 영상의 원리

질병과 약 | 의료

생물 | 동물의 엄청난 힘

자연 | 금속과 보석

인체 | 몸속

과학 | 우리 주위의 화학

기계와 도구 | 놀라운 가전

먹을거리 | 먹을거리에 얽힌 불가사의

자연 | 지면

우주 | 굉장한 우주 지식

기계와 도구 | 도구가 뭐지

인체 | 몸의 차이

과학 | 전기

질병과 약 | 건강에 얽힌 불가사의

기계와 도구 | 탈것에 관한 놀라운 기술

생물 | 바이오 과학

자연 | 무서운 재해

과학 | 이리저리 바뀐다!

인체 | 얼굴

기계와 도구 | 디지털

우주 | 별

자연 | 아름다운 자연

먹을거리 | 과자

과학 | 화학 반응

질병과 약 | 몸이 이상해?

기계와 도구 | 문구의 원리

우주 | 지구와 달과 태양

과학 | 소리와 빛

질병과 약 | 감염병

인체 | 몸의 불가사의

자연 | 어떻게 만들까?

기계와 도구 | 편리한 도구

생물 | 벌레와 식물

먹을거리 | 식품 관련 기술

우주 | 우주 테크놀로지

기계와 도구 | 전기로 움직이는 원리

인체 | 느끼는 힘

이 책 사용법

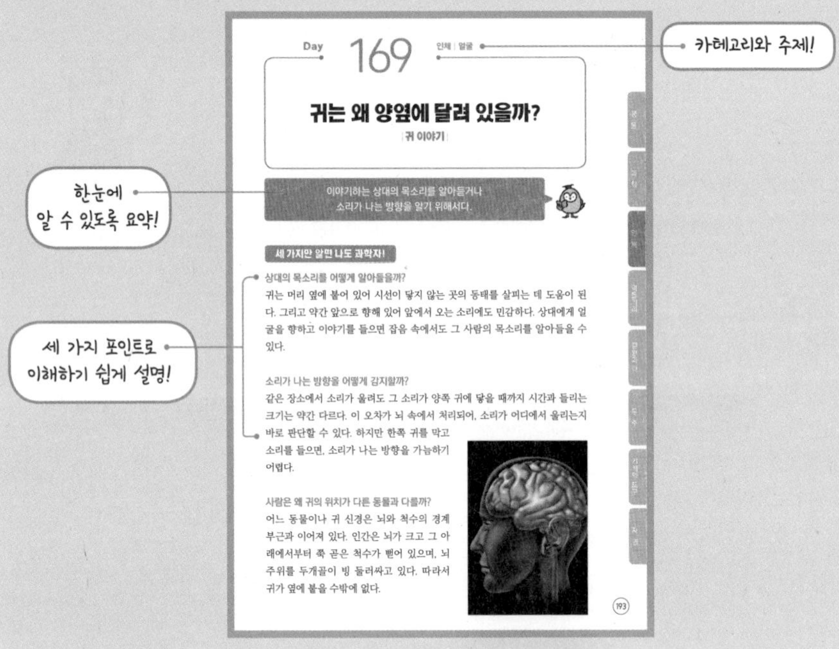
Day 169 인체 | 얼굴

귀는 왜 양옆에 달려 있을까?

| 귀 이야기 |

이야기하는 상대의 목소리를 알아듣거나
소리가 나는 방향을 알기 위해서다.

세 가지만 알면 나도 과학자!

상대의 목소리를 어떻게 알아들을까?
귀는 머리 옆에 붙어 있어 시선이 닿지 않는 곳의 동태를 살피는 데 도움이 된다. 그리고 약간 앞으로 향해 있어 앞에서 오는 소리에도 민감하다. 상대에게 얼굴을 향하고 이야기를 들으면 잡음 속에서도 그 사람의 목소리를 알아들을 수 있다.

소리가 나는 방향을 어떻게 감지할까?
같은 장소에서 소리가 울려도 그 소리가 양쪽 귀에 닿을 때까지 시간과 들리는 크기는 약간 다르다. 이 오차가 뇌 속에서 처리되어, 소리가 어디에서 울리는지 바로 판단할 수 있다. 하지만 한쪽 귀를 막고 소리를 들으면, 소리가 나는 방향을 가늠하기 어렵다.

사람은 왜 귀의 위치가 다른 동물과 다를까?
어느 동물이나 귀 신경은 뇌와 척수의 경계 부근과 이어져 있다. 인간은 뇌가 크고 그 아래에서부터 쭉 곧은 척수가 뻗어 있으며, 뇌 주위를 두개골이 빙 둘러싸고 있다. 따라서 귀가 옆에 붙을 수밖에 없다.

193

생물

동물과 식물, 곤충 등 다양한 생물의 불가사의 해명!

과학

원자와 분자, 화학 반응 등 작은 세계의 비밀 해명!

기계와 도구

우리 주위에서 흔히 볼 수 있는 기계와 편리한 도구의 원리 해명!

먹을거리

먹을거리와 요리 등의 비밀 해명!

질병과 약

다양한 질병과 그 병을 치료하는 방법 해명!

우주

지구와 달, 태양, 온갖 별 그리고 우주의 수수께끼 해명!

자연

날씨와 자연재해, 자연현상 등의 불가사의 해명!

인체

우리 몸의 구조, 우리 몸속 탐험!

Day **001** 생물 | 인간

인간은 원래 원숭이였다?

|진화론 이야기|

현존하는 원숭이가 인간으로 진화한 것은 아니지만,
거슬러 올라가면 원숭이와 인간의 조상은 같다.

세 가지만 알면 나도 과학자!

인류는 약 700만 년 전에 처음 등장했다!

현재 알려진 가장 오래된 인류는 아프리카에서 발견된 사헬란트로푸스다. 인류는 침팬지와 같은 조상에서 갈라져 나온 뒤 두 발로 서서 걷기 시작했다.

우리는 호모 사피엔스!

우리의 선조는 약 20만 년 전 아프리카에서 탄생한 호모 사피엔스다. 이전의 다른 인류는 모두 멸종했다. 호모 사피엔스는 지금으로부터 약 6만 년 전 아프리카를 떠나 전 세계로 퍼져나갔다.

다윈이 생각한 진화론

생물의 진화란 '생명이 시작된 이후 점진적으로 변해가는 현상'을 말한다. 일반적으로 부모와 자식은 닮은꼴인데, 자식 세대에서 변화가 일어나 부모와 다른 생물이 되기도 한다. 그중에서 환경에 잘 적응한 자손만 살아남는다. 영국의 생물학자 찰스 다윈은 1850년 자연선택을 통한 종의 진화 이론을 담은 『종의 기원』을 출간해 학계에서 큰 논쟁을 일으켰다.

찰스 다윈

Day 002 생물 | 인간

아기는 어떻게 태어날까?

| 생식 이야기 |

어머니의 난자와 아버지의 정자가 만나 수정하면서 생명이 시작된다.

세 가지만 알면 나도 과학자!

어머니의 난소와 아버지의 정소

어머니의 난소에는 난자를 생성할 수 있는 물질이 가득 들어 있다. 여기서는 대체로 한 달에 한 개의 난자를 배출한다. 그리고 아버지의 정소에서는 정자가 만들어지는데, 정자는 매우 작아 한 번에 수천만 개에서 수억 개가 배출된다.

수정란에서 아기 탄생까지

난자 한 개와 정자 한 개가 어머니의 몸속에서 만나 만들어진 수정란은 자궁에 자리 잡고 성장한다. 지름 0.1밀리미터가량의 수정란은 어머니에게서 영양분과 산소를 공급받아 점점 자란다. 그리고 약 270~280일 지난 뒤 아기로 태어난다.

사람은 유성생식으로 자손을 남긴다

생물이 자손을 남기는 방법에는 '무성생식'과 '유성생식'이 있다. 튤립처럼 알뿌리에서 자라 번식하는 것을 '무성생식'이라고 하는데, 이때 새로 생긴 튤립은 부모 튤립과 같다. 반면 암컷과 수컷의 수정으로 태어나는 것을 '유성생식'이라고 하는데, 이때는 부모와 다른 자식이 태어난다.

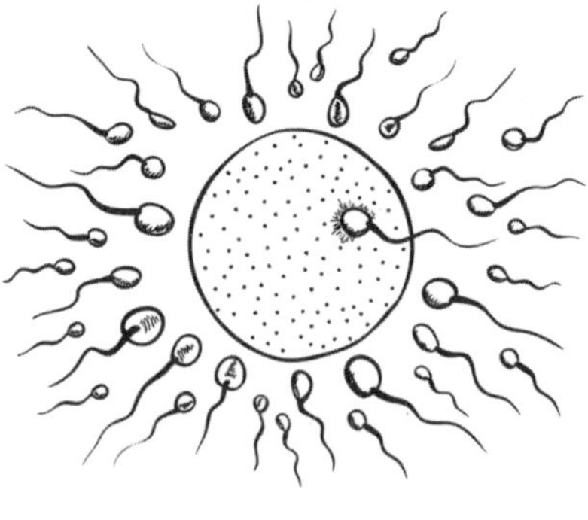

Day 003 생물 | 인간

배 속 아기는 어떻게 자랄까?

|임신 이야기|

수정란이 어머니의 자궁에 자리 잡으면서 자라기 시작한다.

세 가지만 알면 나도 과학자!

수정란이 어머니의 자궁벽에 자리 잡으면 임신!

수정란이 만들어지고 약 24시간 후부터 분열(난할)이 시작된다. 1개가 2개로, 2개가 4개로, 4개가 8개로…… 점점 늘어난다. 수정 후 4.5일 동안 세포 수가 100개를 넘으면 자궁벽에 착상한다.

어머니의 몸에서 영양분과 산소를 받으며 성장

수정란이 자궁벽에 착상하기 전에는 세포 자신의 영양분을 사용한다. 착상 후에는 어머니의 몸에서 태반을 통해 영양분과 산소를 공급받는다. 그리고 한 종류의 세포가 피부나 근육같이 성질이 다른 세포로 변화한다.

270~280일 지나면 드디어 출생!

임신 5주 차에는 심장 등의 장기와 탯줄이 만들어진다. 탯줄은 아기와 자궁의 태반을 연결하고, 모체와 이런저런 물질을 주고받는 혈관을 말한다. 임신 3개월 차에 들어서면 팔다리와 얼굴, 이목구비가 뚜렷해지며 사람의 형태를 갖춘다. 270~280일이 지나 키 50센티미터, 몸무게 3킬로그램 정도가 되면 세상에 태어난다.

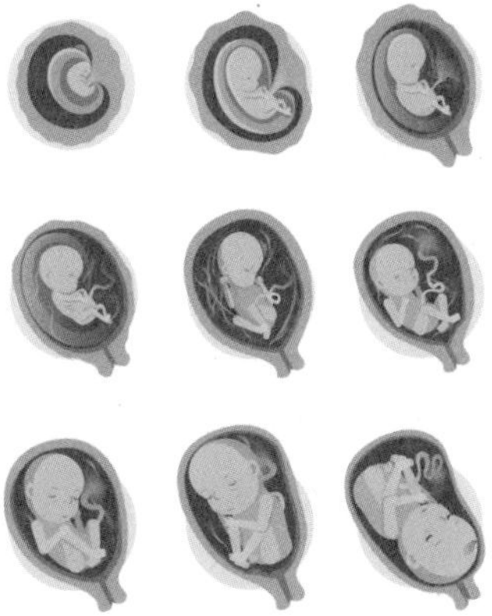

Day 004 생물 | 인간

사람은 왜 사는 곳에 따라 피부와 머리카락 색깔이 달라질까?

| 진화론 이야기 |

피부와 머리카락이 검은 이유는 검은색 색소인 '멜라닌'이 더 많기 때문이다.

세 가지만 알면 나도 과학자!

피부가 검어지는 이유는 멜라닌 색소가 늘어나기 때문

햇볕에 오래 노출되면 피부가 붉게 달아오르거나 까무잡잡하게 탄다. 피부색이 검어지는 이유는 피부가 자외선을 흡수해 세포를 지키는 검은색 멜라닌 색소를 만들어내기 때문이다.

피부와 머리카락 색깔의 차이는 멜라닌 색소의 양 때문

사람의 피부는 멜라닌 색소가 많을수록 검은색, 노란색, 흰색이 된다. 머리카락 역시 멜라닌 색소의 양에 따라 검은색, 갈색, 금색이 되고, 멜라닌 색소가 더 없어지면 백발이 된다. 그렇다면 햇볕이 강한 지역에 사는 사람의 피부가 검은 이유는 뭘까? 그것은 몸이 풍부한 멜라닌 색소를 방패 삼아 자외선으로부터 피부를 지키기 위해서다.

이제 더는 피부색으로 인종을 나누지 않는다

예전에는 피부색이 다르다는 이유로 사람을 백인종, 황인종, 흑인종으로 나누고 차별했다. 그러나 인권의식과 평등의식이 높아져 이제 더는 피부색으로 인종을 구분하지 않는다. 인류는 모두 같은 '호모 사피엔스 종'이다.

Day 005 생물 | 인간

대다수 생물은 왜 남자와 여자로 나뉠까?

|유성생식 이야기|

부모의 유전자가 합해지면 다양한 환경에 적응할 수 있는 자녀가 태어날 수 있다.

세 가지만 알면 나도 과학자!

성별이 없는 생물의 자손은 부모 유전자를 그대로 물려받는다

박테리아균은 부모의 유전 정보를 복제해 몸이 두 개로 분열될 때, 각각 절반씩 새로운 몸에 들어간다. 부모가 자손에게 같은 유전 정보를 전달하는 이런 번식 방법을 '무성생식'이라고 한다.

지상의 생물은 대부분 유성생식을 한다

성별이 있는 생물은 암컷과 수컷의 유전 정보가 절반씩 섞여 자손에게 전달된다. 따라서 두 개체의 성질을 물려받은 자손은 다양한 성질을 가지게 된다. 이처럼 자손이 다양한 유형으로 나타나는 생물은 주위 환경이 아무리 변해도 살아남을 수 있다.

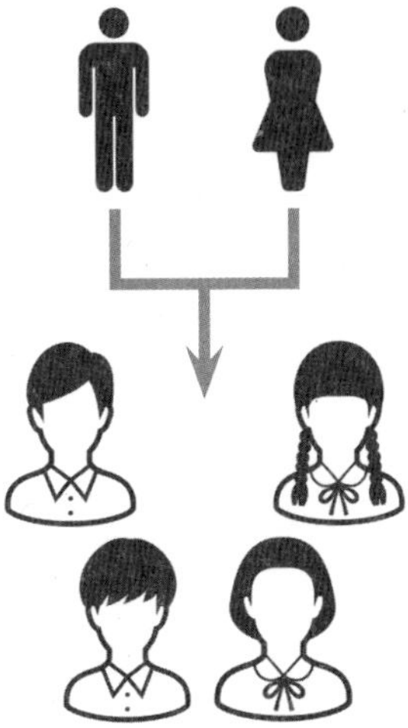

동물은 암컷과 수컷으로 나뉜다

유성생식 생물은 진화해 다양한 크기의 알을 낳는 것과 정자를 만드는 것으로 나뉜다. 수정 후 성장할 필요가 있는 알을 낳는 암컷과 수많은 정자를 생성하는 수컷이 되는 것이다. 하지만 달팽이와 지렁이처럼 한 개체에 암컷과 수컷이 함께 존재하는 생물도 있다.

고래와 인간이 친척이라고?

| 포유류 이야기 |

고래와 인간은 젖을 먹여 새끼를 키우는 '포유류'다.

세 가지만 알면 나도 과학자!

등뼈가 있는 척추동물

동물은 등뼈가 있느냐 없느냐를 기준으로 척추동물과 무척추동물로 나뉜다. 척추동물의 몸은 등뼈, 즉 척추뼈를 비롯한 여러 종류의 뼈와 발달한 근육으로 이루어져 있다. 그리고 맨 앞부분의 뼈에는 뇌가 들어 있다.

포유류는 척추동물 중 하나

척추동물은 신체의 구조와 살아가는 방식에 따라 포유류(哺乳類), 조류, 파충류, 양서류, 어류로 나뉜다. 포유류란 새끼에게 젖을 먹여 기르는 모든 동물을 의미한다.

고래와 인간은 포유류

포유류가 육지에만 사는 것은 아니다. 고래, 돌고래, 바다표범처럼 물속에서 생활하는 포유류도 있다. 그러므로 포유류라는 분류 안에서는 사람과 고래가 먼 친척이다. 포유류는 알이 아니라 새끼를 낳는데, 특이하게도 오스트레일리아에 사는 오리너구리는 알을 낳는 포유류다.

포유류
(젖을 먹고 자라는 동물)

인간은 왜 꼬리가 없을까?

|꼬리 이야기|

옛날에는 인간도 꼬리가 있었는데 점차 필요 없어져 퇴화했다.

세 가지만 알면 나도 과학자!

꼬리의 역할

꼬리는 균형을 잡거나, 나뭇가지에 휘감아 떨어지지 않게 붙잡거나, 감정을 전달하는 등의 역할을 한다.

손이 자유로워진 인간은 꼬리가 필요 없어졌다

인간은 직립하면서 머리로 균형을 잡았다. 또한 초원에서 생활하면서 손짓, 몸짓, 언어로 감정을 전달함에 따라 점차 꼬리가 필요 없어져 퇴화했다.

꼬리뼈가 꼬리의 흔적

사람의 꼬리는 완전히 사라진 것이 아니다. 퇴화해서 앞쪽으로 감겨 들어가 골반을 지탱하는 꼬리뼈로 남아 있다. 꼬리뼈는 등뼈 끝에 있어, 부딪히거나 넘어지면 골절되기도 한다. 꼬리뼈와 같은 이유로, 귀를 움직이는 근육도 인간이 사용하지 않아 퇴화한 사람이 많다.

사물은 왜 아래로 떨어질까?

| 인력 이야기 |

지구상의 모든 물체는 지구 중심 방향으로 끌어당겨지기 때문이다.

세 가지만 알면 나도 과학자!

모든 물체는 중력에서 벗어날 수 없다

지구상 모든 생물과 무생물은 지구의 인력, 즉 중력에서 벗어날 수 없다. 따라서 아무리 힘껏 뛰어올라도 땅으로 떨어지고, 손에 들고 있던 물건을 놓으면 반드시 아래로 떨어진다. 이는 물체가 지구의 중심 방향으로 끌어당겨지기 때문이다.

뉴턴이 발견한 만유인력

모든 물체 사이에는 서로 잡아당기는 힘이 작용한다. 이것을 '만유인력'이라고 한다. 사람도 주위 물체와 아주 작은 힘으로 서로 잡아당긴다.

무게(질량)가 커질수록 인력은 커진다

두 물체 중 질량이 큰 쪽의 힘이 더 세다. 그중 하나가 지구라면, 지구와 다른 물체가 서로 잡아당기는 힘은 매우 크다. 지구가 꼼짝하지 않아도 그 물체가 지구 쪽으로 끌어당겨져 지구 중심 방향, 즉 아래로 움직인다. 참고로, 달은 지구보다 질량이 작아 같은 물체라도 인력이 지구의 약 6분의 1밖에 되지 않는다.

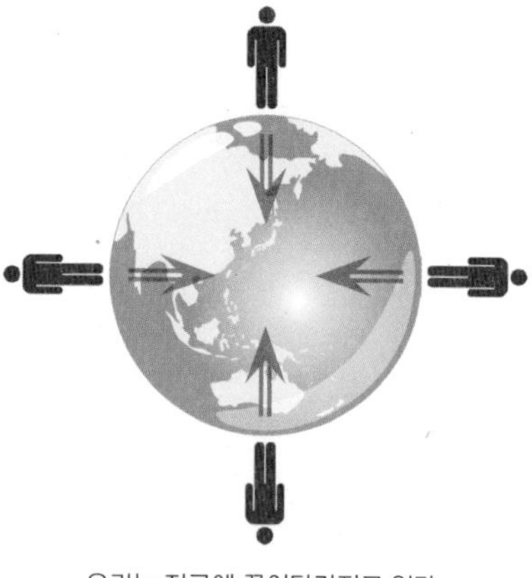

우리는 지구에 끌어당겨지고 있다.

달리는 전철 안에서 점프하면 어떻게 될까?

|관성의 법칙 이야기|

지금 서 있는 자리에서 직접 점프해보면 알 수 있다.

세 가지만 알면 나도 과학자!

지구는 엄청난 속도로 움직이고 있다

동쪽에서 시작해 하루 만에 출발점으로 돌아가는 것을 지구의 '자전'이라고 한다. '속도 = 거리 ÷ 시간'이라는 공식을 이용하면 속도를 계산할 수 있다. 만약 하루에 움직이는 거리가 약 3만 3,000킬로미터일 경우, '3만 3,000 ÷ 24 = 약 1,400'이다. 즉, 지구는 시속 1,400킬로미터라는 엄청난 속도로 움직이고 있다.

아무리 여러 번 반복해도 원래 장소로 떨어진다

지구는 엄청난 속도로 움직이고 있다. 젖 먹던 힘까지 짜내 점프하면 떨어지는 동안 지구가 동쪽으로 움직이니 처음과 다른 지점에 떨어진다고 생각할 수 있다. 하지만 점프했다가 착지하는 장소는 언제나 같다.

같은 속도를 유지하는 '관성의 법칙'

아무리 높이 점프하더라도 지구의 자전과 같은 속도를 유지하므로 원래 장소에 떨어진다. 전철 안에서 점프해도 마찬가지다. 일정한 속도로 움직일 때, 그 속도를 유지하는 '관성의 법칙'이 성립하기 때문이다. 움직이는 물체는 같은 속도를 유지하려는 경향이 있는데, 이런 성질을 '관성'이라고 한다.

전철 안에서 점프하는 사람을
옆에서 본 모습

Day **010** 과학 | 다양한 힘

사람의 몸은 왜 물에 뜰까?

|부력 이야기|

액체가 물체를 위로 밀어 올리는 '부력' 때문이다.

세 가지만 알면 나도 과학자!

액체 속에서는 '부력'의 영향으로 물체가 뜬다

액체 속에 있는 물체는 부력의 영향을 받는다. 부력이란 '액체 속에 있는 물체가 그 물체에 작용하는 압력에 의해 위로 뜨려는 힘'을 말한다. 욕조나 수영장에 들어갔을 때 몸이 뜨는 것도 부력 때문이다.

아르키메데스의 원리로 부력의 크기를 알 수 있다

액체나 기체 속의 물체는 밀어 올리는 액체나 기체가 받는 중량과 같은 크기의 부력을 받는다. 예를 들어 1세제곱미터의 물체가 물속에 있다면, 그 물체가 받는 부력은 '1세제곱미터의 물 중량과 같은 크기'다. 이를 '아르키메데스의 원리'라고 한다.

바닷물은 담수보다 무겁다

그렇다면 담수와 바닷물(해수) 중 어느 쪽의 부력이 더 클까? 바닷물의 부력이 더 크다. 왜냐하면 밀어 올리는 액체의 부피는 같아도 바닷물이 더 무겁기 때문이다. 참고로, 물에서 가장 큰 부력을 받는 장소는 이스라엘과 요르단 국경에 있는 사해다.

고대 그리스 과학자 아르키메데스는 목욕을 하다가 '아르키메데스의 원리'를 생각해내고는 "유레카!"라고 외쳤다.

Day **011** 과학 | 다양한 힘

손을 서로 비비면 왜 따뜻해질까?

| 마찰 이야기 |

물체끼리 마주 비비면 마찰열이 발생하기 때문이다.

세 가지만 알면 나도 과학자!

나무를 이용한 불 피우기

먼 옛날부터 인류는 불을 피우기 위해 갖은 노력을 기울였다. 그중 하나가 나무끼리 비벼 생기는 마찰열로 불씨를 만드는 방법이다. 219일 차에서 소개하는 '지워지는 볼펜'도 마찰열을 이용한 제품이다.

분자 운동이 활발해지면 온도가 올라간다

물질은 원자와 분자로 이루어져 있다. 그리고 온도에 따라 다른 운동('분자 운동'이라고 부른다)을 한다. 분자 운동은 온도가 높아질수록 격렬해진다. 따라서 온도가 낮아지면 잠잠해진다.

마찰이 일어나면 분자 운동이 활발해진다

손바닥을 마주 비비면 왜 맞닿은 부분의 온도가 올라갈까? 물체 표면에 있는 분자끼리 격렬하게 부딪치거나 잡아당겨 분자 운동이 활발해지기 때문이다. 표면이 매끈매끈한 물체보다 거칠거칠한 물체의 마찰력이 더 커서 마찰열이 더 많이 발생한다. 손을 비빌 때 발생하는 마찰열의 원천은 '운동 에너지'다.

핸드 드릴(Hand drill) 방식

Day 012 과학 | 다양한 힘

롤러코스터는 거꾸로 뒤집혀 달리는데 왜 떨어지지 않을까?

| 원심력 이야기 |

롤러코스터에 타고 있는 사람의 몸은 똑바로 나아가도 꺾이는 방향과 반대로 잡아당겨지기 때문이다.

세 가지만 알면 나도 과학자!

건조기 안의 옷이 드럼 벽에 달라붙는 현상과 같다!

건조기로 옷을 말리면 회전하는 드럼 벽에 옷가지가 달라붙는다. 또 자동차나 전철을 타고 커브 길을 돌면 외벽에 눌리는 느낌이 든다. 롤러코스터에서도 이와 같은 현상이 발생한다.

물이 가득 담긴 양동이를 빙빙 돌리면 어떻게 될까?

천천히 돌리면 중력 때문에 물이 쏟아지지만, 힘차게 돌리면 원심력이 작용해 물이 양동이 바닥에 들러붙어 쏟아지지 않는다. 양동이 안의 물에 작용하는 중력보다 원심력이 더 크기 때문이다. 롤러코스터에도 같은 원리가 적용된다.

물체는 똑바로 나아가려는 성질이 있다

롤러코스터가 커브에 걸리면 몸은 똑바로 나아가는데, 롤러코스터는 몸과 같은 방향으로 따라가지 않는다. 그래서 롤러코스터가 도는 방향과 반대 방향으로 잡아당겨진다. 그 힘이 원심력이다. 원심력이란 원운동을 하는 물체나 입자에 작용해 원의 바깥으로 나아가려는 힘을 말한다. 회전할 때 원운동 속도가 크면 원심력도 커진다.

【원심력】

자석은 왜 금속에 붙을까?

| 자석 이야기 |

자석에 붙는 금속의 원자도 아주 작은 자석이다.

세 가지만 알면 나도 과학자!

모든 금속이 자석에 붙는 것은 아니다

금속은 모두 자석에 붙을까? 아니다. 철, 니켈, 코발트 등의 금속만 자석에 붙는다. 자석은 N극과 S극으로 나뉘어 있는데, N극과 S극은 서로 잡아당기고, N극과 N극, S극과 S극은 서로 밀어낸다.

원자 자석의 방향이 가지런하면 자석에 붙는다

철 원자 자석에도 N극과 S극이 있다. 철은 원자도 자석이라서 '자구(磁區)'라는 영역마다 철 원자 자석의 N극과 S극 방향이 가지런하다. 그러나 전체적으로는 제각기 다른 방향을 가리킨다. 따라서 자석의 N극을 가까이 가져가면 그 자구의 철 원자 자석들의 S극이 일제히 그 방향으로 마주 당긴다.

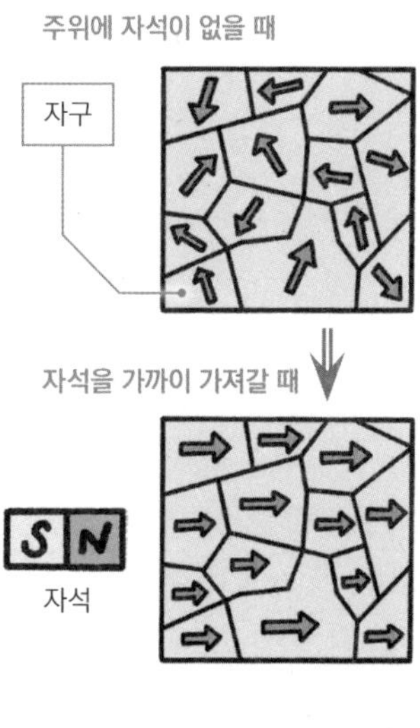

금속 중 쓰임새가 가장 많은 철

철은 세계에서 가장 많이 생산되고 쓰임새도 가장 많은 금속이다. 철이 전체 금속의 90퍼센트를 차지하며, 그다음은 알루미늄, 동 순이다. 그 외에 금, 백금, 은, 마그네슘, 티타늄, 주석, 아연, 니켈, 코발트 등이 있다.

칼은 왜 날카로울수록 잘 들까?

| 압력 이야기 |

같은 크기의 힘을 받더라도 힘이 가해지는 면적에 따라 압력의 효과가 다르기 때문이다.

세 가지만 알면 나도 과학자!

힘이 작용하는 면적에 따라 효과가 다르다

눈이 많이 쌓인 길에서 평소에 신던 신발을 신으면 푹푹 빠져 제대로 걸을 수 없다. 대신 스키나 설피, 스노보드를 신으면 발이 빠지지 않는다. 이런 신발은 보통 신발보다 너비가 훨씬 넓어 힘이 분산되기 때문이다.

힘과 힘이 가해지는 면적을 모두 고려한다

같은 크기의 힘을 가해도 면적이 다르면 효과도 다르다. 같은 힘을 가했을 때 면적이 작으면 효과가 크고, 면적이 크면 효과가 작다. 따라서 힘이 가해지는 면적을 고려해서 압력을 비교해야 한다.

압력이란?

압력이란 무엇일까? 면적 1제곱미터당 수직으로 누르는 힘의 크기를 말한다. 칼은 같은 크기의 힘을 가했을 때 날이 얇을수록 날이 닿는 지점의 압력이 커서 잘 썰린다. 따라서 칼날 두께를 최대한 얇게 만들어야 한다. 압력을 구할 때는 다음 공식을 따른다. '압력(파스칼, Pa) = 면을 수직으로 누르는 힘(뉴턴, N) ÷ 면적(m^3)'.

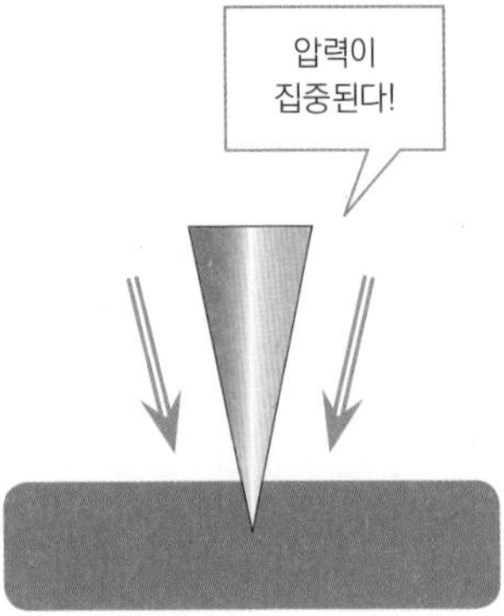

사람 몸에서 왜 방귀가 나올까?

|방귀 이야기|

식사할 때 음식물과 함께 삼킨 '공기'와 '장내 세균'이 만나 기체 형태의 방귀를 내뿜는다.

세 가지만 알면 나도 과학자!

방귀 성분 대부분은 식사 중에 삼킨 '질소'

방귀의 주요 성분은 뭘까? 질소가 약 60~70퍼센트로 가장 많다. 그다음은 수소가 10~20퍼센트, 이산화탄소가 10퍼센트 정도다. 그 밖에 산소, 암모니아, 유화수소, 스카톨, 인돌 등이 있다. 질소는 우리가 삼킨 공기 안에 있던 것이다.

방귀로 나오는 장내 가스는 10퍼센트 미만

방귀 성분에는 수소와 메탄 등의 가스가 섞여 있다. 이런 가스는 우리가 삼킨 공기와 함께 대장에 들어온 소화 덜 된 음식을 장내 세균이 먹이로 삼을 때 발생한다. 보통 가스는 장(주로 대장)에 200밀리리터 정도 차 있는데, 그중 일부가 방귀로 나온다. 방귀의 양은 먹은 음식과 몸 상태에 따라 달라진다. 한 번에 15밀리리터가량 나오며, 하루에 40밀리리터에서 2리터 정도 배출되는 것으로 알려져 있다.

방귀에서 냄새가 나는 이유

방귀를 뀌면 냄새가 나는 이유는 뭘까? 방귀의 성분인 암모니아, 유화수소, 스카톨, 인돌 등이 약하지만 고약한 냄새를 풍기는 가스이기 때문이다. 참고로, 장내 가스 대부분은 장벽에서 혈액 속으로 흡수되어 호흡할 때 배출된다.

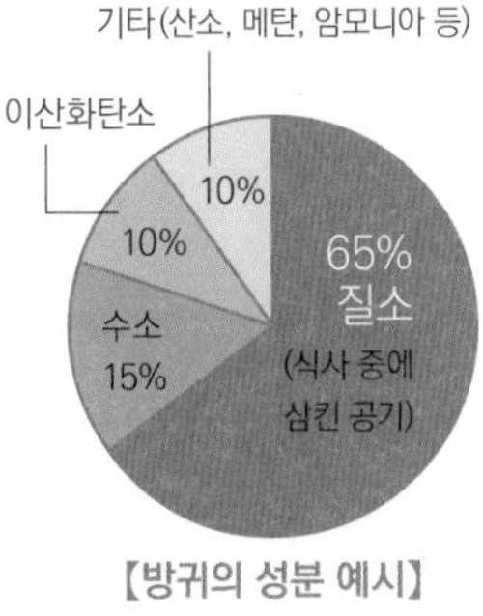

【방귀의 성분 예시】

대변은 무엇으로 이루어져 있을까?

| 대변 이야기 |

대변은 물, 위장에서 죽은 세균, 장내 세균 사체 등으로 이루어져 있다.

세 가지만 알면 나도 과학자!

대변은 절반 이상이 수분으로 되어 있다?!

음식의 종류와 양, 소화 흡수 상태에 따라 대변의 구성 성분이 다르지만 대체로 수분이 60퍼센트를 차지한다. 그 외 위장 표면에서 벗겨진 물질(장벽 세포 사체)이 15~20퍼센트, 장내 세균 사체가 10~15퍼센트, 음식에서 발생한 가스가 5퍼센트 정도 차지한다. 대변이 황갈색을 띠는 것은 담즙 색소(빌리루빈) 때문이다.

장벽 세포의 사체와 장내 세균

장내에는 많은 세균이 서식한다. 그것을 전부 합치면 1킬로그램 정도 된다. 위장 내벽에 생존하는 세포의 수명은 짧다. 예를 들어 위장 융모는 수명이 24시간인데, 죽으면 벗겨진다. 이 물질이 장벽 세포 사체다. 대장 내에는 약 100조 마리의 세균이 살고 있는데, 장내 세균(죽어 있거나 살아 있는 세균)도 대변을 구성하는 성분이다.

대변의 양과 횟수

하루에 한 번, 1회에 100~200그램이 일반적이다. 동물성 식품을 많이 먹으면 식물성 식품을 섭취했을 때보다 양과 횟수가 줄어든다. 대변의 구린내는 방귀 냄새와 마찬가지 원리로 장내 세균이 악취 물질을 생성하기 때문이다.

Day 017

소변은 무엇으로 이루어져 있을까?

|소변 이야기|

> 소변은 원래 세균에서 생성된 노폐물이며,
> 포유동물의 소변은 주로 요소로 이루어져 있다.

세 가지만 알면 나도 과학자!

몸속에서 독성이 강한 암모니아가 생성된다

우리 몸속 세균은 몸속의 영양분과 산소에서 생존에 필요한 에너지를 뽑아낸다. 그 과정에서 포도당 등 탄수화물과 지방은 이산화탄소를 만들어내고, 단백질은 독성이 강한 암모니아를 만들어낸다.

소변을 통해 암모니아를 배출한다

이산화탄소는 폐를 통해 몸 밖으로 배출되지만, 암모니아 배출은 생물에게 사활이 걸린 중대한 문제다! 암모니아가 쌓이면 죽음에 이를 수 있기 때문이다. 사람(포유류)은 암모니아를 간으로 운반해 암모니아보다 독성이 훨씬 약한 요소로 바꾼다. 요소는 신장에서 걸러져 소변으로 방광에 저장되고 소변을 통해 몸 밖으로 배출된다.

파충류와 조류는 요산으로 배출한다

육상 생활을 하는 많은 곤충류, 조류의 노폐물은 대개 물에 녹지 않는 '요산'으로 배출된다. 배설물처럼 보이는 하얀 크림 상태의 덩어리가 소변이다. 참고로, 사람도 약간의 요산을 배출한다. 그런데 요산이 제대로 배출되지 않고 다리 등에 쌓이면 통증을 동반하는 통풍이라는 질병에 걸릴 수 있다.

생물
과학
인체
먹을거리
질병과 약
우주
기계와 도구
자연

피는 무엇으로 이루어져 있을까?

| 혈액 이야기 |

혈액의 성분은 혈장이라는 액체와 적혈구, 백혈구, 혈소판이라는 세 종류의 혈구로 이루어져 있다.

세 가지만 알면 나도 과학자!

세 종류의 혈구는 각각 다른 역할을 한다

혈구의 99퍼센트 이상이 적혈구다. 혈구는 모양도 기능도 각각 다르다. 적혈구는 산소를 운반하고, 백혈구는 세균을 에워싸고 분해하는 작용(식균 작용)을 하며, 혈소판은 혈액을 응고해 출혈을 막는 역할을 한다.

혈장의 역할

혈액은 혈장 성분 55퍼센트, 혈구 성분 45퍼센트로 이루어져 있다. 혈장의 약 90퍼센트는 수분이며 단백질, 포도당, 염화나트륨, 기타 무기질(미네랄) 등이 포함되어 있다. 혈장은 영양분과 각종 배출물을 운반하는 역할을 한다.

골수는 혈구 생산 공장

혈구의 수명은 의외로 짧아 며칠에서 몇 개월 주기로 새로운 세포로 교체된다. 뼈 중심부에 있는 골수가 혈구를 만드는 공장 역할을 한다. 골수에는 조혈모세포가 있는데, 이를 원료로 적혈구, 백혈구, 혈소판이 만들어진다. 참고로, 인간의 혈액량은 몸무게의 약 8퍼센트다. 따라서 몸무게가 50킬로그램인 사람의 혈액은 약 4킬로그램(4리터)이다.

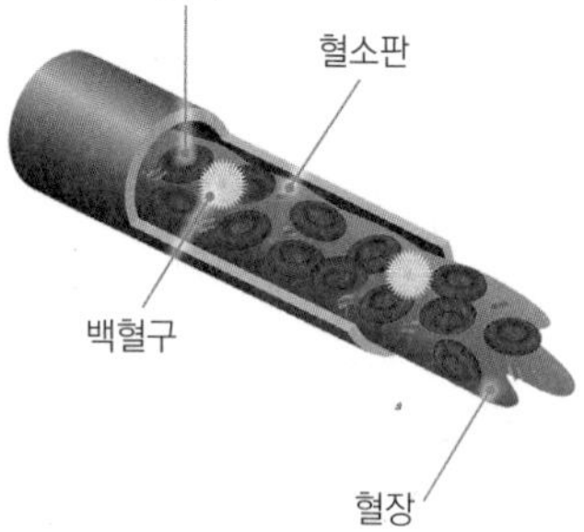

Day 019

피는 왜 저절로 멈출까?

|혈소판 이야기|

상처가 생기면 혈소판이 활약해 피가 흐르는 것을 막아준다.

세 가지만 알면 나도 과학자!

혈관이 망가지면 혈소판이 상처를 메운다

혈관에 상처가 생겨 피가 나면 어떤 일이 일어날까? 이 피를 멈추게 하려고 작은 혈소판이 활약한다. 상처가 생긴 혈관 부위에 혈소판이 잔뜩 달라붙어 일단 상처를 땜질한다

이어서 단백질 실을 생성한다

그런 다음 혈소판 등이 제각각 활발히 활동하여 혈장 속의 단백질에서 순식간에 많은 양의 실을 만들어낸다. 그물처럼 생긴 이 실이 혈구에 엉겨 붙어 떡처럼 응고되고, 이렇게 응고된 피가 상처 입구를 막아 출혈이 멈춘다. 이처럼 응고된 피가 피부 바깥쪽으로 나와 말라붙으면 '딱지'가 생긴다.

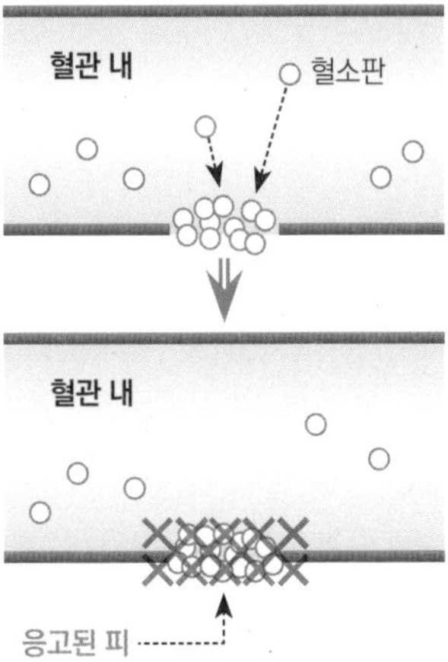

세포가 모여 상처 입구를 봉쇄한다

이 단계에서 우리 몸은 새로운 조직을 만든다. 좀 더 구체적으로 이는 상처 입구를 막고 있던 응고된 피 아래로 주위의 세포가 모여들면서 나타나는 몸속 활동이자 현상이다. 그러면 마침내 상처가 낫는다.

사람은 왜 숨을 쉴까?

|호흡 이야기|

공기 속의 산소를 몸속 세포로 받아들이기 위해 숨을 쉰다.

세 가지만 알면 나도 과학자!

숨을 쉬는 이유는?

우리 몸속 세포는 산소와 영양분이 하나가 되어 에너지를 만들어낸다. 우리가 먹은 음식에서 영양분을 흡수하고, 숨을 쉴 때 공기 중의 산소를 받아들인다.

날숨 속의 산소와 이산화탄소

우리가 들이마신 숨, 즉 들숨에는 약 21퍼센트의 산소가 포함되어 있다. 이 중 날숨 때 약 16~17퍼센트만 뱉어내고 나머지는 몸속에 남아 있다. 들숨 속에 0.04퍼센트 들어 있던 이산화탄소가 날숨에서는 4퍼센트 가까이 증가한다.

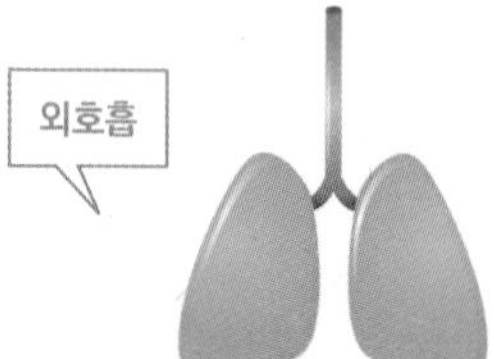

폐(의 세포)로 산소를 흡수하고
이산화탄소를 배출한다.

외호흡과 내호흡

외호흡이란 호흡으로 폐에서 산소를 받아들이고 이산화탄소를 배출하는 과정이다. 온몸의 세포에서 산소와 영양분으로 에너지원을 추출하는 과정을 내호흡(세포 호흡)이라고 하는데, 여기에 필요한 산소는 폐에서 적혈구를 통해 몸속 세포로 운반된다.

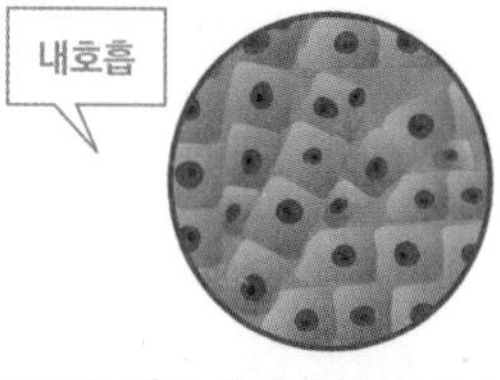

세포에서 산소와 영양분으로 에너지원을
추출하고 이산화탄소를 내보낸다.

Day 021

더우면 왜 땀이 날까?

|땀 이야기|

더우면 몸에서 열이 나기 때문에 땀을 내보내 체온을 조절한다.

세 가지만 알면 나도 과학자!

땀샘에서 나오는 땀

피부에는 땀샘이 있는데, 이 땀샘을 통해 염분과 요소 등을 포함한 땀이 배출된다. 땀샘에서 나온 땀은 증발할 때 몸 표면의 열을 빼앗아가 체온이 내려간다. 땀을 100밀리리터 흘리면 체온이 1도 내려간다. 어른은 대략 하루에 약 세 잔 분량의 땀을 흘린다.

땀은 농도가 연한 식염수와 비슷하다

땀은 99퍼센트 이상이 물이다. 나머지는 대부분 염화나트륨이고, 그 밖에 요소와 젖산 등이 포함되어 있다. 따라서 땀은 농도가 연한 식염수라고 할 수 있다. 땀은 체온 조절 작용을 하기 때문에 굳이 짭짤할 필요가 없는데, 혈액으로 만들어지므로 짠맛이 날 수밖에 없다.

포유류만 땀을 많이 흘린다

땀을 많이 흘리는 동물은 사람과 말 등 일부 포유류뿐이다. 개와 고양이는 땀을 거의 흘리지 않는다. 사람은 땀으로 체온을 조절할 수 있기 때문에 마라톤과 같은 장거리 운동이 가능하다.

고기압과 저기압은 뭘까?

| 기압 이야기 |

기압은 공기의 무게에 따른 압력을 말하며, 압력이 높은 지점(고기압)과 낮은 지점(저기압)이 있다.

세 가지만 알면 나도 과학자!

고기압에는 하강 기류가 있다

공기는 따뜻해지면 가볍고 차가워지면 무겁다. 그래서 기온이 높으면 공기가 가벼워져 기압이 낮아지고, 기온이 낮으면 공기가 무거워져 기압이 높아진다. 주위보다 기압이 높은 지점을 '고기압', 주위보다 기압이 낮은 지점을 '저기압'이라고 한다. 일반적으로, 지상의 기압은 1기압이 1013.25헥토파스칼(hPa)이다.

저기압에는 상승 기류가 있다

고기압에서는 주변의 기압이 낮아 중심부에서 주변부를 향해 바람이 불고, 중심 부근에 하강 기류(아래로 향하는 공기의 흐름)가 있다. 저기압에서는 중심부에서 주변의 바람을 빨아들이고, 빨려든 공기는 상승 기류(위로 향하는 공기의 흐름)가 된다.

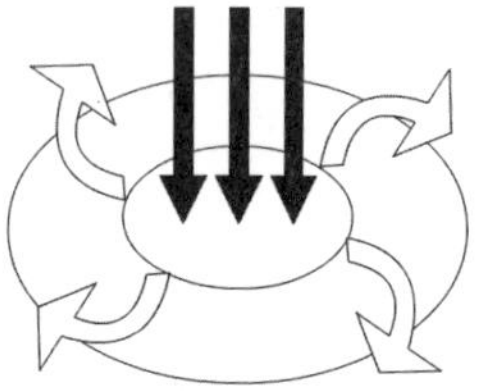

고기압

자전의 영향으로 바람 방향이 엇갈린다

지구가 자전하기 때문에, 북반구의 경우 고기압에서 불어온 바람은 시계 방향으로, 저기압에서 빨아들인 바람은 시계 반대 방향으로 분다.

저기압

Day 023

비는 어떻게 내릴까?

|비 이야기|

상공의 구름 알갱이가 모여 얼음 알갱이가 되는데,
비는 그것이 녹아 물방울로 지표에 떨어지는 것이다.

세 가지만 알면 나도 과학자!

상승 기류로 올라간 공기 덩어리는 팽창한다

저기압(주변보다 기압이 낮다)에서는 공기가 중심으로 빨려 들어가, 공기가 위로 움직이는 상승 기류가 생긴다. 수증기를 머금은 공기 덩어리는 상공으로 갈수록 주변 기압이 내려가 점점 더 팽창한다.

공기 온도가 내려가 구름이 형성된다

공기가 팽창하면 온도가 내려가고, 공기 속 수증기는 작은 물방울이 된다. 이 물방울 덩어리가 구름이다. 공기 덩어리가 상승하면 온도는 더 내려가 구름 알갱이가 '물방울'에서 '물방울과 얼음 알갱이'로, 다시 '얼음 알갱이'로 변한다.

구름 알갱이가 커져 빗방울이 된다

구름 알갱이가 서로 엉겨 붙어 커지면 공기의 흐름이 지탱하지 못해 아래로 떨어지기 시작한다. 얼음 알갱이가 도중에 녹으면 비가 되고, 공기가 차가워 녹지 않은 채 내리면 눈이 된다. 고기압에서는 하강 기류 지점에서 구름이 사라지며 날씨가 화창하게 갠다.

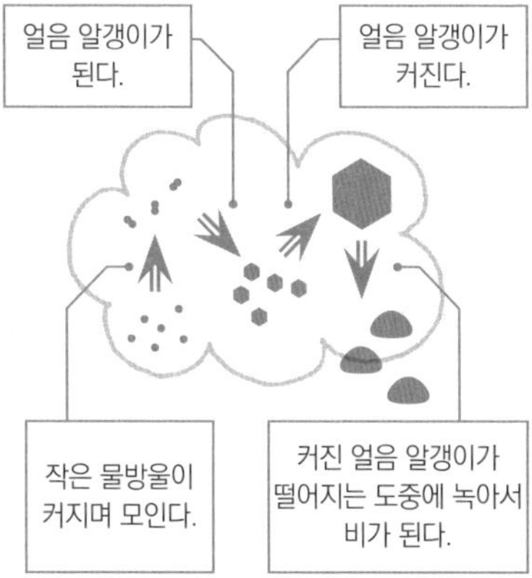

Day 024

날씨는 왜 서쪽에서 동쪽으로 달라질까?

| 편서풍 이야기 |

북반구 중위도 지역에서는 편서풍의 영향으로 날씨가 서쪽에서 동쪽으로 변한다.

세 가지만 알면 나도 과학자!

상공에서 부는 강한 '편서풍'

북반구 중위도 지역 상공에는 서쪽에서 동쪽으로 부는 '편서풍'이 발달해 있다. 날씨 변화와 관련된 저기압과 고기압은 이 바람을 따라 서쪽에서 동쪽으로 흘러간다. 가장 빠른 지점에서는 1만 미터 상공에서 매초 50~100미터 속도로 움직인다.

날씨는 서쪽에서 동쪽으로 변한다

날씨는 편서풍의 영향으로 서쪽에서 동쪽으로 변한다. 예를 들어 중국 상하이 날씨가 맑으면 다음 날 한국의 부산, 일본열도의 후쿠오카도 날씨가 맑을 가능성이 크다. 서울에서 비가 내리면, 다음 날 한반도 동쪽 끝에 있는 울릉도에서 비가 내리는 식이다. 저기압과 고기압의 이동은 봄과 가을 환절기에 알기 쉽다. 환절기 일기 예보를 주의 깊게 관찰해보자.

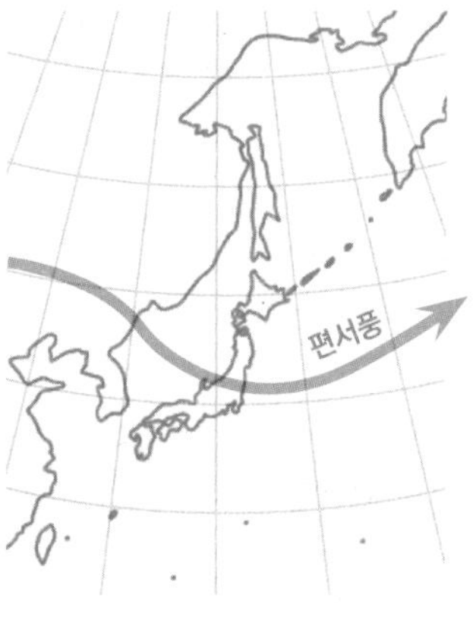

비행기도 편서풍의 영향을 받는다

편서풍을 타고 인천에서 뉴욕으로 가는 비행기는 약 14시간, 반대 방향으로 뉴욕에서 인천으로 가는 비행기는 약 15시간 걸린다. 편서풍은 겨울에 강해지고, 여름에 약해진다.

Day 025 자연 | 날씨의 신비

우박은 어떻게 생길까?

|우박 이야기|

우박은 싸라기눈보다 큰 얼음 알갱이다.

세 가지만 알면 나도 과학자!

싸라기눈과 우박

싸라기눈은 지름이 2~5밀리미터인 얼음 알갱이다. 우박은 큰 싸라기눈이라고 할 수 있다. 우박은 5밀리미터에서 5센티미터로 크기가 다양하다. 간혹 예외 경우가 발생하는데, 미국에서 지름 20.32센티미터짜리 우박이 관측된 적이 있다.

우박은 구름 속을 오가며 커진다

우박은 대체로 여름에 내린다. 일반적으로 적란운에서 내리는데, 적란운 상부에는 지름 약 0.1밀리미터의 얼음 결정이 모여 있다. 이 얼음 결정들이 주위의 얼음 결정과 엉겨 붙어 커지다가, 상승 기류가 지탱할 수 없는 크기가 되면 아래로 떨어진다.

우박 단면에 나이테처럼 층이 있다

얼음 결정이 그대로 떨어지는 것을 '싸라기눈'이라고 하는데, 대개 투명한 얼음이다. 엄청 강력한 상승 기류가 있으면, 떨어지다가 강하게 빨려 올라가 구름 속을 오가며 덩치를 키운다. 그래서 단면을 잘라보면 나무의 나이테처럼 층이 있다. 큰 우박에 맞으면 자동차가 파손되거나 사람이 크게 다칠 수도 있다.

이렇게 큰 우박이 내릴 수도!

푄 현상이란 뭘까?

|푄 현상 이야기|

바람이 산등성이를 타고 올라갔다가 산을 타고 내려오면서 따뜻하고 건조한 바람에 의해 기온이 오르는 것을 말한다.

세 가지만 알면 나도 과학자!

산을 오르내리는 공기의 흐름

산을 따라 상승하는 공기는 온도가 점점 내려가다가, 마침내 구름이 형성되어 비로 내린다. 반면 산을 넘은 공기는 산에서 내려오는 동안 건조해지고, 산을 따라 상승할 때와 반대로 산에서 내려갈수록 온도가 올라간다.

푄 현상이 일어나는 이유

수증기가 구름이 될 때는 열을 주위로 내보내 스스로 가열한다. 그 결과 공기가 산을 따라 위로 올라갈 때는 100미터당 약 0.6도씩 온도가 내려가고, 건조해진 공기가 산에서 내려갈 때는 100미터당 약 1도씩 온도가 올라간다. 이것을 '푄 현상'이라고 한다. 이와 같은 이상 고온 현상으로 농작물이 피해를 입기도 한다.

【푄 현상】

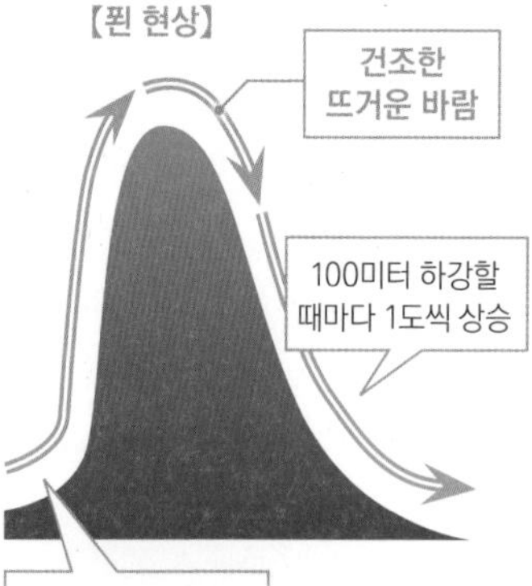

'높새바람'이란 뭘까?

북동쪽에서 불어오는 바람을 '높새바람'이라고 한다. 한국의 경우 늦은 봄에서 초여름에 차고 습기를 띤 오호츠크해 고기압이 동해까지 확장되어 정체하다가 태백산맥을 넘어 서쪽으로 불면서 푄 현상을 일으켜 고온 건조한 높새바람이 분다.

Day 027 자연 | 날씨의 신비

습도가 높거나 낮다는 말이 뭘까?

| 습도 이야기 |

습도는 일정 온도의 공기에 포함된 수증기가 그 온도에서 포화 수증기량의 몇 퍼센트인지 나타낸 수치다.

세 가지만 알면 나도 과학자!

포화 수증기량이란 무엇일까?

공기가 머금을 수 있는 수증기의 양에는 한계가 있다. 일정 온도의 공기 1세제곱미터 속에 들어갈 수 있는 최대한의 수증기량을 '포화 수증기량'이라고 한다. 공기는 포화 수증기량 이상으로 수증기를 머금을 수 없다. 기온이 높을수록 포화 수증기량은 커진다.

습도는 수증기의 양을 나타낸다

일정 온도의 공기에 포함된 수증기가 그 온도에서 포화 수증기량의 몇 퍼센트에 해당하는지 표시한 수치가 습도다. 습도로 공기 속의 수증기 포화 정도를 알 수 있다.

기온과 습도의 관계

공기에 포함된 수증기량이 거의 일정하면 기온이 높을수록 습도가 낮아지고, 기온이 낮을수록 습도가 높아진다. 기온이 높아지면 포화 수증기량이 늘어나 습도 계산식의 분모가 커지기 때문이다. 맑은 날은 기온 변화가 크고, 습도도 최고와 최저의 차가 크다.

$$\text{습도 (\%)} = \frac{\text{공기 1m}^3\text{ 속에 포함된 수증기량 (g/m}^2\text{)}}{\text{그 당시 온도에서 포화 수증기량 (g/m}^2\text{)}} \times 100$$

무지개는 어떻게 생길까?

|무지개 이야기|

무지개는 알록달록한 색깔이 섞인 태양광이 공기에 뜬 물방울로 인해 여러 가지 색으로 나뉘어 보이는 현상이다.

세 가지만 알면 나도 과학자!

호스로 무지개를 만들어보자

맑은 날 해를 등지고 호스로 물을 뿌려보자. 공기 중에 떠돌던 수많은 작은 물방울에 빛이 굴절되어, 태양과 반대 방향에 무지개가 생긴다. 하늘에 뜬 무지개와 같은 원리로 무지개를 만들 수 있다.

프리즘에 빛을 통과시키면 다양한 색으로 나뉜다

유리 삼각기둥(프리즘)에 빛을 통과시키면 빛줄기가 다양한 색으로 갈라진다. 이는 각 색상의 굴절률(빛이 물질을 통과할 때 휘는 각도)에 차이가 생기기 때문이다. 파장이 긴 빨간색은 굴절 각도가 작고, 파장이 짧은 보라색은 굴절 각도가 크다.

공중에 뜬 물방울로 무지개가 생긴다

공중에 뜬 물방울 안쪽에 한 차례 반사된 빛은 파장에 따른 굴절 각도의 차이로 인해 특정 각도로 튀어나온다. 빨간색 빛은 약 42도, 파란색(보라색) 빛은 약 40도가 된다. 무지개(1차 무지개) 바깥쪽에 연하게 반대 색으로 배열된 무지개(2차 무지개)가 보일 때도 있다.

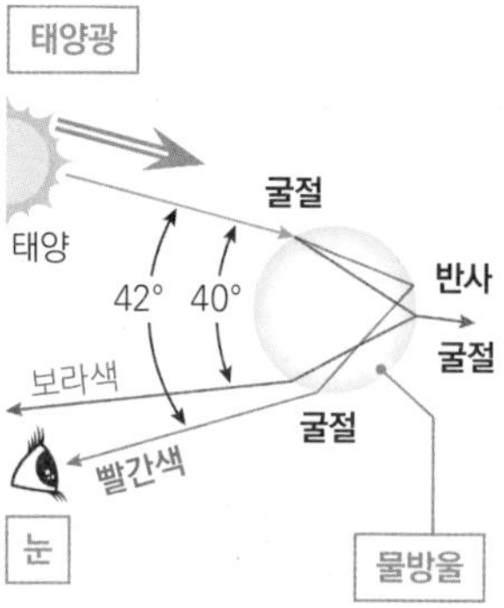

Day 029 먹을거리 | 영양

단백질은 우리 몸에서 무슨 역할을 할까?

|단백질 이야기|

단백질은 우리 몸을 만드는 엄청 중요한 영양소다.

세 가지만 알면 나도 과학자!

단백질은 물 다음으로 많다

우리 몸은 여러 가지 성분으로 구성되어 있다. 성인을 기준으로 할 때 물이 약 60퍼센트(무게)로 가장 많고, 그다음은 단백질로 약 20퍼센트를 차지한다. 동물뿐 아니라 식물에도 단백질이 포함되어 있다. 단백질은 특히 고기와 생선, 콩 등에 풍부하다. 달걀을 익히면 알 수 있듯, 단백질은 열을 가하면 성질이 변한다.

머리카락, 혈액, 피부 모두 단백질

우리 몸에는 대략 10만 종의 단백질이 있다. 이 단백질은 근육과 내장, 혈액과 손발톱, 머리카락과 피부, 뼈 일부 등을 만든다. 그뿐 아니라 효소와 호르몬도 되고 몸속에서 갖가지 역할을 한다.

단백질은 아미노산으로 이루어져 있다

단백질은 대략 20종류의 아미노산으로 분해된다. 아미노산의 종류와 결합 순서, 구조 등에 따라 단백질의 종류가 달라진다.

Day 030 먹을거리 | 영양

지방도 몸에 필요할까?

| 지방 이야기 |

우리 몸의 에너지원인 지방은 체온 유지에 중요한 역할을 한다.

세 가지만 알면 나도 과학자!

지방은 '3대 영양소' 중 하나

우리 몸에 가장 중요한 탄수화물, 단백질, 지방을 3대 영양소라고 한다. 지방은 기름의 일종이다. 탄수화물과 단백질은 모두 1그램당 4킬로칼로리인데, 지방은 1그램당 9킬로칼로리로 높은 열량을 내는 중요한 에너지원이다.

우리 몸속에 있는 지방

우리 몸은 약 20퍼센트가 지방으로 이루어져 있다. 지방을 중심으로 한 지질은 '지방 세포'에 포함되어 있다. 지방 세포 수는 성인 기준 400억 개 정도 된다. 지방 세포는 지방을 저장하면 팽창하고, 부족하면 수가 늘어난다.

지방의 역할

지방 세포는 호르몬 등의 물질을 만들고, 충격을 완화하는 쿠션 역할을 하며, 체온 유지와 에너지원 저장고, 세포막을 만드는 성분 등 다양한 역할을 한다. 지방은 열량이 높아 우리가 살아가는 데 중요한 에너지원이 되어준다. 그렇지만 과다 섭취하면 살이 찌고, 부족하면 쉽게 피로를 느낄 수 있다.

탄수화물은 우리 몸에서 어떤 역할을 할까?

| 탄수화물 이야기 |

밥이나 빵 등 주식에 많이 들어 있는 탄수화물은
우리 몸의 '활력 에너지원'이다.

세 가지만 알면 나도 과학자!

탄수화물은 섭취 즉시 에너지원으로 사용된다

우리는 매일 밥이나 빵 등으로 탄수화물을 섭취한다. 섭취한 '탄수화물'은 대부분 바로 에너지원이나 다른 물질의 재료로 사용되어, 우리 몸속에 거의 남지 않는다.

탄수화물은 탄소+물 화합물

탄수화물은 탄소(C)·수소(H)·산소(O)로 이루어져 있다. 이 물질을 왜 '탄수화물'이라고 부를까? 수소와 산소의 조합 비율이 2:1로 물(H_2O)과 같아, '탄소+물 화합물'로 보이기 때문이다. 하지만 사실은 화학식으로만 그렇게 보일 뿐이다.

밥이나 빵의 주성분은 전분

탄수화물의 종류에는 포도당, 과당, 녹말, 셀룰로스(종이의 원료) 등이 있다. 녹말은 식물의 광합성으로 만들어지는데, 몸속에서 포도당으로 소화되어 흡수된다. 1그램당 4칼로리.

비타민은 무슨 일을 할까?

| 비타민 이야기 |

비타민은 우리 몸에서 영양소의 활동을 지원하는 중요한 성분이다.

세 가지만 알면 나도 과학자!

비타민은 영양소의 활동을 돕는 꼭 필요한 지원군

비타민은 단백질처럼 우리 몸을 만들지 않는다. 지방이나 탄수화물처럼 살아가는 데 필요한 에너지를 공급하지도 않는다. 하지만 다른 영양소가 제대로 활약할 수 있도록 돕는, 꼭 필요한 영양소다.

비타민이 부족하면 어떻게 될까?

비타민이 부족하면 갖가지 질병에 걸리기 쉽다. 가령 비타민B1이 부족하면 각기병(팔다리가 저리고, 다리가 붓고, 심하면 심장 이상으로 사망하는 질병)에 걸리고, 비타민C가 부족하면 괴혈병(모세혈관에서 피가 나고, 온몸에 붉은 반점이 나타나며, 멍이 잘 드는 질병)에 걸릴 수 있다.

비타민은 종류가 엄청 다양하다

비타민은 종류가 다양하다. 물에 녹는 수용성 비타민으로는 비타민B1, B2, 니아신, 판토텐산, B6, B12, 엽산, 비오틴, C 등과 기름에 녹는 지용성 비타민으로는 비타민A, D, E, K 등이 있다. 이 중 비타민A와 D는 지방에 축적되기 쉬워 비타민 과잉 증상이 생길 수 있다.

수용성 비타민

비타민B군
(비타민B1, B2, B6, B12,
니아신, 판토텐산, 엽산, 비오틴)
비타민C

지용성 비타민

비타민A, D, E, K

식이섬유란 대체 뭘까?

| 식이섬유 이야기 |

몸속에서 소화되지 않고 장운동을 돕는 성분이다.

세 가지만 알면 나도 과학자!

버섯이나 해조류에 풍부하다

식이섬유는 식품에 들어 있는 섬유질이다. 그러나 사람의 소화 효소로는 아예 소화되지 않거나, 잘 소화되지 않는다. 채소, 각종 해조류, 버섯 등에 많이 들어 있다.

불용성 식이섬유와 수용성 식이섬유의 특징

식이섬유에는 셀룰로스 등 '물에 녹지 않는(불용성) 식이섬유'와 과일에 들어 있는 펙틴처럼 '물에 녹는(수용성) 식이섬유'가 있다. 불용성 식이섬유는 장운동을 도와 변비를 예방하고, 수용성 식이섬유는 콜레스테롤을 조절해 각종 성인병 예방에 도움이 된다고 알려져 있다.

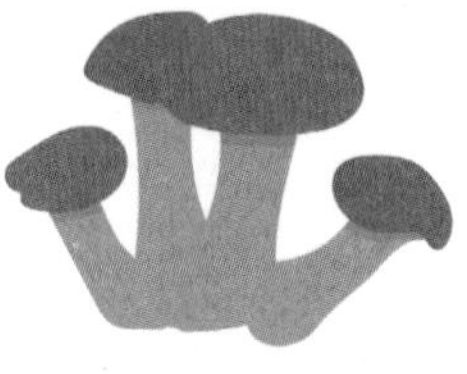

식이섬유도 에너지원이 될 수 있다

최근 연구로 식이섬유도 에너지원이 될 수 있다는 사실이 밝혀졌다. 대장에 있는 세균이 식이섬유를 분해하는 것이다. 1그램당 1~2칼로리의 에너지를 내는 것으로 추정된다. 또한 식이섬유는 장에서 일어나는 소화·흡수 활동 속도를 늦추는 작용을 하는 것으로 알려져 있다.

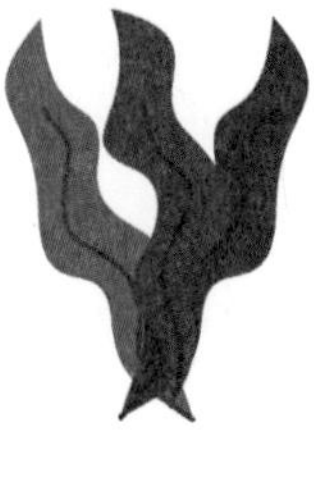

무기질에는 어떤 것이 있을까?

|무기질 이야기|

무기질(미네랄)은 칼슘과 나트륨 등 우리 몸에 필요한 영양소다.

세 가지만 알면 나도 과학자!

무기질은 5대 영양소 중 하나

3대 영양소(단백질, 탄수화물, 지방)에 비타민과 무기질을 더해 5대 영양소라고 한다. 3대 영양소와 비타민은 탄소, 수소, 산소, 질소 등으로 이루어진 유기물질인데, 이를 제외하고 생물체에 필요한 원소를 무기질(미네랄)이라고 한다.

사람 몸에 있는 미네랄

우리 몸에는 칼슘, 인, 황, 나트륨, 칼륨, 염소, 마그네슘, 철, 불소, 아연, 규소, 동, 아이오딘 등의 미네랄이 필요하다. 이 미네랄은 뼈와 치아 성분이 되고, 몸속에서 일어나는 갖가지 반응에 관여한다.

칼슘은 인체에서 가장 많은 금속 원소

칼슘은 뼈와 치아, 혈액 등의 재료가 된다. 또 근육과 신경 활동, 혈액 응고 등과도 연관이 있다. 칼슘이 부족하면 뼈에 구멍이 숭숭 생기며 작은 충격에도 쉽게 부러질 수 있다. 이런 증상을 '골다공증'이라고 한다. 쌀을 주식으로 삼는 문화권 사람들은 칼슘이 부족한 경우가 많아 충분히 섭취하도록 신경 써야 한다.

칼로리는 무엇을 말하는 걸까?

| 칼로리 이야기 |

칼로리는 음식에 들어 있는 열량과 에너지의 양을 나타내는 단위다.

세 가지만 알면 나도 과학자!

칼로리가 가장 높은 영양소는 지방!

3대 영양소를 측정할 때는 킬로칼로리(kcal)를 단위로 사용한다. 1그램당 단백질은 4킬로칼로리, 지방은 9킬로칼로리, 탄수화물은 4킬로칼로리가 들어 있다. 음식에 들어 있는 탄수화물, 지방, 단백질의 칼로리를 계산하면 전체 섭취 칼로리를 알 수 있다.

1칼로리로 물 1그램의 온도가 1도 상승한다

물 1그램의 온도를 1도 올리는 데 필요한 열량(에너지)이 1칼로리다. 그런데 우리가 평소 먹는 음식을 칼로리로 환산하면 너무 복잡해 1,000배 단위인 킬로칼로리를 사용한다. 물 1킬로그램을 1도 올리는 데 필요한 열량이 1킬로칼로리인 셈이다.

단백질 7.4g

지방 34g

탄수화물 55.4g

영양 성분이 위와 같은
밀크 초콜릿 100g의 경우…

7.4g × 4kcal
+
34g × 9kcal
+
55.4g × 4kcal

= 557.2kcal

칼로리라는 단위는 특별하다

과학에서는 열량을 측정할 때 줄(J)을 단위로 사용한다. 그런데 생물이 섭취하는 음식에 들어 있는 열량만 특별히 '칼로리'를 사용한다. 참고로 1칼로리는 4.2줄이다.

Day 036 우주 | 우주의 구조

우주는 어떻게 생겼을까?

|빅뱅 이야기|

고온 고밀도의 대폭발로 수수께끼의 에너지가 빛과 물질로 변했다.

세 가지만 알면 나도 과학자!

우주는 대폭발에서 시작되었다

우주는 아주 먼 옛날 지구가 생기기 훨씬 전, 아무것도 없는 공간에서 시작되었다고 추정된다. 그 계기는 '진동'으로 알려져 있다. 그 후 공간이 순식간에 급격히 팽창하는 인플레이션 그리고 대폭발, '불덩이'가 펑 터지는 빅뱅이 일어났다. 놀랍게도, 우주가 생겨나고 첫 3분 동안 우리 주위에 있는 모든 물질의 재료가 태어났다.

우주의 나이는 138억 살?

우주는 약 138억 년 전에 시작되었다고 여겨진다. 그리고 시간도 이때 시작되었다.

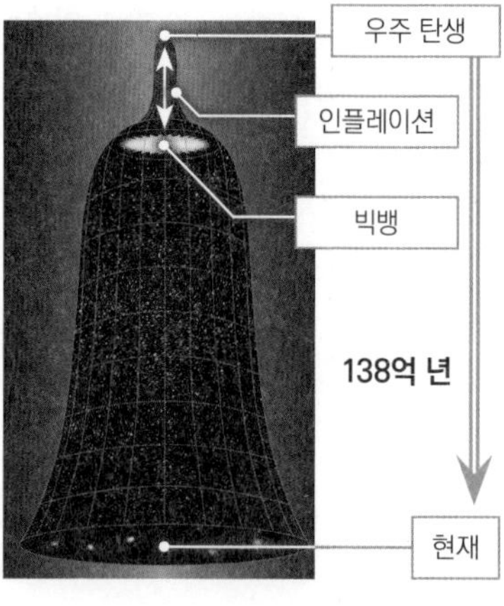

지금도 우주는 팽창하고 있다?

우주는 지금도 바깥쪽을 향해 놀라운 속도로 팽창하고 있다. 팽창하려면 에너지가 필요한데, 그 에너지의 정체는 아직 베일에 싸여 있다. 정체불명의 이 에너지를 '암흑 에너지(dark energy)' 라고 한다.

Day 037 우주 | 우주의 구조

블랙홀이란 뭘까?

|블랙홀 이야기|

무엇이든 빨아들이는 무시무시한 블랙홀은
자기 중력이 너무 강해서 찌그러진 천체다.

세 가지만 알면 나도 과학자!

별의 일생 중 마지막 모습

밤하늘에 영원히 빛날 것 같은 별도 수명이 있다. 태양과 같은 항성(스스로 빛나는 별)은 태어났을 때의 중력으로 다른 별과 다른 방식으로 최후를 맞이한다. 태양보다 중력이 20~30배 센 항성이 마지막에 블랙홀이 되는 것으로 추정된다.

빛도 탈출하지 못한다

블랙홀에 가까이 다가가면 어떻게 될까? 그리고 블랙홀 내부의 물질은 어떻게 될까? 알 길이 없다. 블랙홀 근처에서는 중력이 너무 강해 빛조차 탈출할 수 없기 때문이다.

우주 초기에 초대형 블랙홀이 존재했다

우주가 탄생한 지 8억 년 시점에 이미 블랙홀이 존재했다는 사실이 밝혀졌다. 게다가 일반적인 크기가 아니라 초거대 질량(태양의 10억 배)을 지닌 블랙홀이었다. 어떻게 해서 그런 초대형 블랙홀이 만들어졌는지는 아직도 풀리지 않는 수수께끼다. 전 세계 8개 대륙에 위치한 전파망원경을 연결해 촬영한 '블랙홀의 그림자'가 2019년에 공개되었다.

사건지평선망원경(EHT)으로 촬영한
M87 중심 블랙홀 사진
(Credit: EHT Collaboration)

은하는 무엇으로 이루어져 있을까?

| 은하계 이야기 |

은하는 100억 개 이상의 항성이 모여 있는 천체다.

세 가지만 알면 나도 과학자!

은하는 크기도 모양도 제각각

은하는 항성 외에 가스와 먼지, 수수께끼 물질인 '암흑물질(dark matter)'로 이루어져 있다. 우주에는 적어도 1,000억 개 이상의 은하가 있는 것으로 추정된다. 크기와 밝기도 각양각색이고, 모양도 타원, 소용돌이, 렌즈 모양, 불규칙, 특이 은하 등 매우 다양하다. 처음에 작은 은하가 생기고 은하들끼리 결합해 커지면서 집단을 이루었다는 가설도 있다.

우주에 둥실둥실 떠다니는 팬케이크?

각양각색 은하 중에는 팬케이크처럼 동글납작한 모양도 있다. 옆에서 보느냐, 정면에서 보느냐에 따라 은하의 이름이 달라진다.

은하계 속 태양계

지구가 있는 태양계가 포함된 은하를 '우리은하(Our galaxy 또는 Milky way galaxy)'라고 한다. 우리은하는 막대 나선 모양이다. 태양계는 그 중심과 바깥 사이 한가운데 있는데, 별들이 빼곡하게 모인 원반(disk) 안에 있다. 그리고 은하의 중심에는 거대 블랙홀이 있는 것으로 추정된다.

【우리은하의 구상도】

태양계는 여기쯤?

빛나는 별과 빛나지 않는 별의 차이는 뭘까?

|항성 이야기|

> 스스로 에너지를 만들어내는 별(항성)은 빛이 나고
> 그렇지 않은 별은 빛이 나지 않는다.

세 가지만 알면 나도 과학자!

수소를 연료로 핵융합하면 에너지가 발생한다(핵융합 반응)

행성은 항성의 빛을 받고 빛을 스스로 만들어내지 못하는 별이다. 스스로 빛을 낼 수 있는 항성은 에너지를 만들어낼 수 있다. 별의 중심(핵)에서 초고온, 고밀도 상태가 되어 수소를 연료로 핵융합이 일어나 헬륨이 될 때 열이 발생한다. 이렇게 만들어진 에너지는 외부로 빛을 발산한다. 바깥쪽으로 팽창하려는 힘과 안쪽으로 수축하려는 힘(중력)이 균형을 이루어 둥근 형태를 유지한다.

태양도 언젠가 수명이 다할까?

항성인 태양의 수명은 약 100억 년인데, 연료를 소진하면 화성이 있는 부분까지 팽창할 것으로 여겨진다(적색거성). 최후에는 중심이 고밀도 천체(백색왜성)가 되고, 주위는 가스 상태의 물질(행성상 성운)이 되어 우주 공간으로 퍼져나간다.

우리는 별의 파편으로 이루어져 있다

우리 몸을 구성하는 원료는 항성의 핵융합 반응으로 만들어진다. 이 물질들은 초신성 폭발로 우주 공간에 흩어졌다. 그리고 긴 시간에 걸쳐 지금의 우리가 되었다. 한편, 항성에서 만들어진 원소는 철(Fe)까지다. 그보다 무거운 원소는 항성의 핵융합으로 만들 수 없다.

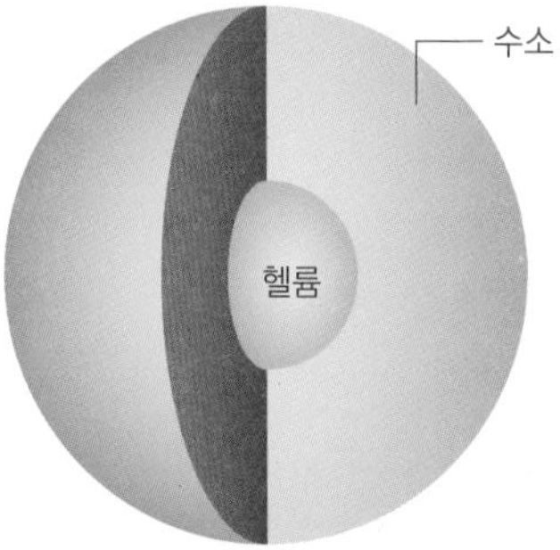

항성의 내부(양파 구조)

사람이 우주에 나가면 어떻게 될까?

|진공 이야기|

우주에는 공기가 없어 숨을 쉴 수 없고, 대기압도 없어
사람이 살 수 없다!

세 가지만 알면 나도 과학자!

공기에도 무게가 있다

사실은 공기에도 무게가 있다. 따라서 우리는 언제나 공기에 눌려 살고 있는 셈이다. 지구 중심에 가까운 지면일수록 공기의 양이 많다. 예를 들어 해발고도 약 3,700미터인 산 정상에는 공기가 산 아래의 65퍼센트 정도밖에 안 된다.

어디부터 우주일까?

지상 100킬로미터부터 우주로 본다. 위로 올라갈수록 공기가 희박해져, 국제 우주 정거장(ISS)이 있는 상공 400킬로미터 정도에는 공기가 거의 없다. 이렇게 공기가 없는 상태를 '진공'이라고 한다.

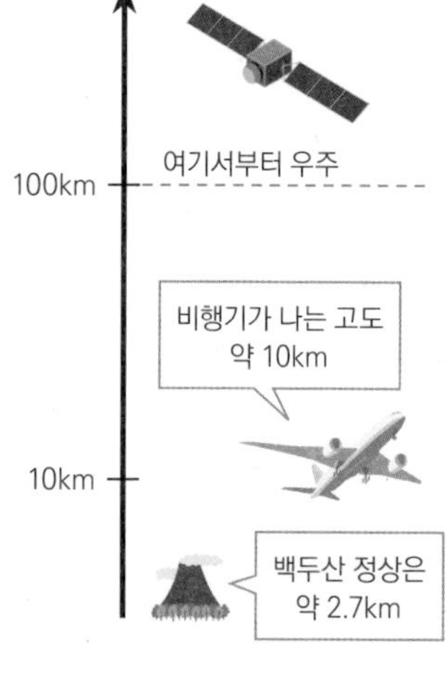

우주복의 중요성

지구상에서는 공기가 쌓여 압력(대기압)을 형성한다. 우리는 그 압력에 익숙해 갑자기 압력이 없는 곳에 가면 몸에 이상이 생긴다. 우주에서는 우리 몸을 지켜주는 우주복이 필요하다. 소리는 공기에 의해 전달되므로 진공 상태에서는 목소리와 소리가 들리지 않는다.

Day 041 우주 | 우주의 구조

암흑물질이란 뭘까?

|암흑물질 이야기|

암흑물질은 아직 정체를 알 수 없는 수수께끼 물질이다.

세 가지만 알면 나도 과학자!

우주 에너지의 95퍼센트는 아직 밝혀지지 않았다

우주 전체 에너지의 약 69퍼센트는 암흑 에너지이고, 26퍼센트는 암흑물질이다. 우리가 아는 물질은 우주 에너지의 고작 5퍼센트도 안 된다.

암흑물질에도 질량이 있다!

① 다양한 빛(전자파)으로 관측할 수 없다.

② 우리가 아는 물질과 충돌하지 않고 통과한다.

③ 주위 물질에 중력을 미친다. 즉, 보이지 않지만 질량은 존재한다. 쉽게 말해, 보이지 않지만 존재하는 해리포터의 투명 망토 같은 것이다.

암흑물질의 정체는 수수께끼

아직 알려지지 않은 소립자가 암흑물질 후보로 거론된다. 소립자란 물질을 만드는 가장 작은 알갱이를 말한다. 하지만 암흑물질의 확실한 정체는 밝혀지지 않았다. 지금도 전 세계 과학자들이 부지런히 탐구 중이다. 국제 우주 정거장(ISS)에 암흑물질 관측 장치가 있다.

【우주에 존재하는 모든 에너지의 비율】

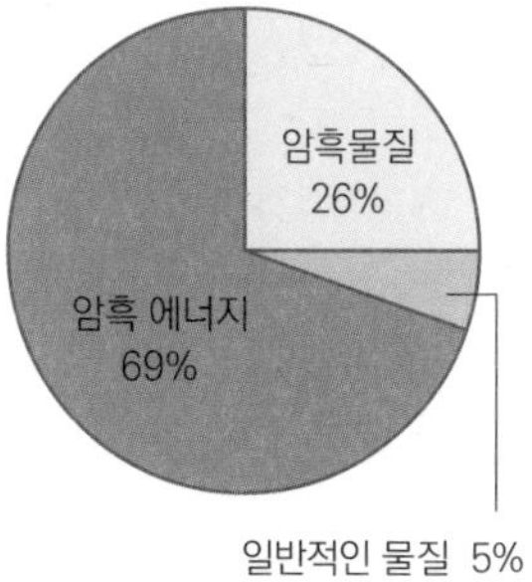

Day 042

우주가 팽창한다고?

|우주 팽창 이야기|

우주는 탄생 이후 계속해서 부풀어 오르고 있다.

세 가지만 알면 나도 과학자!

멀리 있는 은하일수록 많이 떨어져 있다

우주에는 헤아릴 수 없이 많은 은하가 존재한다. 이 은하들을 관측하면 멀리 있는 은하일수록 엄청난 속도로 멀어지는 것을 알 수 있다.

우주는 어느 정도 크기일까?

우주의 나이는 약 138억 살로 추정된다. 현재 우주의 크기는 지름 약 450억 광년(1광년은 빛의 속도로 1년 동안 가는 거리)까지 펼쳐져 있다고 여겨진다. 그러나 우주의 끝이 어디인지는 아무도 알 수 없다.

우주는 너무 멀어 연구에 한계가 있다!

현재 우리가 우주를 알려면 우주에서 오는 빛을 조사하는 수밖에 없다. 빛의 속도는 1초 동안 30만 킬로미터(지구 약 7바퀴 반)를 갈 정도로 빠르다. 하지만 이런 속도로도 시간이 너무 많이 걸릴 만큼 우주는 아득히 멀어 연구하는 데 한계가 있다. 참고로, 빛이 오는 데 너무 오랜 시간이 걸리므로, 우리가 보는 빛은 '옛날의 빛'이라는 말이 나왔다.

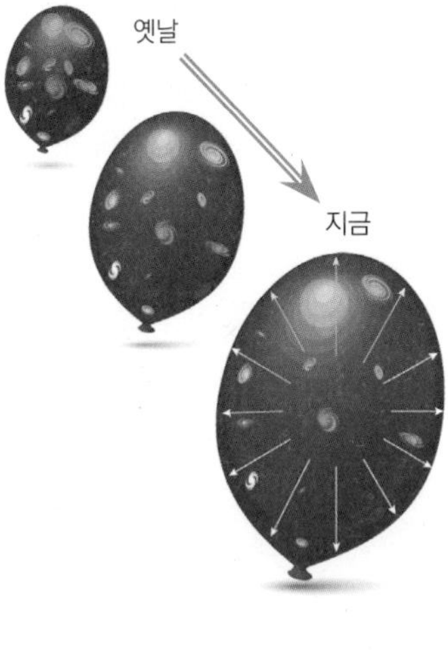

전화로 어떻게 대화를 할 수 있을까?

|전화 이야기|

소리(공기의 진동)를 전류로 바꿔 상대방에게 보내고,
그 전류를 소리로 되돌리기 때문에 통화가 가능하다.

세 가지만 알면 나도 과학자!

소리를 전류로 바꾼다

송화기(전화기에서 목소리를 받아들이는 부분)에는 탄소 알갱이가 들어 있다. 송화기에 소리가 들어가면 탄소 알갱이가 진동해 전류의 크기가 변한다. 이 전류의 변화가 전선을 통해 상대방에게 전달된다.

전류를 소리로 바꾼다

수화기(전화기에서 귀에 대는 부분)는 전자석과 진동판으로 이루어져 있다. 전달된 전류의 크기에 따라 전자기가 진동판을 끌어당기는 강도가 달라지는데, 이 과정에서 진동판이 흔들리면서 공기에 진동(소리)이 발생한다.

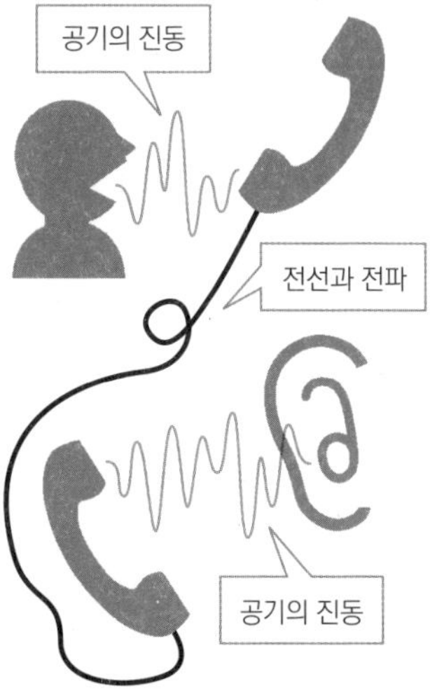

휴대전화기의 소리는 실제 목소리가 아니다

휴대전화기에서 들리는 목소리는 실제 목소리가 아니라 디지털로 변환된 것이다. 주고받는 데이터의 양을 줄이기 위해 등록된 음성에서 말하는 사람과 비슷한 목소리를 합성한 것이다.

Day 044

디지털카메라는 어떻게 사진을 찍을까?

|카메라 이야기|

> 디지털카메라는 이미지를 촘촘한 모눈종이 크기로 나누어 모눈 칸마다 색을 데이터로 기록한다.

세 가지만 알면 나도 과학자!

디지털카메라는 빛 센서가 빛을 전기 신호로 바꾼다

필름 카메라는 어떤 원리로 작동할까? 필름 카메라는 화합물이 빛에 반응하는 성질을 이용해 작동시킨다. 그렇다면 디지털카메라는? 디지털카메라는 카메라 렌즈로 들어간 빛을 빛 센서가 받아들여 전기 신호로 바꾸는 방식으로 작동시킨다. 그리고 그 전기 신호를 디지털 데이터로 바꿔 기록한다.

이미지를 디지털 데이터로 변환한다

이미지를 디지털 데이터로 변환할 때는 우선 이미지를 촘촘한 모눈종이(화소, 픽셀) 크기로 나눈다. 그런 다음 모눈 칸마다 색을 수치화하고 데이터로 바꿔 기록한다.

색 표시 방법과 압축

기술적으로 색을 표현할 때는 '모눈 칸'이 주로 사용된다. 모눈 칸의 색은 빛의 3원색(빨강, 초록, 파랑) 각각의 강도(밝기, 명도)로 표시된다. 이때 대다수 전문가는 비슷한 색 데이터를 생략하는 '압축' 기술을 주로 활용한다.

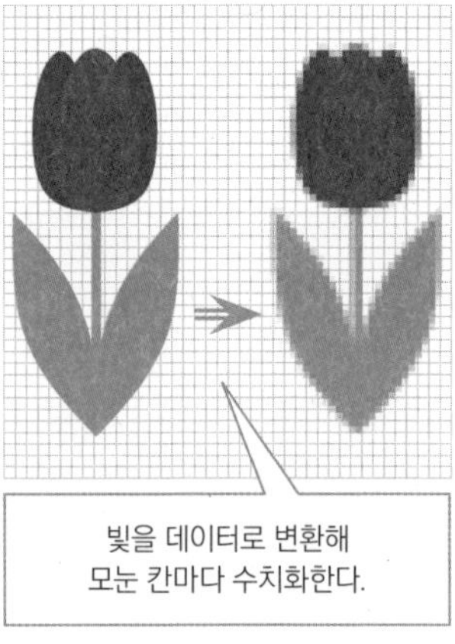

DVD는 어떤 원리로 정보를 기록할까?

| DVD 이야기 |

연속된 이미지 데이터를 압축해서 레이저 빛으로 정보를 읽는다.

세 가지만 알면 나도 과학자!

플립북과 같은 원리다

종이에 그림을 이어지게 그려서 빠르게 넘기면 움직이는 것처럼, 즉 애니메이션처럼 보인다. 이것을 '플립북(Flip book)'이라고 한다. 이와 마찬가지로 수많은 이미지를 빠르게 전환하면 동영상으로 보인다.

유사성이 높은 이미지는 압축한다

하지만 수많은 이미지를 그대로 전환하면 데이터의 양이 너무 많아진다. 그래서 거의 변화하지 않은 부분의 데이터를 생략하는 '압축' 기술을 활용한다.

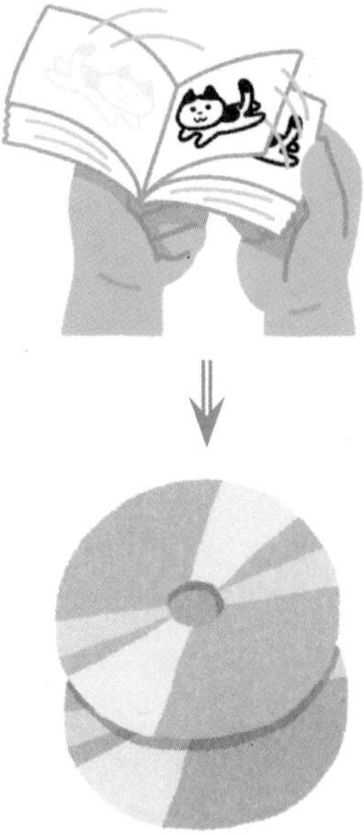

'피트'와 '랜드'를 빛으로 읽어 들인다

DVD는 레이저 빛을 발사해 이미지 등의 정보를 읽어 들인다. 그래서 빛을 반사하지 않는 '피트'와 빛을 반사하는 '랜드'를 무수히 늘어놓는 방식으로 데이터를 기록한다. 참고로, CD와 DVD는 붉은빛, 블루레이 디스크(Blu-ray disc)는 푸른빛을 사용한다.

Day 046

3D가 입체적으로 보이는 원리는 뭘까?

| 3D 이야기 |

왼눈으로 볼 때와 오른눈으로 볼 때
이미지가 조금 다르게 보이기 때문이다.

세 가지만 알면 나도 과학자!

왼눈과 오른눈으로 보는 풍경이 다르다

손가락으로 동그라미를 만들어 그 동그라미를 망원경처럼 사용해 풍경을 바라보자. 한 쪽씩 눈을 대면 풍경이 움직여 보인다. 오른눈으로 보는 방식과 왼눈으로 보는 방식이 조금씩 달라, 양눈을 사용하면 사물이 입체적으로 보인다.

3D 이미지의 원리도 마찬가지!

3D 영상에서는 오른눈용과 왼눈용으로 조금 다른 영상이 동시에 나온다. 전용 안경을 쓰면 각각의 영상이 오른눈·왼눈으로 보이기 때문에 입체적으로 보인다.

VR(가상 현실)이란 뭘까?

VR(Virtual Reality)에서도 오른눈과 왼눈으로 조금씩 다른 영상이 보이도록 고글을 낀다. 얼굴을 움직이면 그쪽 방향의 영상이 보이는 것은 아주 넓은 범위의 영상이 준비되어 있기 때문이다. 한편, 이제는 안경 없이도 입체 영상이 보이는 '3D 홀로그램'도 개발되고 있다.

3D 프린터는 어떤 원리로 작동할까?

|3D 프린터 이야기|

재료를 밑에서부터 조금씩 쌓아 올려 3차원 입체 구조를 만든다.

세 가지만 알면 나도 과학자!

벽돌이나 레고 블록 쌓기와 같은 원리

벽돌이나 레고 블록으로 담을 쌓을 때는 밑에서부터 순서대로 차곡차곡 쌓아 올려야 한다. 3D 프린터도 같은 원리이므로, 재료를 밑에서부터 순서대로 쌓아 올려 입체적 구조를 만든다.

컴퓨터로 먼저 입체 모델을 만들어 썰어본다

만들고 싶은 입체 모델을 먼저 컴퓨터로 제작한다. 그리고 컴퓨터로 입체 구조를 얇게 썬 단면도를 만든 다음, 그 단면도에 따라 재료를 밑에서부터 차곡차곡 쌓아 올린다.

어떤 재료를 사용할까?

가열하면 부드러워지고 식으면 단단해지는 플라스틱이 가장 사용하기 편리한 재료다. 그 밖에 빛을 받으면 굳는 플라스틱이나 접착제를 섞으면 굳는 가루를 사용하는 방식도 있다. 기술이 점점 발전해 이제는 금속, 세라믹, 초콜릿 등을 재료로 쓰는 3D 프린터도 있다.

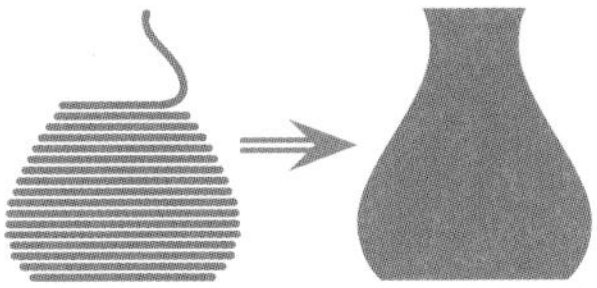

Day 048

스테레오와 모노의 차이는 뭘까?

|스테레오와 모노 이야기|

스테레오의 소리는 오른쪽 귀용, 왼쪽 귀용이 있는데,
모노의 소리는 한 종류뿐이다.

세 가지만 알면 나도 과학자!

귀가 두 개라서 좋은 점

인간을 포함한 대다수 동물은 두 개의 귀를 갖고 있다. 여기에는 과학적으로 증명 가능한 명확한 이유가 있다. 오른쪽 귀로 들어온 소리와 왼쪽 귀로 들어온 소리는 타이밍과 크기가 미세하게 다르다. 그런데 아주 작은 차이로도 뇌는 소리의 방향과 거리를 가늠할 수 있다. 하지만 한쪽 귀만으로는 소리의 방향을 제대로 파악할 수 없다. 이것이 바로 우리의 귀가 두 개인 이유다.

스테레오의 소리는 현장감이 있다

스테레오는 오른쪽 귀용 소리와 왼쪽 귀용 소리를 따로따로 녹음한 다음 각각의 소리를 동시에 내보낸다. 그러면 소리가 나오는 방향을 뇌가 느껴, 그 자리에 있는 듯한 체험을 할 수 있다.

모노의 소리는 평면적이다

모노는 소리가 한 종류밖에 없어 오른쪽 귀와 왼쪽 귀에 같은 소리가 들린다. 그러면 녹음 당시 소리의 방향을 느낄 수 없다. 하지만 모노는 데이터양이 스테레오의 절반이면 충분하고 더 명료하게 들린다.

Day 049

휴대전화기 전파의 정체는 뭘까?

| 전파 이야기 |

휴대전화기에 사용되는 '마이크로파'는
전자레인지에 사용되는 파장과 비슷하다.

세 가지만 알면 나도 과학자!

전파는 전자파의 일종

'전파'는 전기의 파장과 자기의 파장이 한데 뒤섞여 만들어지는 '전자파'의 일종이다. 눈에 보이는 빛(가시광선)이나 눈에 보이지 않는 빛(적외선과 자외선), X선 등도 모두 '전자파'다. 파장(파동에서 주어진 시각에 같은 모양이 반복되는 길이)에 따라 성질이 달라지는 것이다. 참고로, 전파와 빛 모두 전자파라서 1초 동안 30만 킬로미터(지구 약 7바퀴 반)를 나아간다.

휴대전화기의 전파는?

휴대전화기에는 '마이크로파'를 약 10센티미터 전파로 사용한다. 통신 속도가 일정 수준 이상으로 빠르고, 건물의 벽을 비교적 잘 통과해 실내에서도 사용하기 편리하다.

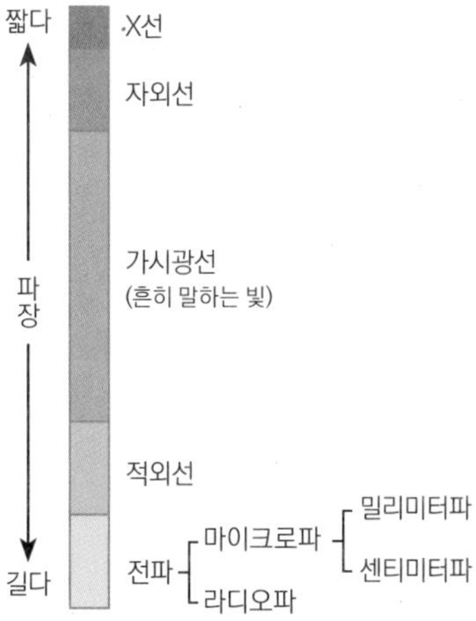

5G가 뭘까?

5세대 이동통신이라 불리는 5G는 대량의 데이터를 빠르게 전송할 수 있는 기술이다. 마이크로파 중 '밀리미터파'를 10밀리미터 이하 전파로 사용한다. 전파가 벽을 통과할 때는 손실률이 높아 이용 범위가 제한된다.

엑스레이를 찍으면 어떻게 뼈가 보일까?

|엑스레이 이야기|

X선은 피부와 살은 통과하지만 뼈는 통과하지 않기 때문에 그림자가 찍힌다.

세 가지만 알면 나도 과학자!

X선을 발견한 뢴트겐

X선은 전자파의 일종으로 빛, 전파와 같은 파장이다. 독일 과학자 빌헬름 콘라트 뢴트겐(Wilhelm Conrad Röntgen)이 발견해 '뢴트겐선'이라고도 부른다. 뢴트겐이 부인의 손 촬영을 통해 엑스레이를 실험했다는 일화가 전해진다. 그녀는 선명하게 찍힌 자기 손가락 뼈를 보고 "나의 죽음을 보았다!"라고 외쳤단다.

X선은 피부와 살을 어떻게 통과할까?

X선은 빛과 전파보다 파장이 짧다(미세하게 진동한다). 따라서 빛과 전파보다 물체를 통과하기 쉽지만, 뼈처럼 속이 꽉 차고 무거운 물질은 통과하지 못한다. 위장처럼 X선이 통과하는 장기를 촬영할 때는 X선이 통과하기 어려운 황산바륨으로 위 내부를 감싼 후에 검사한다.

엑스레이 사진은 X선의 그림자

물체에 빛을 비추면 빛이 통과하지 못한 부분의 그림자가 생긴다. 엑스레이 사진은 빛 대신 X선을 사용해 X선이 통과하지 못한 뼈의 그림자가 생기는 원리를 이용한 것이다. 참고로, X선은 유물 내부를 조사할 때도 활용된다.

빌헬름 콘라트 뢴트겐

Day 051 질병과 약 | 의료

마취하면 왜 아프지 않을까?

| 마취 이야기 |

국소 마취는 신경의 활동을 차단하는 것이고,
전신 마취의 원리는 아직 완전히 해명되지 않았다.

세 가지만 알면 나도 과학자!

국소 마취의 원리는?

인간을 포함한 대다수 동물은 왜 통증을 느낄까? 통증은 신경이 받은 자극이 뇌에 전달되며 느껴지는 증상이다. 몸 일부만 통증을 느끼지 못하게 하는 국소 마취는 신경이 자극을 전달하는 작용을 차단해, 자극이 뇌에 전달되지 못하도록 하는 원리를 이용한 것이다.

전신 마취의 원리는?

큰 수술 등을 할 때 실시하는 전신 마취는 뇌에 작용해 무의식 상태로 만드는 것이다. 그런데 전신 마취가 어떤 원리로 이루어지는지는 완전히 해명되지 않았다. 신경 세포의 세포막 지질이 교란되기 때문이라는 설이 유력하다. 참고로, 세계 최초로 전신 마취 수술에 성공한 사람은 일본의 하나오카 세이슈(華岡青洲)다(1804년).

통증은 왜 존재할까?

다쳐도 아픔을 느끼지 않는다면 상처를 자각할 수 없다. 다친 상태로 움직이거나 그대로 두면 상처가 덧나거나 악화될 수 있다. 통증은 우리 몸에 나쁜 일이 일어났음을 알려 몸을 지켜주는 경고 신호다.

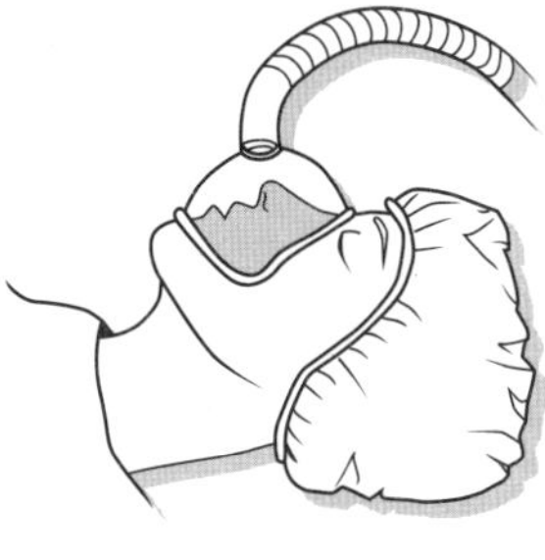

전신 마취는 의식이 없어지며
잠자는 듯한 상태

파스를 붙이면 어디에 좋을까?

|파스 이야기|

파스에는 통증을 완화하는 성분이 들어 있다.

세 가지만 알면 나도 과학자!

통증 완화 성분이 피부를 통해 스며드는 원리

삐거나 결리는 통증은 '프로스타글란딘'이라는 물질에서 비롯된다. 흔히 파스라고 부르는 습포제나 첩부제에는 프로스타글란딘의 생성을 방해하는 약품이 들어 있다. 파스를 붙이면 약품 성분이 땀구멍과 모공, 피부 틈으로 스며들어 통증을 줄여준다. 참고로, '파스'라는 말은 연고 제형의 약물을 뜻하는 독일어 '파스타(Pasta)'에서 왔다.

냉감 파스와 온감 파스

파스에 냉감 또는 온감 효과가 추가되기도 한다. 붙이면 시원한 느낌이 드는 냉감 파스에는 멘톨 등의 성분이 들어 있다. 그리고 온감 파스에는 고추의 매운맛 성분인 캡사이신 등이 들어 있어 붙이면 따뜻한 느낌이 든다. 비타민E 성분이 들어 있는 파스도 있는데, 비타민E는 혈액 순환 개선 효과가 있다.

응급 처치에 중요한 RICE

염좌나 타박상의 응급 처치에는 파스를 붙이기 전에 RICE가 중요하다. RICE는 Rest(안정), Ice(냉찜질), Compression(압박), Elevation(높이 들기)을 말한다.

연고를 바르면 왜 간지러운 증상이 사라질까?

|가려움 방지 연고 이야기|

연고가 피부를 자극해 가려움이 잘 느껴지지 않게 하거나, 마취에 사용하는 약물이 들어 있기 때문이다.

세 가지만 알면 나도 과학자!

피부를 자극해 가려움이 잘 느껴지지 않는다

연고에는 멘톨, 칸풀, 암모니아처럼 피부를 자극해서 화한 느낌이 들게 하는 성분이 들어 있다. 가려움보다 강한 자극으로 가려움이 잘 느껴지지 않게 하는 원리다.

더욱 강력한 가려움 방지 연고는?

더욱 강력한 가려움 방지 연고도 존재한다. 이 연고에는 가려움이 신경으로 전달되지 못하게 차단하기 때문에 국소 마취에 사용되는 약물과 가려움의 원인인 '히스타민'의 작용을 효과적으로 차단하는 성분이 함유되어 있다. 한 가지 주의할 것은 가렵다고 박박 긁으면 절대 안 된다는 점이다. 히스타민이 분비되어 가려움증이 더 심해질 수 있기 때문이다.

가려움 전용 신경이 있다?

옛날에는 사람들이 통증을 느끼는 신경과 가려움을 느끼는 신경이 같고, '약한 통증'을 가려움이라고 여겼다. 그런데 최근 연구를 통해 가려움 전용 신경이 따로 존재한다는 사실이 밝혀졌다.

Day 054

알코올로 어떻게 살균이 가능할까?

|살균 이야기|

알코올이 세균의 세포막과 단백질을 파괴하기 때문이다.

세 가지만 알면 나도 과학자!

알코올은 기름을 녹인다

기름은 물에 녹지 않지만, 알코올에는 어느 정도 녹는다. 세균의 세포막은 기름으로 이루어져 있어 알코올로 녹일 수 있다.

알코올은 단백질을 변성시킨다

달걀흰자를 가열하면 하얗게 굳는다. 달걀흰자에 알코올을 넣으면 어떻게 될까? 마찬가지로 하얗게 굳는다. 단백질의 구조가 변하기 때문이다. 이와 같은 원리로, 알코올을 사용하면 세균의 단백질 구조가 변해 우리 몸에서 말썽을 부리지 못하게 된다.

바이러스 퇴치 효과가 없는 경우도 있다

바이러스는 종류가 워낙 다양해 알코올이 효과 있는 것도 있고 그렇지 못한 것도 있다. 알코올이 효과를 발휘하려면 바이러스 표면에 기름 막과 단백질이 있어야 한다. 참고로, 비누와 손 세정제는 세균을 씻어낼 뿐 아니라 세균의 세포막을 녹이는 효과도 있다.

예방주사는 왜 맞아야 할까?

| 예방주사 이야기 |

예방주사는 병원체의 특징을 백혈구에 기억시켜 병에 걸리지 않게 하기 때문이다.

세 가지만 알면 나도 과학자!

백혈구가 병원체를 미리 파악해 물리친다

우리 몸속의 백혈구는 몸에 들어온 각종 질병을 일으키는 병원체를 물리치거나 병원체가 활동하지 못하게 하는 '항체'를 생성한다. 든든한 몸 지킴이 백혈구도 처음 만난 병원체를 물리치려면 적을 파악할 시간이 필요하다.

백혈구가 병원체의 특징을 기억해서 학습한다

일부 백혈구는 우리 몸에 들어온 병원체의 특징을 기억하는 학습 능력이 있다. 따라서 예방접종으로 병원체 일부를 몸에 주입하면, 병에 걸리기 전에 백혈구가 병원체의 특징을 학습할 수 있다.

한 번 걸린 병에는 잘 걸리지 않는다

일단 특징을 학습한 병원체가 몸속에 들어오면 그 특징을 기억한 백혈구가 바로 증식해 병원체를 물리친다. 그래서 예방접종을 하면 해당 병에 잘 걸리지 않고, 걸리더라도 다시 걸릴 확률이 줄어든다. 참고로, 병원체를 물리치거나 우리 몸에 들어오지 못하도록 방어하는 역할을 '면역'이라고 한다.

백혈구

백신은 어떻게 만들까?

|백신 이야기|

계절 독감(인플루엔자) 백신은
달걀로 증식시킨 바이러스를 이용해서 만든다.

세 가지만 알면 나도 과학자!

홍역 등의 '생백신'

예방접종으로 우리 몸속에 들어온 물질을 백신이라고 한다. 바이러스를 다른 동물에 감염시키면 병을 일으키는 힘이 약해진 바이러스가 생성되는데, 이 약해진 바이러스를 증식시켜 그대로 사용하는 방식이 '생백신(live vaccine)'이다.

계절 독감 등의 '불활성 백신'

바이러스를 닭의 유정란에 주사하면 증식시킬 수 있다. 이렇게 증식된 바이러스를 약품으로 처리해, 필요한 성분만 추출하는 방식이 '불활성 백신'이다.

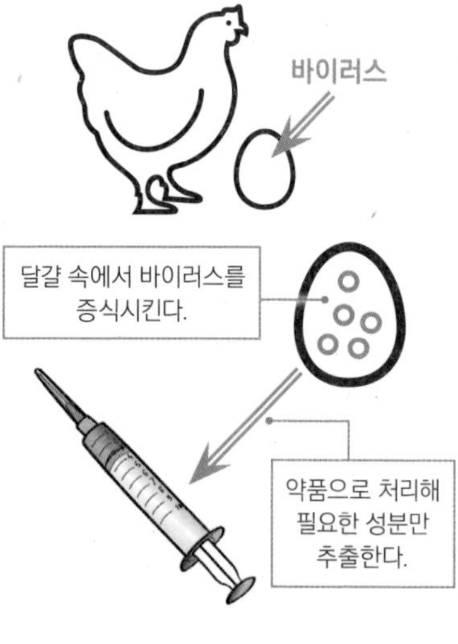

코로나19로 관심이 집중된 mRNA 백신

바이러스의 단백질 설계도인 mRNA를 주사하면, 우리 몸속에서 바이러스의 단백질이 만들어진다. 이 단백질의 특징을 백혈구의 일종이 기억하도록 해서 질병을 예방하는 원리다. 그런데 mRNA는 열에 약해 mRNA 백신은 낮은 온도에서 보관해야 한다.

새는 어떻게 하늘을 날까?

|진화론 이야기|

날개의 모양과 날개를 움직이는 큰 근육, 가벼운 몸 때문이다!

세 가지만 알면 나도 과학자!

움직임이 적고 튼튼한 뼈대

새는 몸을 가볍게 만들기 위해 턱뼈와 근육, 이빨, 큰 위장을 진화 과정에서 포기했다. 그래서 새의 골격은 대부분 안이 텅 비어 가볍지만 튼튼하다. 목뼈 외에는 거의 움직이지 않으며, 쭉 뻗은 등뼈와 바구니처럼 생긴 갈비뼈가 일체형으로 되어 있어 착지할 때 충격이 거의 없고 내장을 보호해준다.

날개를 움직이는 큰 근육!

새의 몸체에서는 가슴 중앙의 칸막이처럼 내민 용골돌기가 눈에 띈다. 새는 이 용골돌기에 붙은 커다란 근육을 이용해서 하늘을 난다. 날개를 힘차게 퍼덕이는 '흉근'과 막을 들어 올리는 부위가 '가슴'이다.

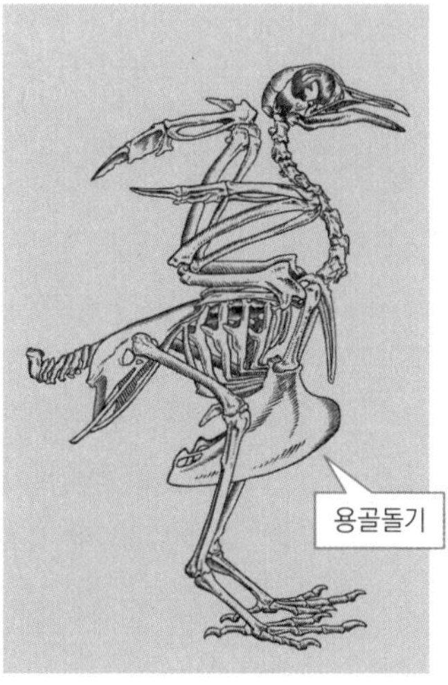

비행기 날개나 프로펠러와 같은 구조

새가 하늘을 나는 원리는 비행기와 비슷하다(142일 차 참고). 날개의 전체 형태가 하늘에 뜨게 하는 힘의 원동력이다. 또 날개 끝의 깃이 자유롭게 움직일 수 있는 프로펠러 역할을 해 앞으로 나아가는 힘을 만들어낸다.

Day 058 생물 | 동물의 엄청난 힘

올챙이는 어떻게 개구리가 될까?

|양서류 이야기|

올챙이는 다리가 자라면서 꼬리가 사라져 개구리가 된다.

세 가지만 알면 나도 과학자!

변태하는 동물은 개구리 말고도 많다

파충류와 조류, 포유류는 부모와 닮은꼴로 태어난다. 하지만 개구리는 올챙이로 태어나, 성장하면서 모습이 많이 달라진다. 이를 '변태(變態, 탈바꿈)'라고 부른다. 개구리 외에도 곤충, 멍게과 바다 생물, 일부 어류가 변태 과정을 거친다.

생물 진화의 역사를 거슬러 올라가나?

등뼈가 있는 척추동물은 물속 어류에서 양서류가 되었고, 육지에 사는 파충류로 진화했다. 파충류의 친척인 양서류는 진화 과정을 거슬러 올라가듯, 수중 생활하는 올챙이도 육상 생활하는 개구리로 모습을 바꾸며 성장한다.

면역 시스템으로 꼬리가 사라진다

올챙이 몸에서 갑상샘 호르몬이 분비되면 뒷다리, 앞다리 순서로 성장한다. 그 후 면역 시스템 탓에 걸리적거리는 꼬리가 자기 몸이 아니라고 파악해 공격당하면서 사라진다. 갑상샘 호르몬을 만들 수 없는 점박이과 도롱뇽 아홀로틀은 평생 변태하지 않고 어린 모습 그대로 살아간다.

Day 059

뱀은 다리가 없는데 어떻게 움직일까?

|파충류 이야기|

뱀은 몸을 꿈틀거리며 배의 비늘을 다리처럼 세워서 움직인다.

세 가지만 알면 나도 과학자!

파충류는 몸을 꿈틀거리며 이동한다

뱀은 다리가 없지만, 악어나 도마뱀과 같은 파충류에 속한다. 파충류의 다리는 몸의 가장 아래가 아니라 기어 다닐 수 있게 옆에 나와 있다. 따라서 몸을 지탱하는 힘이 약해 꿈틀거리며 이동한다. 뱀도 몸을 꿈틀대며 나름대로 '걷는 것이다'. 그런데 비단뱀은 특이하게도 항문 근처에 발톱이 있고 몸속에 뒷다리 흔적의 뼈가 있다.

배에 돋은 비늘이 다리를 대신한다

도마뱀 등의 배에는 비늘이 없지만, 뱀의 배에는 길쭉한 비늘이 돋아 있다. 이 비늘 끝을 땅바닥에 걸치고 세우거나 눕혀서 앞으로 나아간다. 즉, 비늘을 다리처럼 사용해서 걷는 셈이다.

꿈틀꿈틀 이동하면 몸이 안정된다

뱀은 앞을 향해 똑바로 나아가면 몸이 불안정해진다. 왜 그럴까? 뱀의 몸통이 원통형으로 되어 있기 때문이다. 하지만 뱀은 S자 모양을 하면 땅바닥에 몸이 착 붙으면서 안정적으로 나아갈 수 있다.

Day 060

생물 | 동물의 엄청난 힘

올빼미는 어떻게 밤하늘을 날까?

| 올빼미 이야기 |

올빼미는 눈이 커서 어두운 곳에서도 잘 볼 수 있다.

세 가지만 알면 나도 과학자!

밝기를 느끼는 세포가 사람보다 많다

동물 눈의 망막 부위에는 '색을 느끼는 세포'와 '밝기를 느끼는 세포'가 있다. 올빼미는 밝기를 느끼는 세포가 사람보다 많고, 눈의 모양도 통처럼 생겨 눈동자가 크고 약한 빛을 많이 받아들일 수 있다.

올빼미는 안구가 움직이지 않는다!

얼굴 앞에 붙어 있는 올빼미의 눈은 전방의 물체를 입체적으로 볼 수 있어 밤에도 동물을 효율적으로 사냥할 수 있다. 하지만 안구(통)가 움직이지 않아 머리 전체를 움직여 주위를 두리번거리지 않으면 옆이 보이지 않는다.

접시 안테나처럼 얼굴로 소리를 모은다

귀가 오른쪽만 살짝 위로 붙어 있는 올빼미 종류가 있다. 이런 올빼미는 얼굴 전체가 귀로 소리를 모으는 접시 안테나 모양으로 생겨 사냥감의 작은 소리를 상하좌우에서 들을 수 있다(접시처럼 생겨서 흔히 '접시 안테나'라고 부르는데, 정식 명칭은 '파라볼라 안테나'다_옮긴이). 또한 올빼미의 깃털은 가장자리가 특수한 모양이어서 날갯짓을 해도 소리가 거의 나지 않는다.

제비는 왜 봄에 올까?

| 철새 이야기 |

제비는 새끼의 먹이를 찾아 서식지를 이동한다.

세 가지만 알면 나도 과학자!

새끼를 키우려면 동물성 단백질이 많이 필요하다

제비는 주로 곤충을 먹는다. 또한 평소에 식물을 먹는 참새도 새끼를 기를 때는 곤충 등을 부지런히 잡아다 먹인다. 따라서 새끼를 키울 때는 새들끼리 먹이가 되는 곤충을 놓고 경쟁을 벌인다.

동남아시아에는 경쟁자가 많다

제비는 가을이 되면 동남아시아로 떠난다. 동남아시아는 따뜻해서 먹잇감인 곤충이 풍부하지만, 그만큼 경쟁도 치열하다. 그래서 곤충이 많아도 새끼를 키우기 위해 먹잇감이 많이 필요할 때는 먹이를 두고 치열한 다툼을 벌인다.

여름철 동북아시아엔 곤충이 많고 경쟁자가 적다

동북아시아에는 봄에서 여름으로 넘어가는 계절에 모기와 등에 등 곤충이 엄청 많다. 제비는 봄이 오면 이 곤충들을 잡아먹기 위해 한국이나 일본 등 동북아시아 국가로 옮겨 온다. 동남아시아에 비해 먹이를 두고 다투는 경쟁자가 적기 때문이다. 참고로, 가을에 오는 겨울 철새도 여름에는 곤충이 많은 시베리아 등지에서 새끼를 키운다.

생물
과학
인체
먹을거리
질병과 약
우주
기계와 도구
자연

물고기는 물속에서 어떻게 숨을 쉴까?

|물고기 이야기|

물고기는 물에 녹지 않는 산소를 아가미로 받아들인다.

세 가지만 알면 나도 과학자!

필요한 에너지를 산소 호흡으로 해결!

많은 생물이 산소를 사용해 영양소를 분해하고 생존에 필요한 에너지를 확보한다. 물고기도 마찬가지다. 산소가 부족해지면 에너지를 만들지 못해 죽는 생물이 많다.

물에도 산소가 녹아 있다

물속에서는 광합성 작용을 통해 식물이 생산한 산소가 물에 녹아 있다. 그리고 물살이 빠른 강과 파도가 치는 해수면 등에는 공기 속의 산소가 녹아 있다. 물론 양은 그리 많지 않다. 물고기는 물속에 녹아 있는 산소를 아가미의 혈관으로 흡수한다.

물속에는 산소가 적지만, 많은 물이 아가미로 흐른다

물속에는 공기 중보다 산소가 훨씬 적다. 그러나 많은 양의 물이 입에서 아가미로 일방통행으로 계속해서 흘러 육지에 사는 동물과 마찬가지로 산소를 충분히 흡수할 수 있다. 참고로, 조류의 폐도 공기가 일방통행으로 흘러 들숨과 날숨에서 모두 산소를 흡수할 수 있다.

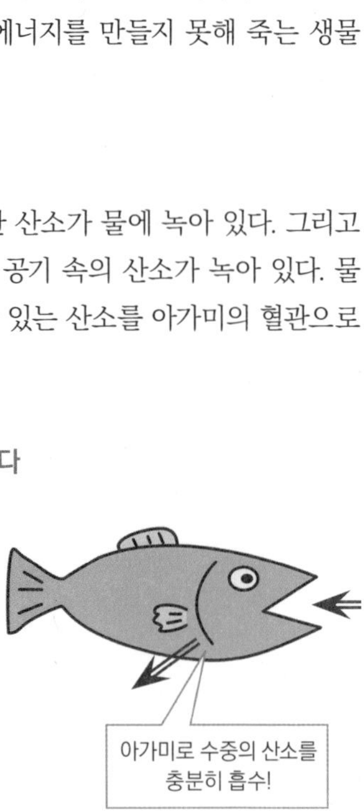

Day 063 생물 | 동물의 엄청난 힘

어떤 생물은 왜 겨울잠을 잘까?

| 겨울잠 이야기 |

겨울철에 서식 환경이 불리해지는 동물은 겨울잠을 잔다.

세 가지만 알면 나도 과학자!

변온동물은 거의 겨울잠을 잔다

어떤 동물이든 활발하게 움직이려면 나름의 체온이 필요하다. 도마뱀처럼 스스로 체온을 조절할 능력이 없어 바깥 온도에 따라 체온이 변하는 변온동물은 날씨가 추워지면 겨울잠을 자고, 더워지면 여름잠을 자는 식으로 체온이 지나치게 높아지거나 낮아지는 시기에 잠을 잔다.

몸집이 작은 포유동물도 겨울잠을 잔다

체온 조절이 가능한 삵이나 다람쥐 등도 겨울잠을 잔다. 몸집이 작은 동물은 몸무게에 비해 몸의 표면적이 크다. 따라서 겨울에는 자기 몸으로 만드는 열보다 몸 표면에서 빼앗기는 열이 더 많아, 몸이 너무 차가워지면 겨울잠을 잔다.

곰은 겨울에 먹이가 부족해서 잠을 잔다

곰은 겨울잠을 자는 대표적 동물이다. 곰은 몸속에서 열을 만들어내려면 많은 양의 먹이가 필요하다. 식물과 곤충 등을 먹고 사는 잡식성 곰은 겨울에 먹이가 부족해 몸속 열을 만들어낼 수 없어 겨울잠을 잔다. 물개나 물범을 잡아먹는 북극곰은 겨울에도 겨울잠을 자지 않고 활동한다.

곰은 먹이가 줄어드는 계절에
겨울잠을 잔다.

다이아몬드는 왜 단단할까?

| 다이아몬드 이야기 |

천연 물질 중 가장 단단한 다이아몬드의 비밀은 탄소 원자의 결합 구조다!

세 가지만 알면 나도 과학자!

긁었을 때 생기는 흠집 모양으로 비교

경도(단단한 정도)는 표면을 세게 긁었을 때 생기는 흠집 모양을 비교해 측정한다. 10종류의 표준 광물을 선정해 경도 1부터 10까지 기준으로 삼고 있다. 활석(경도 1), 석고(2), 방해석(3), 형석(4), 인회석(5), 정장석(6), 석영(7), 황옥(8), 강옥(9), 다이아몬드(금강석, 10)이다. 천연 광물 중 다이아몬드보다 단단한 물질은 발견되지 않았다.

탄소 원자가 촘촘하게 얽혀 있다

다이아몬드는 탄소 원자로 이루어져 있다. 탄소 원자가 삼각 피라미드처럼 네 방향으로 팔을 뻗어 촘촘한 대형을 형성한다. 이 구조가 바로 다이아몬드를 단단하게 만드는 비밀이다. 하지만 놀랍게도 다이아몬드를 태우면 전부 이산화탄소가 된다.

다이아몬드는 단단하지만 잘 쪼개진다

다이아몬드는 방향에 따라 쉽게 쪼개지거나 마찰로 떨어져 나갈 수 있다. 다이아몬드를 절단할 때는 다른 다이아몬드를 이용한다. 다이아몬드는 광물 중 가장 단단하지만 때리면 잘게 쪼개진다.

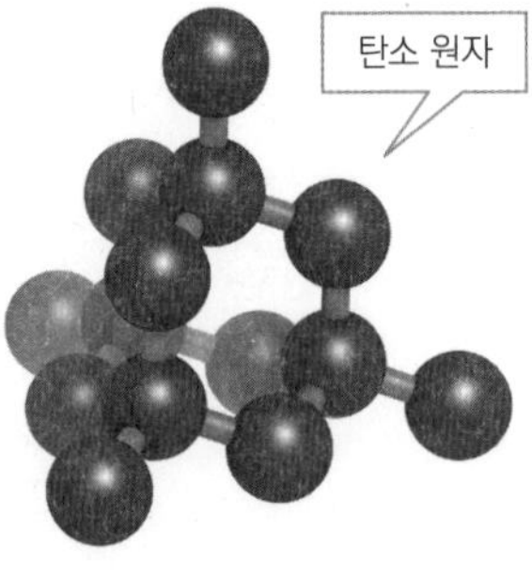

Day 065 자연 | 금속과 보석

철은 왜 쓰임새가 많을까?

|철 이야기|

철은 제일 튼튼해서 금속 중 쓰임새가 가장 많다. 인간이 활용하는 금속의 90퍼센트 이상이 철이다.

세 가지만 알면 나도 과학자!

우리는 '철 문명' 시대에 살고 있다

인류의 문명사는 당시 사람들이 사용한 도구의 재료를 기준으로 크게 '석기 시대(구석기 시대, 신석기 시대로 구분하기도 한다)', '청동기 시대', '철기 시대'로 나눈다. 철 문명이 지금까지 이어지고 있어, 현재도 철기 시대라 할 수 있다.

철은 더 튼튼한 강철이 된다

철은 은백색 금속으로 자석에 잘 달라붙는 성질이 있다. 일용품에서 기계·건축 자재에 이르기까지 가장 널리 이용되는 금속이다. 특히 탄소를 0.04~1.7퍼센트 함유한 철을 강철이라 하는데, 강철은 엄청 튼튼해 건물의 뼈대가 되는 철근과 선로 등에 사용된다. 알루미늄과 동이 철 다음으로 많이 활용되는 금속이다.

철은 철광석에서 추출한다

철의 주요 광석은 적철광이다. 적철광은 철과 산소가 결합한 탄소철로 이루어져 있다. 철광석에서 산소를 제거하지 않으면 철을 얻을 수 없다. 그래서 용광로에 철광석과 코크스(석탄을 원료로 만들어지는 연료, 탄소가 주성분), 석회석을 넣어 열풍으로 코크스를 태워 철을 만든다.

알루미늄은 어떤 금속일까?

|알루미늄 이야기|

알루미늄은 가볍고 가공하기 쉬우며 녹이 잘 슬지 않는다!
열전도율도 우수하다.

세 가지만 알면 나도 과학자!

가볍고 가공하기 쉽다

알루미늄은 은백색의 가벼운 금속으로, 부드러워서 가공하기 쉽다. 열과 전기를 잘 전달해 주전자와 냄비, 고압 전선 등에 활용된다. 표면이 산화알루미늄이라는 치밀한 피막으로 덮여 있어 녹이 잘 생기지 않는다.

알루미늄은 '전기 통조림'

알루미늄은 보크사이트라는 광물에 대량으로 함유되어 있다. 우선, 철 화합물 등을 제거하고 순수한 산화알루미늄을 만든다. 여기에 빙정석을 더해 약 1,000도에서 액체 상태가 되면 전류를 흘려 분해해 알루미늄을 추출한다. 생산 과정에서 전기를 대량 소비하는 알루미늄을 사용하면 전기를 압축해서 사용하는 것과 같아 알루미늄을 '전기 통조림'이라고 부르기도 한다. 참고로, 냄비 등의 주방용품을 제조할 때는 산화알루미늄 피막을 두껍게 입힌 '알루마이트' 처리 과정을 거친다.

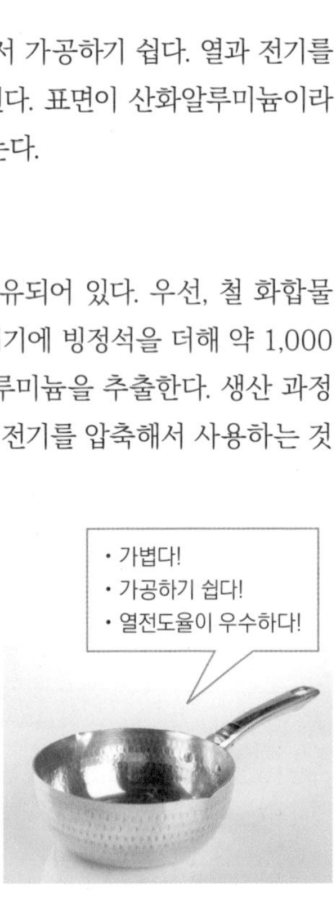

비행기 몸체에 사용되는 두랄루민

알루미늄에 동과 소량의 마그네슘, 망간 등을 더한 두랄루민은 가볍고 엄청 강해 비행기 몸체에 사용된다.

구리는 어떻게 추출할까?

| 구리 이야기 |

구리는 청동기 시대부터 사용되었다.

세 가지만 알면 나도 과학자!

구리는 부드러워 열과 전기가 잘 전달된다

구리(동)는 부드럽고 붉은색을 띠며 광택이 돈다. 열과 전기가 잘 전달되어 전선과 전기 기구 등에 널리 사용된다. 또 다양한 합금으로도 활용된다. 예를 들어 10원 주화는 구리와 알루미늄의 합금인 황동이고, 100원과 500원 주화는 구리와 니켈을 합금한 백동이다.

순도 99.99퍼센트 구리 만드는 법

구리는 황동광이라는 광석에서 주로 얻는다. 겉보기에는 금색인데, 금과 달리 무르다. 황동광은 구리와 유황이 결합한 황화구리를 포함하고 있어, 우선 유황을 제거한다. 황동광을 가열해 유황을 이산화유황(아황산 가스)으로 바꿔 제거한다. 그러면 순도 98퍼센트인 조동(粗銅)을 얻을 수 있다. 여기에 다시 전기를 흘려 분해하면 고순도(99.99퍼센트) 구리가 탄생한다.

왜 전선에 구리를 사용할까?

은이 구리보다 전도도가 좋다. 동은 은보다 저렴하고 순도 높은 상태를 얻기 쉬워 동을 다양하게 활용한다. 참고로, 금관 악기를 뜻하는 영어 브라스(Brass)는 '황동'을 가리킨다.

금은 왜 언제나 반짝일까?

|금 이야기|

금은 매우 안정된 물질이어서,
다른 물질과 잘 반응하지 않기 때문에 언제나 반짝인다.

세 가지만 알면 나도 과학자!

아주 먼 옛날부터 사용해온 금속

금은 녹이 슬지 않고 찬란한 광채를 잃지 않는 아름다운 금속이다. 게다가 강바닥이나 강물에 녹아 있는 사금은 별다른 장비 없이 채취할 수 있어 먼 옛날부터 사랑받아왔다. 금은 두드려서 엿가락처럼 쭉쭉 늘이거나 종이처럼 얇게 펼 수 있다. 다만, 금화는 이름과 달리 순금이 아니다. 강도를 높이기 위해 구리를 10퍼센트가량 섞어서 만든다. 여러 사람의 손을 타면 망가지기 쉽기 때문이다.

금도 녹이면 액체가 된다!

금은 이온화 반응이 일어나지 않는다. 다른 물질과 쉽게 반응하지 않고 금속 형태를 유지하려는 성질이 있다. 그러나 진한 질산과 진한 염산으로 녹이면 액체 상태가 된다. 금을 녹일 수 있는 이 용액을 '왕수(王水)'라고 한다.

휴대전화기 등에도 금이 사용된다

금은 주화와 장신구 등에 가장 많이 사용된다. 녹이 슬지 않고 열과 전기가 잘 전달되어 전자 부품과 커넥터, 집적 회로에 도금 처리해서 사용하기도 한다. 치과 보철 등에도 많이 이용된다. 금의 합금으로서 순도(함유량)는 캐럿(Karat)으로 표기한다. 100퍼센트 금(순금)을 24K라고 한다.

생물
과학
인체
먹을거리
질병과 약
우주
기계와 도구
자연

은은 어디에 사용될까?

| 은 이야기 |

은은 녹이 잘 슬지 않고 은백색 광택을 지녀,
화폐와 장식품에 주로 사용된다.

세 가지만 알면 나도 과학자!

녹이 잘 슬지 않지만 검게 변할 수 있다

모든 금속을 통틀어 열과 전기가 가장 잘 통하는 금속은 무엇일까? 그것은 바로 은이다. 비록 금만큼은 아니지만, 은은 두드리면 넓게 펼 수 있고 잡아당기면 제법 늘어난다. 1그램의 은을 무려 1,800미터 넘게 늘일 수 있다. 그러나 은은 녹이 잘 슬지 않지만, 공기 중의 유황 성분과 반응하면 표면이 검게 변할 수 있어 잘 관리해야 한다.

은의 용도

금과 마찬가지로 은은 주화와 장신구, 고급 식기 등에 광범위하게 사용된다. 또한 컴퓨터와 휴대전화기 같은 전자기기 등에도 널리 이용되며, 빛을 대부분 반사해 거울에도 활용된다.

예전에는 백금이라고 불렀다

예전에 한자 문화권에서는 대부분의 금속에 금을 적용하여 '오색 금'으로 나누어 불렀다. 즉 '황금 = 금, 백금 = 은, 적금 = 동, 흑금 = 철, 청금 = 납'과 같은 식이었다.

백금은 어디에 쓸까?

|백금 이야기|

백금은 금속 특유의 광택이 오래 유지되어
귀금속 장신구와 자동차 촉매로 많이 이용된다.

세 가지만 알면 나도 과학자!

금과 함께 귀금속의 대표 주자!

백금(플래티늄)은 은백색 금속으로, 매우 안정적이고 녹이 잘 슬지 않는다. 금과 마찬가지로 왕수 이외 물질에는 녹지 않는다. 인류가 지금까지 채굴한 금은 전부 합해 약 20만 톤인데, 백금이 약 7,000톤이다. 알고 보면 금보다 더 귀하다.

쓰임새는 생각보다 많지 않다

장신구와 자동차 촉매로 대부분 사용되며, 그 외에는 쓰임새가 거의 없다.

자동차용 촉매가 뭘까?

자동차 엔진은 질소산화물 등 독성 배기가스를 배출한다. 백금은 질소산화물을 분해하고, 엔진에서 불완전 연소된 가스를 이산화탄소·수증기로 바꾸는 촉매(자신은 변화하지 않으면서 반응을 촉진하는 물질) 역할을 한다. 즉, 배기가스를 깨끗하게 해주는 장치에 사용된다. 참고로, 미터법의 국제 킬로그램 원기는 백금 90퍼센트와 이리듐 10퍼센트 합금이다.

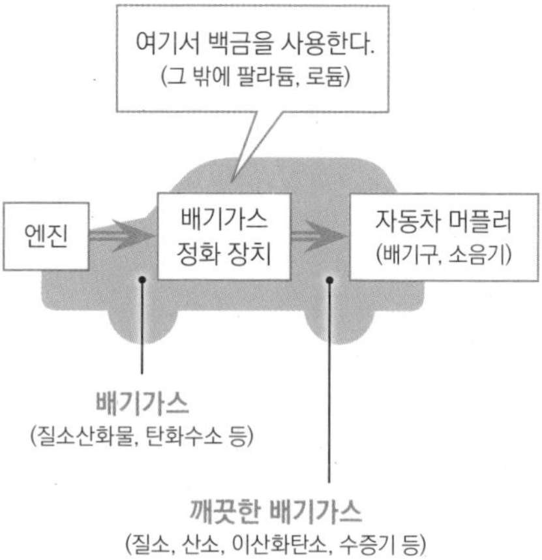

Day 071 인체 | 몸속

심장이 가장 중요한 이유는 뭘까?

| 심장 이야기 |

우리가 잠을 자는 동안에도 심장은 쉬지 않고 박동해
온몸에 혈액을 공급한다.

세 가지만 알면 나도 과학자!

혈액을 공급하는 펌프 역할

소장에서 흡수한 영양과 폐에서 받아들인 산소는 혈액을 타고 온몸으로 운반된다. 몸속에서 생긴 노폐물도 혈액을 통해 운반된다. 사람의 심장은 '2 심방 2 심실' 구조로 이루어져 있다. 이 네 개의 방이 서로 수축하거나 이완하며 혈액을 온몸으로 순환시킨다.

심장에는 네 개의 방이 있다

심장은 근육으로 이루어져 있다. 심방은 심장으로 돌아온 혈액이 들어오는 곳이고, 심실은 심장에서 혈액을 내보내는 곳이다. 특히 두툼한 근육으로 이루어진 좌심실은 대동맥이라는 혈관을 통해 혈액을 온몸으로 공급한다.

심장은 하루에 10만 번 박동한다!

심장이 수축하거나 이완하는 운동을 '박동'이라고 한다. 맥박을 측정하면 1분 동안 박동수를 알 수 있다. 어른은 보통 1분에 50~100번 박동한다. 하루 100만 번이나 박동하며 영양분과 산소를 온몸으로 공급하고, 이산화탄소와 암모니아 등의 노폐물을 회수한다. 심장 박동이 5분만 정지해도 생명을 잃을 수 있다.

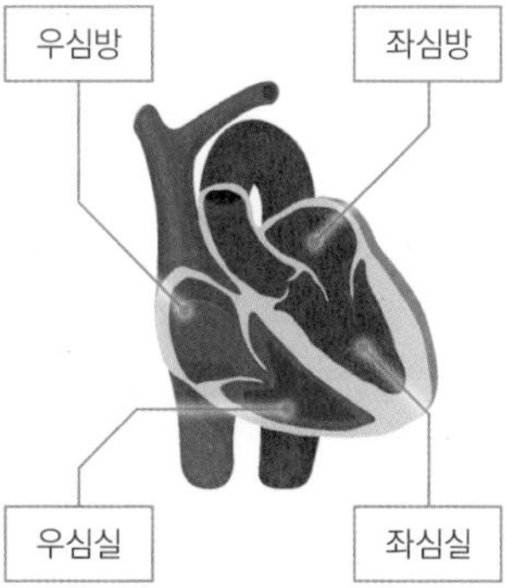

Day 072 인체 | 몸속

위가 하는 역할은 뭘까?

| 위 이야기 |

위는 강한 산성 위액을 분비해 입으로 들어온 단백질을 소화한다.

세 가지만 알면 나도 과학자!

단백질을 아미노산으로 바꿔서 흡수한다

우리 몸의 세포를 만드는 재료는 단백질이다. 새로운 세포를 만들기 위해서도, 세포의 활동을 유지하기 위해서도 단백질이 필요하다. 그러나 거대한 분자 그대로 흡수할 수 없어 작은 아미노산 형태로 바꿔서 흡수한다.

초강력 위산으로 분해!

위액은 염산을 함유한 강한 산성 액체다. 그래서 세균을 죽일 수 있다. 위액에는 펩신이라는 소화 효소가 있는데, 소화 효소는 거대하고 물에도 녹지 않는 분자를 작게 쪼개는 작용을 한다. 위액에 있는 펩신은 단백질을 펩타이드로 분해한다. 펩타이드는 아미노산이 여러 개 연결된 구조인데, 위 아래 있는 소장에서 아미노산으로 잘게 쪼개 우리 몸에 흡수된다.

위는 연동운동을 한다

위는 수축과 이완을 한다. 이것을 연동운동이라고 한다. 위의 연동운동으로 위액과 음식물이 골고루 섞이며 소화 과정을 촉진한다. 위 표면에는 점막에서 대량 분비된 점액이 있는데, 이 점액이 위산으로부터 위를 보호한다. 식도와 장도 연동운동을 한다.

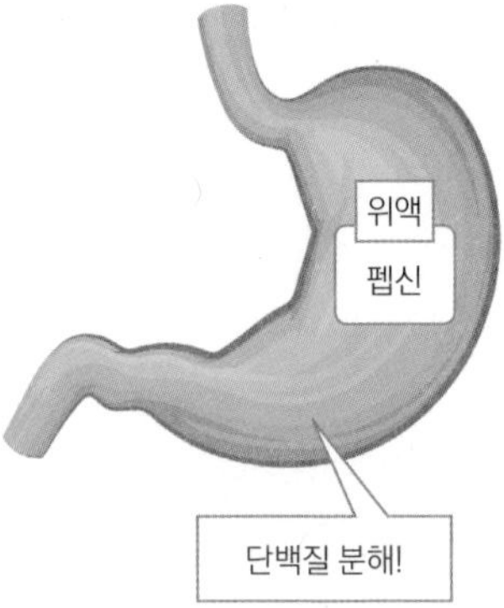

소장은 무슨 일을 할까?

|소장 이야기|

위와 대장 사이에 있는 소장은 소화와 영양분 흡수 역할을 한다.

세 가지만 알면 나도 과학자!

위에서 소화된 음식물을 소장에서 다시 소화한다!

위에서 소화된 음식물은 구불구불한 소장으로 들어와 담즙, 이자액, 소장 벽에 있는 소화 효소로 샤워를 한다. 그러면 전분은 포도당으로, 단백질은 아미노산으로, 지방은 지방산과 모노글리세라이드라는 물에 녹는 분자로 바뀐다.

담즙이 위산을 중화한다

쓸개(담낭)에서는 담즙을 분비한다. 알칼리성인 담즙은 강산성인 위산을 중화하고, 지방을 물과 잘 섞이게 한다. 이자(췌장)에서 분비된 이자액은 전분, 펩타이드, 지방을 소화한다.

소장 안쪽의 겉넓이는 테니스장 한 개 크기!

소장의 길이는 5~7미터로, 안쪽에 복잡한 주름이 있다. 그리고 표면에는 가느다란 요철(융모)이 있는데, 그 안에 모세혈관과 림프관이 들어 있다. 포도당과 아미노산은 모세혈관, 지방산과 모노글리세라이드는 림프관으로 스며들어 흡수된다. 참고로, 우리가 단백질 덩어리인 고기를 먹으면 아미노산으로 바뀌어 우리 몸에 흡수된다.

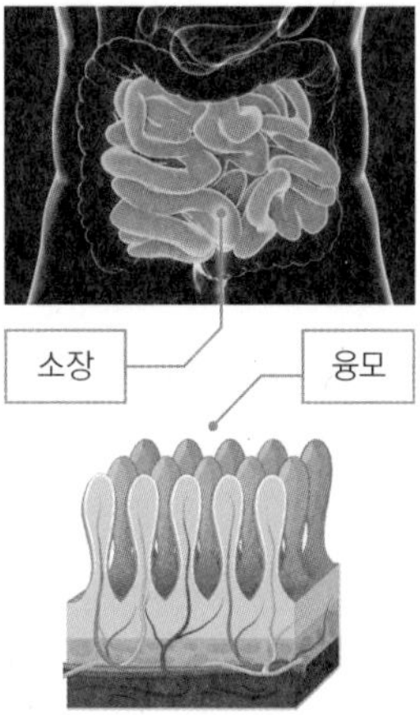

우리 몸에는 뼈가 얼마나 있을까?

|뼈 이야기|

사람의 몸은 206개의 뼈로 이루어져 있는데,
뼈는 인산칼슘이라는 성분으로 구성되어 있다.

생물 과학 인체 먹을거리 질병과약 우주 기계와도구 자연

세 가지만 알면 나도 과학자!

아기 때 300개 넘던 뼈가 어른이 되면 206개로 줄어든다

아기의 뼈 개수와 어른의 뼈 개수가 다르다고 하면 놀라는 사람이 많다. 아기의 뼈는 300개가 넘는데 어른의 뼈는 206개다. 아기는 성장하면서 뼈가 두 개 이상으로 나누어지기도 한다. 그러나 더 성장하면 나누어졌던 뼈가 점점 한 개로 붙어 206개가 된다. 뼈는 대개 3개월 단위로 교체된다. 낡은 뼈는 부서지고 새로운 뼈가 만들어진다.

뼈를 만드는 골세포

뼈를 만드는 골세포는 자신의 세포 밖에 콜라겐(튼튼한 섬유질)을 분비한다. 골세포는 혈액이 운반한 인산칼슘(수산화인회석)과 결합해 단단한 뼈가 되고, 골세포는 뼈 안에 파묻힌다.

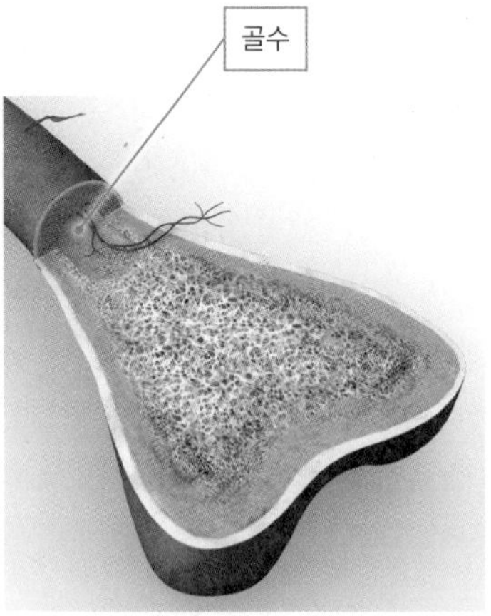

골수는 적혈구와 백혈구를 생산하는 공장

뼈는 속이 텅 빈 부분이 많아 가볍지만 튼튼하다. 뼈 안에 있는 골수에서는 적혈구와 백혈구 등 혈액 성분을 생산한다.

Day 075 인체 | 몸속

뼈는 어떻게 서로 연결되어 있을까?

| 관절 이야기 |

우리는 뼈와 뼈를 연결하는 관절 덕분에
몸을 마음대로 움직일 수 있다.

세 가지만 알면 나도 과학자!

몸은 뼈와 근육, 지방으로 이루어져 있다

우리 몸은 단단한 뼈, 말랑한 근육과 지방으로 이루어져 있다. 그리고 곳곳에서 관절이 뼈와 뼈를 연결한다.

손으로 물건을 자유롭게 잡을 수 있는 이유

뼈와 뼈가 서로 맞닿아 연결된 곳을 관절이라고 한다. 관절은 부드러운 연골로 이루어져 있고, 부드럽게 움직이도록 액체로 채워져 있다. 특히 손에는 구부리거나 펼 수 있는 관절과 회전하는 관절이 있어 물건을 자유롭게 잡을 수 있다. 나이를 먹으면 연골이 굳거나 닳아서 관절이 변형되며 통증을 호소하는 사람이 많다.

뼈와 근육 덕분에 몸을 움직일 수 있다

뼈는 힘줄로 근육과 붙어 있다. 근육은 수축할 수는 있지만 늘어날 수는 없다. 근육이 뼈를 움직이려면 최소한 두 쌍의 근육이 필요하다. 그렇지 않으면 굽힌 관절을 원래대로 되돌릴 수 없다.

【팔을 굽힐 때】

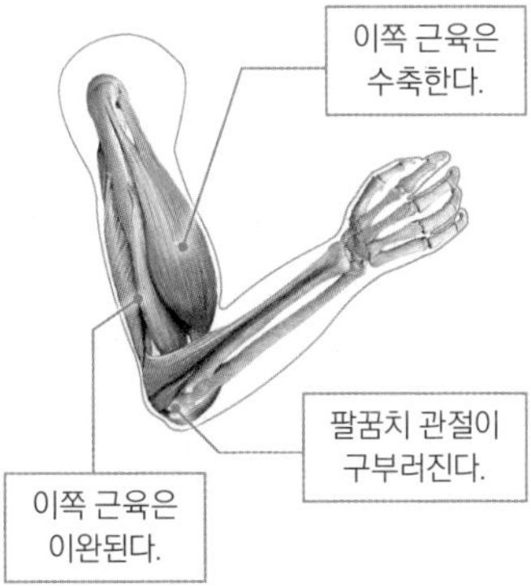

Day **076** 인체 | 몸속

폐는 우리 몸에서 어떤 기능을 할까?

| 폐 이야기 |

들이마신 공기에서 산소를 추출해 혈액으로 내보낸다.

세 가지만 알면 나도 과학자!

폐포로 산소와 이산화탄소를 교환한다

입과 코로 들어온 공기는 폐포를 통해 모세혈관에 접속한다. 모세혈관은 혈액 속 헤모글로빈으로 산소를 보내고, 혈액 속 이산화탄소를 폐포로 전달해 입과 코를 통해 밖으로 내보낸다. 이런 식으로 폐에서 산소와 이산화탄소가 교환된다.

약 6억 개의 폐포가 있다

우리 폐에는 약 6억 개의 폐포가 있다. 폐포 한 개의 크기는 지름 0.14밀리미터이며, 전체 겉넓이는 60제곱미터에 달한다. 폐포에서 헤모글로빈과 결합한 산소를 포함한 혈액(동맥혈)은 폐정맥을 거쳐 심장의 좌심방으로 들어간 뒤 좌심실로 보내지고, 다시 대동맥을 통해 온몸으로 공급된다.

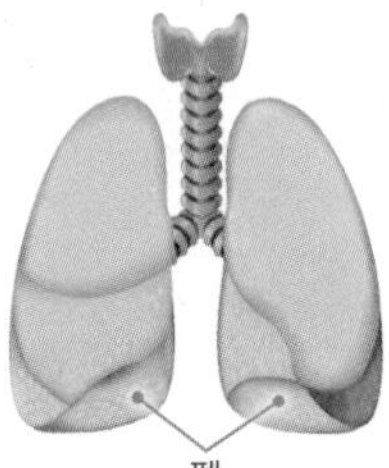

폐는 스스로 움직이지 않는다

폐에는 근육이 없어 폐 스스로 이완하거나 수축하지 못한다. 대신 가슴과 배 사이를 분리하는 횡격막이라는 근육이 움직여 폐를 이완하거나 수축시킨다. 어른은 1분 동안 12~20회 호흡하고, 어린이와 아기는 어른보다 더 많이 호흡한다.

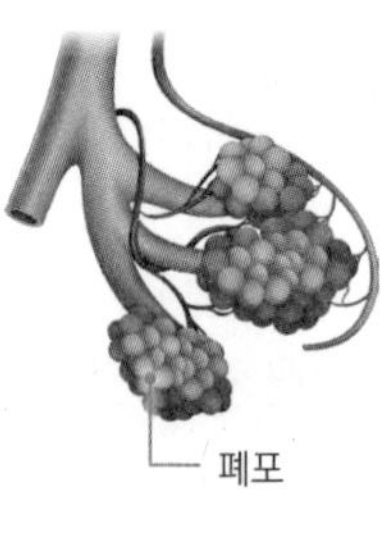

Day 077 인체 | 몸속

뇌를 왜 우리 몸의 명령 기관이라고 할까?

|뇌 이야기|

뇌는 근육의 운동을 조절하고, 감각을 인식하며, 말하고 생각하고 기억하고 감정을 일으키는 우리 몸의 중추다!

세 가지만 알면 나도 과학자!

뇌는 몸의 움직임을 결정한다!

뇌에는 신경 세포(뉴런)가 빼곡하게 들어차 있어 자극에 대한 반응을 결정한다. 뇌는 크게 대뇌, 사이뇌, 소뇌, 중간뇌, 다리뇌, 숨뇌로 나뉜다. 사람을 포함한 포유동물은 대뇌가 잘 발달해 있다.

뇌는 엄청난 에너지를 소비한다

뇌의 무게는 1,200~1,500그램 정도 된다. 뇌는 쉬지 않고 활동해, 몸 전체 에너지의 약 20퍼센트를 사용한다. 특히 대뇌는 몸속에서 온갖 정보를 받아들여 정리하고 분석하고 판단해 운동 명령과 기억, 사고 등을 처리한다. '뇌는 10퍼센트밖에 사용되지 않는다'는 말이 있는데, 실제로 우리는 뇌를 100퍼센트 사용한다.

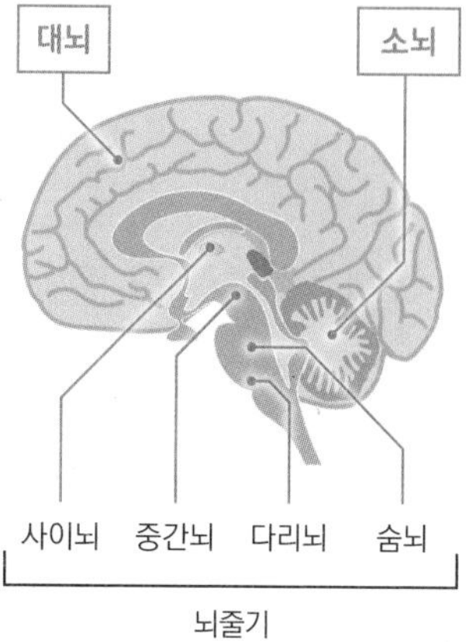

중추신경과 말초신경

뇌와 척수를 중추신경이라 하고, 중추신경에서 나와 온몸으로 뻗은 신경을 말초신경이라고 한다. 또 감각기관에 들어온 자극을 중추신경으로 전달하는 감각신경과 명령을 근육에 전달하는 운동신경이 있다.

Day 078

세제는 어떻게 때를 벗겨낼까?

| 세제 이야기 |

물과 기름과 두루두루 친한 계면활성제 덕분이다!

세 가지만 알면 나도 과학자!

고형 비누에서 가루 혹은 액체 세제로

의류 세탁에는 오랫동안 고형 비누를 사용해왔다. 그러다가 세탁기가 보급되면서 가루 혹은 액체 비누, 합성세제로 세대교체가 이루어졌다. 비누와 합성세제 사용이 보편화되면서 청결한 생활이 가능해졌다.

계면활성제는 물과 기름 둘 다와 사이가 좋다

세제가 오염을 제거하는 비밀은 계면활성제에 있다. 계면활성제에는 한 개의 분자 속에 '물과 친한 부분(친수기)'과 '기름과 친한 부분(친유기)'이 있다. 계면활성제는 기름때를 친유기로 감싸 섬유에서 벗겨내 오염 물질을 작게 나누고 물속에 흩어지게 만들어 빨래를 깨끗하게 해준다.

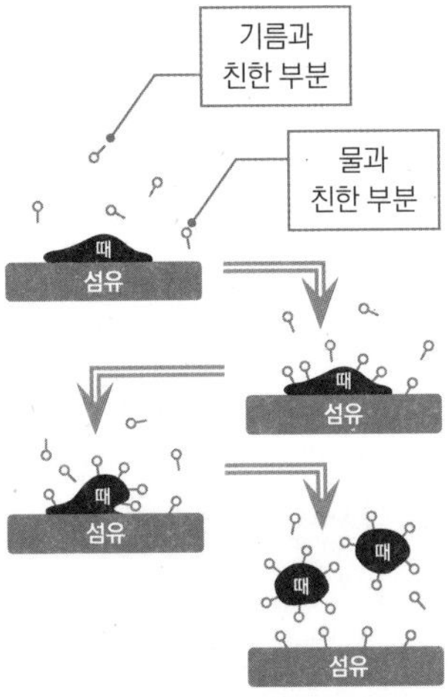

옛날 세제는 강을 오염시켰다

옛날 합성세제는 자연계의 미생물이 분해하지 못하는 물질이어서 강이 오염되었다. 이후 미생물이 분해하기 쉬운 세제로 교체되었다. 참고로, 약알칼리성 비누는 알칼리에 약한 실크와 양모 세탁에 적합하지 않다.

Day 079

손을 왜 비누로 씻어야 할까?

| 비누 이야기 |

손에는 수많은 세균과 바이러스가 묻어 있기 때문이다.

세 가지만 알면 나도 과학자!

손에는 많은 병원체(질병을 일으키는 미생물 등)가 묻어 있다

병원체는 아주 작은 세균과 바이러스다. 눈에는 보이지 않지만 사람 사이를 옮겨 다니며 감염병을 퍼뜨리는 원인이 된다. 손에 있던 병원체가 물건에 묻고, 그 물건을 만진 손으로 병원체가 옮겨져 코·입을 통해 몸속으로 들어간다.

여러 사람의 손이 닿는 물건은 위험하다!

전철 손잡이, 난간, 엘리베이터 버튼, 문고리, 여러 사람의 손이 닿는 물건에는 병원체가 득실댄다. 병원체가 묻은 물건을 손으로 만지면 병원체가 손에서 몸속으로 들어간다. 몸속에 들어간 병원체가 증식해 기침과 설사, 발열 등의 증상이 나타나기도 한다.

병원체를 제거하는 간단한 방법, 손 씻기!

손에 묻은 병원체는 손 씻기로 씻어낼 수 있다. 손과 손가락에 묻은 바이러스는 흐르는 물로 15초 동안 씻으면 100분의 1, 비누나 손 세정제로 10초 문지른 뒤 흐르는 물로 15초 헹구면 1만 분의 1로 줄어든다. 따라서 요리와 식사 전, 기침을 하거나 코를 푼 뒤, 외출에서 돌아온 뒤에는 반드시 손을 씻어야 한다.

'섞으면 위험한 물질'을 섞으면 어떻게 될까?

| '섞으면 위험한 물질' 이야기 |

죽을 수도 있다! 염소 가스가 발생하기 때문에 절대 금지!

세 가지만 알면 나도 과학자!

실제로 사망한 사람도 있다

'섞으면 위험한 물질'이라는 표시가 붙어 있는 것은 특히 주의해야 한다. 이런 표시가 있는 세제를 섞어서 사용했다가 사람이 사망한 사건도 있다. 이런 사건을 계기로 세제 용기에 주의 사항을 표기하게 되었다.

엄청나게 독성이 강한 염소 가스가 발생한다

화장실의 물때나 변기의 요석(누런 때)을 제거하는 세제는 염산과 같은 산성이다. 염소계 표백제에는 차아염소산나트륨이 들어 있다. 염산과 차아염소산나트륨이 만나면 엄청 독성이 강한 염소 가스가 발생한다. 이것을 들이마시면 위험할 수도 있다. 참고로, 변기에 생긴 요석은 수산칼슘과 인산화칼슘 등의 산성 세제로 녹일 수 있다.

구연산으로도 발생한다!

차아염소산나트륨은 염소계 표백제뿐 아니라 욕조 곰팡이 제거제와 배수 파이프 세정제에도 들어 있다. 산성 액체는 염산 함유 물질이 아닌, 구연산 함유 물질에서도 염소 가스를 발생시킬 수 있으니 주의하자.

독이 들어 있는 염소 가스가 발생한다!

풍선은 어떻게 둥둥 떠다닐까?

| 헬륨 이야기 |

풍선에는 공기보다 가벼운 헬륨이 들어 있기 때문이다.

세 가지만 알면 나도 과학자!

부피가 같을 경우, 공기 〉 헬륨 〉 수소 순으로 가볍다

기체 중에서 수소가 가장 가볍고, 그다음 가벼운 것은 헬륨이다. 부피가 같은 기체의 무게를 비교할 때 공기의 무게를 1로 잡으면 헬륨은 0.14, 수소는 0.07이다. 헬륨이 수소보다 두 배 무겁다. 수소는 공기와 비교하면 14분의 1 수준으로 가볍다.

풍선에 왜 헬륨을 사용할까?

가장 가벼운 수소를 넣으면 잘 뜰 텐데, 왜 헬륨을 주입할까? 예전에는 풍선에 수소를 넣기도 했다. 그런데 수소는 불이 붙으면 활활 탄다. 헬륨은 불이 붙어도 전혀 타지 않아 헬륨을 사용하게 되었다.

헬륨은 어떤 가스일까?

헬륨은 색깔도 냄새도 없다. 다른 물질과 반응하지도 않는다. 우주에는 수소 다음으로 헬륨이 많은데, 지구에는 소량만 존재한다. 지구의 대기에 헬륨이 적은 이유는 너무 가벼워서 지구의 중력으로 잡아둘 수 없기 때문이다. 헬륨은 액체가 되면 엄청 차갑다(-269도에서 끓는다).

풍선 안에는 공기 무게의
7분의 1 수준인 헬륨이 채워져 있다!

Day 082

비눗방울은 어떻게 생길까?

|비눗방울 이야기|

비누와 합성세제 등 계면활성제를 푼 물만 있으면
비눗방울을 만들 수 있다.

세 가지만 알면 나도 과학자!

물에서는 비눗방울이 생기지 않는다

빨대로 물을 묻혀 불어도 비눗방울이 생기지 않는다. 비눗방울이 생기려면 물 안쪽에 불어넣은 공기로 물이 얇은 막을 형성해야 한다. 물은 '표면장력'이 강해 막이 되기 전에 거품이 터진다. 참고로, 수도꼭지에서 똑똑 떨어지는 물과 빗줄기가 물방울과 빗방울이 되는 것은 표면장력이 작용하기 때문이다.

물에 비누와 합성세제를 풀면 비눗방울을 만들 수 있다!

비누와 합성세제에는 계면활성제(78일 차 참고)가 들어 있다. 계면활성제를 물에 풀면 표면장력이 쑥 줄어들고, 세제를 푼 액체가 불어넣은 공기 주위에 얇은 막을 형성한다.

비눗방울의 구조는?

비눗방울의 막은 계면활성제 분자-물-계면활성제 분자로 이루어져 있다. 계면활성제 분자는 친수기가 막으로, 친유기가 공기층으로 뛰쳐나가 늘어서서 대형을 이룬다. 그런데 비눗방울의 물이 증발하면 중력에 의해 액체가 아래로 흘러 위쪽은 막이 얇아진다. 먼지나 이물질이 닿으면 구멍이 뚫리며 비눗방울이 터진다.

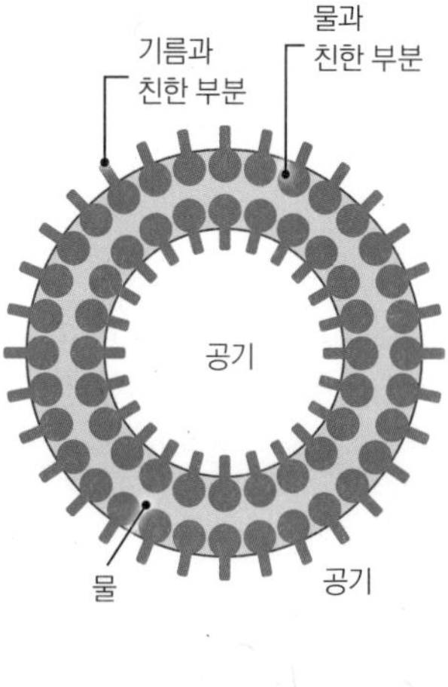

생물
과학
인체
먹을거리
질병과 약
우주
기계와 도구
자연

탈취 스프레이를 뿌리면 정말 냄새가 사라질까?

|탈취제 이야기|

탈취제는 냄새 성분을 분해하거나 다른 냄새로 덮는 원리다.

세 가지만 알면 나도 과학자!

우리는 어떻게 냄새를 느낄까?

화장실 특유의 냄새는 대변 냄새의 원인인 황화수소, 메탄티올(메틸 메르캅탄), 인돌, 소변이 분해해서 생기는 암모니아가 섞인 것이다. 공기 중에 떠도는 냄새 분자들이 코로 들어가 냄새가 느껴진다.

냄새를 제거하는 방법

냄새 분자를 흡수하거나 흡착하면 분자가 코로 들어오지 않는다. 냄새 분자를 분해해서 냄새가 없는 다른 분자로 변화시키면 냄새가 사라진다. 방향 성분(좋은 냄새)으로 악취가 잘 느껴지지 않게 만들 수도 있다. 시판되는 탈취 스프레이 제품은 이런 성분을 조합해서 나쁜 냄새를 없애는 원리다.

화학적 탈취법이란?

화학적 탈취법이란 냄새 분자를 다른 분자로 바꿔 탈취하는 것이다. 가령 냄새 성분에는 산성 물질과 알칼리성 물질이 있는데, 이를 중화하면 냄새를 없앨 수 있다. '산화'라는 화학 변화로 다른 분자로 바꾸는 방법도 있다.

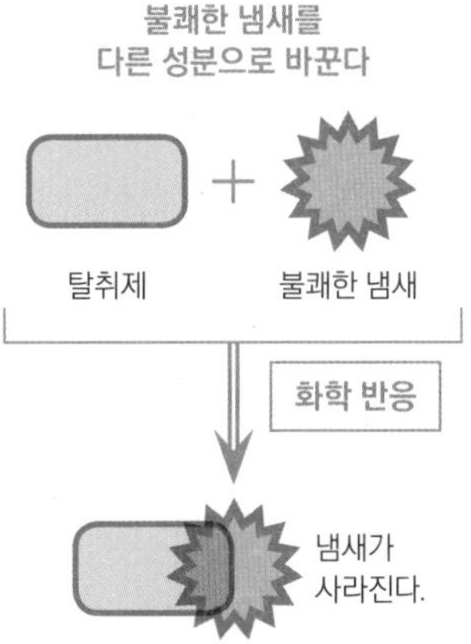

살충제는 벌레에만 효과가 있을까?

|살충제 이야기|

사람은 살충제 성분을 몸속에서 분해할 수 있어 안전하다.

세 가지만 알면 나도 과학자!

옛날부터 살충제로 사용된 식물 '제충국'

제충국은 살충제로 사용되는 국화과 식물이다. 이 꽃은 지금도 케냐 등 세계 각지에서 재배된다. 제충국에는 피레트린(Pyrethrin)이라는 살충 성분이 들어 있다. 일본에서는 제충국을 활용한 소용돌이 모양의 모기향도 발명되었다.

피레트린 계열 살충제 증가

제2차 세계대전 이후, 모기향과 살충 스프레이 성분은 피레트린을 더욱 강화한 피레트로이드(Pyrethroid) 성분으로 개량되었다. 모기와 파리에게 스프레이를 분사하면 온몸에 경련을 일으키며 죽는다. 살충제 성분이 신경을 마비시켜 호흡을 멈추게 하는 것이다.

사람과 반려동물에게는 영향이 없을까?

피레트로이드 계열 살충제는 사람과 가축, 반려동물에게 해롭지 않다. 포유류와 조류는 몸속에 피레트로이드를 분해하는 효소가 있어 바로 몸 밖으로 배출한다. 다만 파충류와 어류에는 유해하므로 주의해야 한다. 참고로, 모기나 진드기를 쫓는 기피제에는 해충이 다가오지 못하게 하는 디에틸톨루아미드(DEET)라는 성분이 들어 있다.

Day 085

냉장고 안에 물건을 넣으면 왜 차가워질까?

|냉장고 이야기|

냉장고는 냉매라는 물질을 액체 또는 기체로 바꿔 내부의 열을 빼앗는 원리다.

세 가지만 알면 나도 과학자!

기화할 때 주위 열을 함께 가져가는 원리

소독하려고 알코올을 손에 바르면 순간적으로 싸해지며 시원한 느낌이 든다. 이는 액체였던 알코올이 기체로 변하는(기화) 순간 피부에서 열을 가져가기 때문이다. 냉장고의 냉각 원리도 이 성질을 이용한 것이다.

열을 이동시키는 기술 활용

냉장고 안에서는 '냉매'라는 물질이 빙글빙글 순환하고 있다. 이 냉매는 액체 또는 기체로 바뀐다. 냉매의 성질이 변하면서 냉장고 내부의 열을 가져간다. 그 열을 냉장고 밖으로 내보내 내부를 시원하게 유지한다.

주요 부품은 컴프레서

펌프로 자전거 바퀴에 공기를 넣을 때처럼, 공기나 그 밖의 기체를 압축하는 기계를 '컴프레서(compressor)'라고 한다. 컴프레서에서 기체 냉매를 압축하면 온도가 높아지는데, 이를 응축기에서 액체로 바꾼다. 그 상태에서 밸브를 열어 압력을 급격하게 내리면 내부에서 액체가 기체로 바뀌며 시원해진다. 예전에는 냉매로 프로판가스를 사용했는데, 지금은 이소부탄을 사용한다.

【냉장고의 구조】

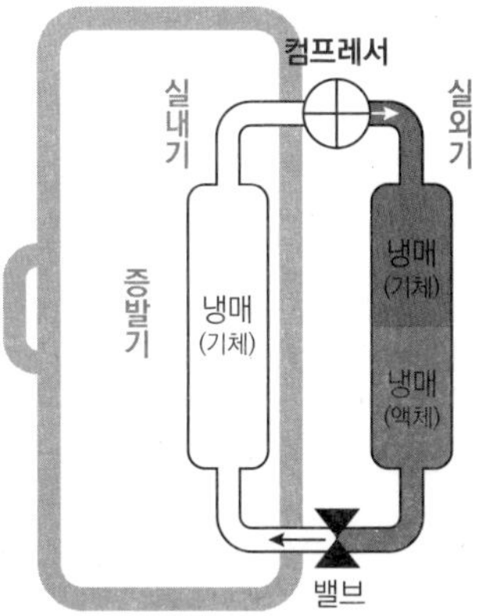

에어컨을 켜면 왜 시원해질까?

|에어컨 이야기|

에어컨을 켜면 시원해지는 것은 냉장고의 원리와 같다.

세 가지만 알면 나도 과학자!

액체를 기체로 바꿔 시원하게 만든다

냉장고와 같은 원리로 에어컨은 공간을 시원하게 만든다. 에어컨에도 냉매가 있어, 액체에서 기체로 바뀔 때 주위의 열을 가져간다. 그리고 압력을 가해 기체가 액체로 바뀔 때 열을 방출한다.

실외기를 통해 열을 밖으로 내보낸다

냉방 기능을 사용할 때는 냉매가 기체가 될 때 열을 흡수해 주위를 식히는 부분을 실내에 둔다. 그 후 냉매는 관으로 이어진 실외기로 이동하고, 기체에서 액체로 바뀌어 뜨거워진다. 실외기가 그 열을 밖으로 내보낸다.

냉장고와 에어컨의 가장 큰 차이!

에어컨을 냉난방 겸용으로도 사용할 수 있다. 냉난방 겸용 에어컨이 냉장고와 가장 다른 것은 난방기로 사용할 때 냉매를 거꾸로 흘려 내부를 데울 수 있다는 점이다. 냉난방 겸용 에어컨은 실내기와 실외기 사이에서 열을 이동시켜 실내를 난방·냉방할 수 있다. 참고로, 냉매 가스가 떨어지면 냉난방 효과가 떨어진다.

【에어컨의 구조】

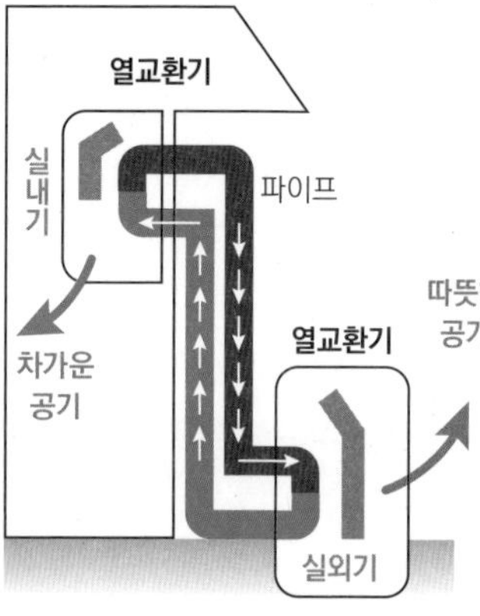

텔레비전은 어떻게 영상을 보여줄까?

| 텔레비전 이야기 |

방송국에서 화상을 송출하면 송신탑에서 전파를 통해 하나하나의 색을 나타내는 점 정보를 순서대로 보내 화면을 만든다.

세 가지만 알면 나도 과학자!

텔레비전 화면을 돋보기로 보면 '빨강', '초록', '파랑' 점의 집합

텔레비전 화면은 빛의 삼원색인 '빨강, 초록, 파랑'의 점으로 색의 밝기를 조정해 비춘다. 따라서 확대해서 보면 빨강, 초록, 파랑 점의 집합과 같다.

전파로 색의 정보를 순서대로 받는다

방송국에서 송출한 화상(畫像)을 TV 송신탑에서 전파를 타고 보낸다. 전파로 보낸 색 정보는 텔레비전 화면의 왼쪽 위에서부터 오른쪽 아래까지 순서대로 내달린다. 그렇지만 몇천 분의 1초에 이르는 엄청난 속도라서 사람의 눈에는 한 장의 화면으로 보인다.

연속으로 화상을 보내면 동영상이 된다

텔레비전은 1초 동안 30장의 정지 화상을 수신한다. 이를 빠르게 교체해 마치 움직이는 장면처럼 보인다. 참고로, 옛날에는 소리를 영상과 별도의 전파로 송출해 화면의 움직임과 함께 재생되었다. 보통 오늘날 지상파 TV의 화면은 약 200만 개의 화소(삼원색의 1화소)로 이루어져 있다.

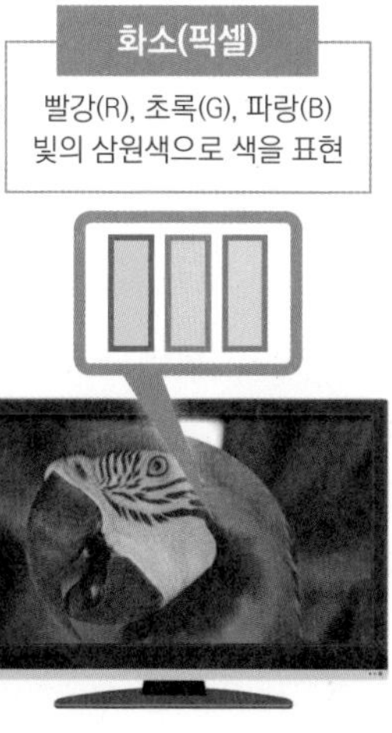

리모컨은 어떻게 채널을 바꿀까?

| 리모컨 이야기 |

리모컨이 적외선 신호를 발신하면
텔레비전 등이 그 신호를 받아서 작동한다.

세 가지만 알면 나도 과학자!

리모컨은 눈에 보이지 않는 적외선을 포착해 신호를 보낸다

리모컨의 버튼을 누르면 인간의 눈에 보이지 않는 적외선 신호가 나간다. 이 적외선 신호는 엄청난 속도로 점멸하며 전원을 켜거나 채널을 바꾸는 등의 신호를 보낸다.

리모컨 신호는 퍼지지 않는다

리모컨의 적외선은 똑바로 나간다. 신호가 여러 방향으로 퍼지지 않기 때문에 오작동이 적다. 텔레비전은 리모컨에서 나온 신호를 수신하는 장치가 아래쪽에 있다.

신호는 브랜드마다 제각각 다르다

텔레비전과 다른 제조사의 리모컨을 사용하면 작동하지 않는다. 텔레비전 옆에 있는 IPTV의 셋톱박스 등과 신호가 교란되지 않도록 브랜드와 기계마다 다른 신호를 발신한다. 전파와 초음파를 내보내는 리모컨도 있다.

압력솥은 어떤 점이 다를까?

|압력솥 이야기|

압력솥은 압력을 이용해 물을 100도보다 높게 끓이거나
신속하게 조리한다.

세 가지만 알면 나도 과학자!

압력으로 물이 끓는 온도가 바뀐다

물이 끓는 온도는 공기의 압력에 따라 달라진다. 보통은 약 100도에서 끓는데, 기압이 낮은 높은 산 정상에서는 이보다 낮은 온도에서 끓어 에베레스트 정상의 경우 70도에서 끓는다. 일단 끓으면 그 이상의 온도로는 올라가지 않는다.

솥 안의 압력을 높여 초고온으로 만든다

밀폐된 압력솥에서 물을 끓이면 수증기가 되어 부피가 커진다. 솥 안의 압력이 상승하기 때문이다. 이때 솥 안이 100도를 초과한다. 다만 압력이 너무 높아지면 폭발할 수 있어 적정 수준에서 수증기를 배출해 120도 정도로 조정한다.

압력솥과 전기 압력솥의 차이는?

온도가 120도까지 올라가면 훨씬 빠르게 조리할 수 있다. 압력솥과 전기 압력솥은 물을 끓일 때 가스 불을 사용하느냐, 전기를 사용하느냐의 차이밖에 없다. 그리고 전기 압력솥은 요리 재료 본연의 맛을 살릴 수 있도록 압력과 시간 등을 조정할 수 있어 좀 더 편리하다.

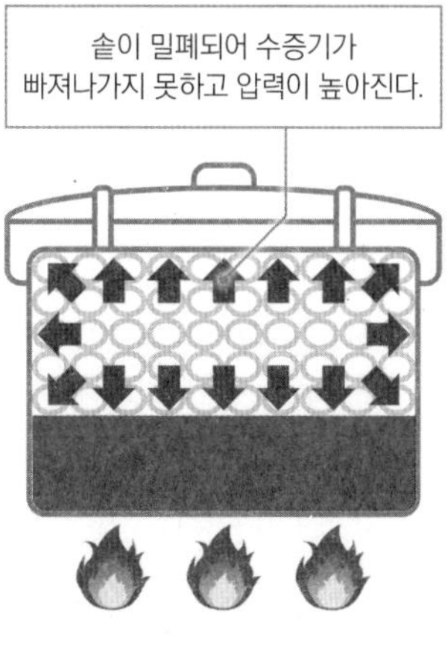

인덕션은 어떻게 열을 낼까?

| 인덕션 이야기 |

냄비 등의 조리기구에 전류를 흘려 열을 발생시킨다.

세 가지만 알면 나도 과학자!

인덕션에 전기를 흘려 자석으로 바꾸면 냄비 바닥에 전류가 흐른다

코일에 자석을 가까이 댔다가 멀리 떨어뜨리면 전류가 흐른다. 이를 '전자 유도'라고 한다. 인덕션에는 가열 코일이 들어 있는데, 여기에 전기를 흘려 자석으로 바꾼다. 그러면 냄비 바닥에 원을 그리듯 전류가 흐른다. 이를 와전류(맴돌이 전류)라고 한다.

전류가 흐르면 철제 냄비가 뜨거워진다

인덕션 위에 철제 냄비 등을 올리고 전원을 켜면 와전류가 흘러 '전기 저항'으로 냄비가 뜨겁게 달궈진다. 전기 저항의 크기는 금속에 따라 다르다. 예를 들어 동은 전기 저항이 작아(전기가 잘 흐른다) 전기를 흘려도 그다지 뜨거워지지 않는다. 그래서 인덕션에서는 동 냄비를 사용할 수 없다.

인덕션 자체는 뜨거워지지 않는다

인덕션은 자석이 될 뿐이라서 뜨거워지지 않는다. 용기는 뜨겁지만 용기의 손잡이는 뜨겁지 않다. 인덕션은 가스레인지보다 열효율이 뛰어나 온도가 빨리 오른다.

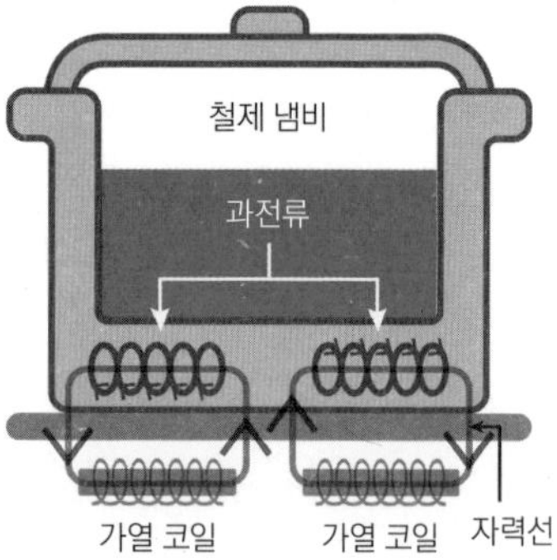

전자레인지는 어떻게 음식을 데울까?

|전자레인지 이야기|

전자레인지는 전파를 내보내 음식에 들어 있는 물 분자를 진동시켜서 데운다.

세 가지만 알면 나도 과학자!

전자레인지 안에서 전파가 날아다닌다

'전파'는 전자파의 하나다. 전파는 전기의 성질과 자석의 성질을 동시에 지니며, 공간에서 이동하고 전달된다(49일 차 참고). 전자레인지는 1초 동안 무려 약 24억 회 플러스와 마이너스가 교체되는 고주파(엄청나게 미세하게 변화한다)의 전파를 내보낸다.

수분을 진동시켜 음식을 데운다

대부분의 음식에는 수분이 포함되어 있다. 음식 안의 수분(물 분자)에 고주파의 전파를 쏘면 물 분자가 엄청난 기세로 진동한다. 그 진동이 열이 되어 음식이 데워진다. 따라서 수분이 전혀 없는 음식은 전자레인지로 데울 수 없다. 전자레인지는 재료의 종류와 양에 따라 조리 시간을 컴퓨터가 조정한다.

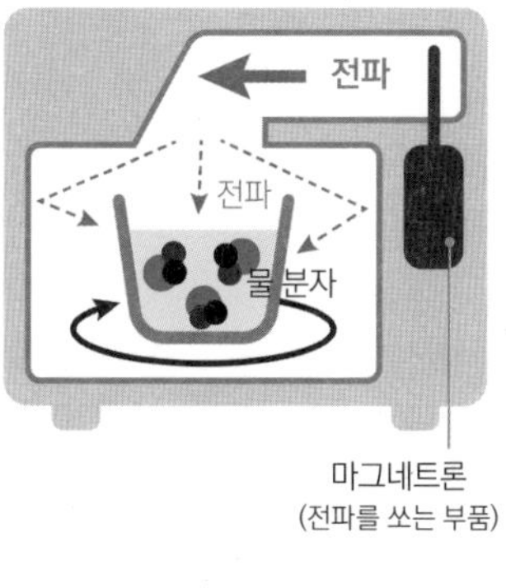

전파는 사람에게 닿으면 위험하다

우리 몸도 수분을 다량 함유하고 있어 이 전파가 사람에게 닿으면 매우 위험하다! 그래서 전자레인지는 전파가 밖으로 새어 나오지 못하도록 되어 있다.

Day 092

빵은 어떤 원리로 만들까?

|빵 이야기|

빵은 인간과 효모(이스트)의 공동 작업으로 만들어진다.

세 가지만 알면 나도 과학자!

빵 만드는 방법은 나라마다 다양하다

대부분 빵은 밀과 보리 등의 곡물가루에 물을 넣고 반죽한 뒤 효모로 발효시켜 구운 음식이다. 하지만 나라와 문화에 따라 재료와 방법이 다양하다. 선호하는 빵도 문화에 따라 다르다.

밀가루에 물을 넣고 치대면 글루텐이 형성된다

밀가루에 물을 넣고 계속해서 치대면 단백질이 연결되어 끈기 있는 글루텐이 형성된다. 소금을 많이 넣으면 글루텐이 단단해져 씹는 맛을 즐길 수 있는 빵이 만들어진다.

효모가 있어야 볼록한 빵이 탄생한다

균류인 효모는 당질을 영양으로 삼아 활동하고 이산화탄소를 발생시킨다. 이 이산화탄소를 글루텐이 감싸 빵이 봉긋하게 부풀어 오른다. 소금은 효모의 작용을 억제하지만, 균 증식을 방지할 수 있다. 밀에 비해 보리와 호밀은 글루텐이 형성되지 않아 빵이 묵직하고 딱딱한 편이다.

떡을 구우면 왜 부풀어 오를까?

|떡 이야기|

떡 속의 수분이 수증기로 변해 부피가 늘어나기 때문이다.

세 가지만 알면 나도 과학자!

밥을 하는 쌀과 떡을 하는 쌀의 차이는?

우리가 평소에 먹는 하얀 쌀밥은 '멥쌀'로 지은 것이다. 그런데 떡을 만들 때는 주로 '찹쌀'을 사용한다. 두 쌀은 함유된 전분의 종류가 다르다. 찹쌀의 전분은 멥쌀보다 끈기 있는 아밀로펙틴 성분으로 되어 있다.

찌는 것만으로는 쫄깃한 식감을 즐길 수 없다

찹쌀을 찌면 부드러운 끈기가 생긴다. 하지만 찌는 것만으로는 쫄깃한 식감을 즐길 수 없다. 찐 찹쌀을 떡메질하거나 열심히 치대면 아밀로펙틴이 엉기며 고무처럼 늘어나는 쫀득쫀득한 식감이 생성된다.

떡을 구우면 왜 부풀까?

물은 열을 가하면 수증기로 변한다. 수증기로 변하면 부피가 약 1,700배 늘어난다. 표면이 마른 떡을 구우면 쌀을 찧을 때 갇혔던 물이 떡 표면을 부드럽게 만들며 물이 수증기가 되어 부피가 늘어나고 떡이 부푼다. 가래떡이나 절편을 구우면 떡이 부풀어 오른다. 떡 속에 팥소를 넣는 찹쌀떡을 빚을 때는 떡이 딱딱하게 굳지 않도록 조청 등을 첨가한다.

Day 094

마요네즈는 어떻게 만들까?

|마요네즈 이야기|

마요네즈를 만들려면 달걀, 식초, 소금, 기름이 필요하다.

세 가지만 알면 나도 과학자!

달걀 노른자가 식초와 기름을 합쳐준다!

마요네즈는 식초와 기름, 달걀노른자로 이루어져 있다. 일반적으로 식초와 기름을 섞은 뒤 그대로 두면 서로 분리된다. 그런데 마요네즈는 기름 주위에 달걀노른자 입자가 붙어 시간이 지나도 분리되지 않는다.

물과 기름이 섞이는 유화의 원리

노른자는 세제와 비슷한 성질이 있어, 기름에도 녹고 물에도 녹는다. 기름 입자 주위를 노른자 막이 감싸면 안쪽은 기름과 바깥쪽은 물과 결합하기 쉬운 상태가 된다. 이처럼 하얗고 탁한 상태에서 섞여 우유처럼 보이기 때문에 '유화(乳化)'라고 한다.

마요네즈는 쉽게 상하지 않는다

식초와 소금은 균 증식을 억제하는 성질을 지니고 있다. 또한 노른자의 막이 감싼 기름 입자 주위에는 소금이 녹아 섞인 식초가 자리하고 있어 쉽게 상하지 않는다. 하지만 마요네즈를 0도 이하에서 보관하면 자칫 분리될 수도 있다.

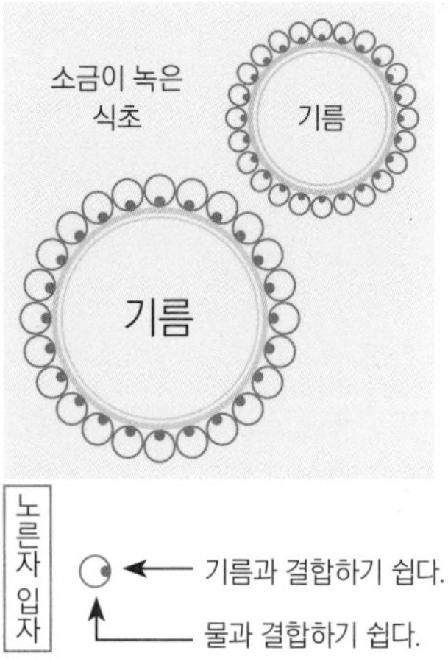

Day 095

발효식품은 왜 먹어도 탈이 나지 않을까?

|발효식품 이야기|

발효식품은 미생물의 힘을 빌려 우리 몸에 이롭게 만들었기 때문에 영양소가 풍부하다.

세 가지만 알면 나도 과학자!

부패와 발효는 균과 세균 등 미생물의 작용 때문

부패는 보이지 않는 미생물이 작용한 결과다. 미생물의 힘을 빌려 몸에 이로운 먹을거리를 만드는 과정을 '발효'라고 한다. 그리고 발효시켜 만든 식품을 '발효식품'이라고 한다. 된장, 간장, 낫토, 술, 식초, 요구르트 등이 대표 발효식품이다.

낫토균이 영양을 만든다

삶은 콩에 낫토균을 넣어 따뜻한 곳에 두면, 낫토균이 부지런히 증식해 낫토가 만들어진다. 이때 감칠맛 성분과 비타민K, 나토키나제(Nattokinase) 등의 영양과 효소가 만들어진다.

낫토는 옛날부터 만들어왔다

낫토균은 환경이 나빠지면 내구성이 있는 홀씨 상태가 된다. 홀씨는 100도 고온에서도 살아남을 수 있다. 건조한 짚단에는 낫토균의 홀씨가 묻어 있다. 삶은 콩을 짚으로 감싸 콩이 식으면 낫토균은 홀씨에서 발아해 증식한다. 낫토는 항균작용도 있어 예전에는 약으로 사용하기도 했다.

술을 마시면 어떤 변화가 생길까?

| 술 이야기 |

술을 많이 마시면 알코올이 뇌를 마비시켜 취한 상태가 된다.

세 가지만 알면 나도 과학자!

알코올은 대부분 간에서 분해된다

술을 마시면 알코올이 위와 소장에 흡수되어 대부분 간으로 운반된다. 간에서는 효소가 작용해 알코올이 아세트알데히드에서 초산으로 분해되고, 다시 몸속에서 이산화탄소와 물로 된다. 이 과정을 거치고도 분해되지 않은 알코올은 온몸으로 운반된다.

'취한다'는 건 어떤 상태일까?

뇌로 운반된 알코올이 신경 세포에 작용하면 뇌가 약간 이상해지며 취한 상태가 된다. 증상으로는 '기분이 좋아지고 집중력이 저하되며', '똑바로 걸을 수 없고', '의식이 몽롱해지며', '혼수상태가 되고', 최악의 경우 '사망'에 이르기도 한다.

술에 취하면……

- 기분이 좋아지고 집중력이 저하된다.
- 똑바로 걸을 수 없다.
- 의식이 몽롱해진다.
- 혼수상태에 빠진다.
- 최악의 경우 사망할 수도 있다.

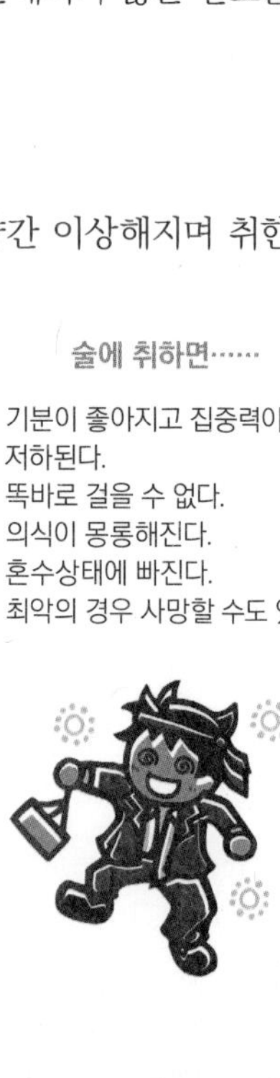

청소년은 술을 마시면 안 될까?

청소년의 몸은 아직 알코올을 제대로 분해할 수 없다. 그래서 내장이나 뇌 또는 호르몬 분비에 이상이 생길 위험이 있다. 우리나라의 경우 청소년보호법에 '주세법의 규정에 의한 주류'는 청소년 유해 약물로 규정되어 있다.

Day 097

커피를 마시면 왜 잠이 오지 않을까?

| 커피 이야기 |

커피에 들어 있는 카페인이 졸음을 쫓아 잠이 오지 않게 한다.

세 가지만 알면 나도 과학자!

카페인은 왜 잠이 오지 않게 하는 걸까?

카페인은 커피콩과 찻잎, 카카오콩 등에 들어 있는 천연 식품의 성분이다. 카페인은 어떤 효능을 지니고 있을까? 카페인은 졸음을 쫓고 집중력을 높여주는 효능을 지니고 있다.

많이 마셔도 괜찮을까?

하루에 카페인을 어느 정도 섭취해야 적당할까? 카페인의 효과는 개인에 따라 다르다. 따라서 어느 정도가 적당하다고 단정적으로 말할 수 없다. 캐나다 보건부의 발표에 따르면 어른의 경우 하루에 석 잔까지는 건강에 문제가 없다.

커피 외에 카페인이 들어 있는 식품은?

녹차와 홍차, 코코아, 콜라 등에도 카페인이 들어 있다. 특히 에너지 드링크에는 카페인이 커피의 두 배 정도 들어 있는 제품도 있으니 너무 많이 마시지 않도록 주의해야 한다.

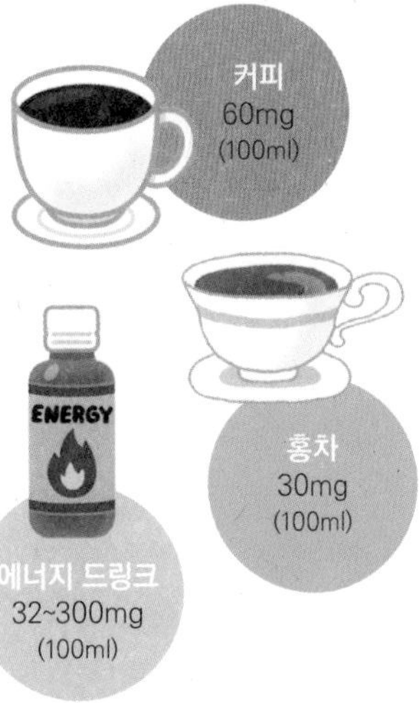

사이다에서는 왜 거품이 날까?

|탄산수 이야기|

탄산수에는 이산화탄소가 녹아 있어 보글보글 거품이 난다.

세 가지만 알면 나도 과학자!

탄산수에는 이산화탄소가 대량 녹아 있다

이산화탄소가 녹아 있는 물을 탄산수라고 한다. 사이다는 여기에 달콤한 맛을 내는 감미료와 향료를 첨가해서 만든다. 간혹 자연에서 솟아나는 천연 탄산수도 있다.

이산화탄소는 차가울수록 잘 녹는다

이산화탄소 등의 기체는 물 온도가 낮을수록, 그리고 압력이 높을수록 잘 녹는다. 따라서 페트병을 흔들어 자극을 주면 녹아 있던 이산화탄소가 되살아나 분출한다.

입속에서 탄산수가 만들어진다!

침과 혀 표면에 탄산수가 닿으면 효소가 작용해 순간적으로 액체에 녹아 있던 이산화탄소가 나온다. 이 이산화탄소가 탄산음료의 거품 방울을 만든다. 그리고 입속의 이산화탄소 농도가 높아지면 같은 효소가 작용해 혀 표면에서 탄산수가 만들어진다. 그래서 사이다가 혀에 닿으면 톡 쏘는 느낌이 든다.

온천은 어떻게 생겨날까?

| 온천 이야기 |

온천은 화산 마그마의 활동으로
뜨거워진 물이 솟구쳐 나오는 것이다.

세 가지만 알면 나도 과학자!

'차가운 온천'도 있다

온천은 "지하에서 용출되는 섭씨 25도 이상의 온수"가 나오거나, 그 이하 온도에서도 "탄산, 철, 아이오딘 등 규정된 19종류의 물질 가운데 하나라도 물 1킬로그램에 1,000밀리그램(=1그램) 이상 함유하고 있어야 한다"고 정해져 있다. 따라서 따뜻한 온천도 있고 차가운 온천도 있다.

따뜻한 온천(화산성 온천)과 마그마방

온천은 화산 근처에 많다. 화산은 암석이 녹아 흐물흐물해진 마그마가 쌓인 '마그마방'에서 마그마가 상승하는 자연 현상이다. 지하로 스며든 물이 마그마방 근처에서 뜨거워져 고온이 되거나 상승한 뜨거운 물이 '따뜻한 온천'이다.

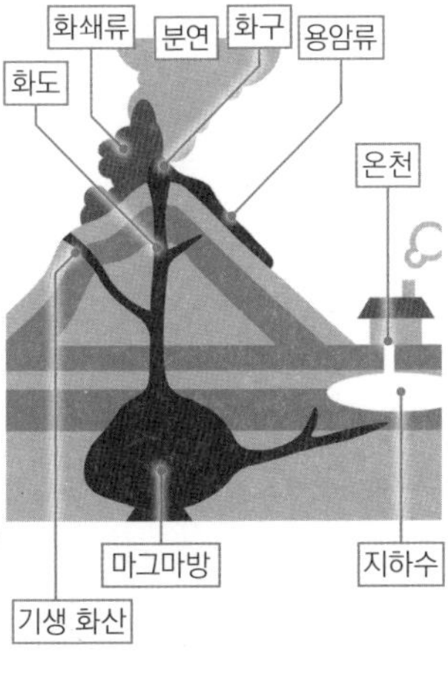

온천은 물속에 녹아 있는 성분으로 분류된다

온천에는 주위 암석과 마그마, 화산 가스로부터 주위 광물질을 용해한 성분이 함유되어 있다. 유황 성분이 많으면 유황천, 소금 성분이 많으면 식염천, 이산화탄소가 많으면 탄산천 등으로 나눌 수 있다.

Day 100 자연 | 지면

땅속에 있는 마그마의 정체는 뭘까?

| 마그마 이야기 |

마그마는 땅속 깊은 곳의 지각 상부와
맨틀 상부에서 암석이 녹아 만들어진 것이다.

세 가지만 알면 나도 과학자!

지구는 지각, 맨틀, 핵으로 이루어져 있다

지구의 반지름은 약 6,400킬로미터다. 중심을 향해 '지각', '맨틀', '핵'으로 이루어져 있다. 지각은 육지에서는 30~60킬로미터, 해양에서는 5~10킬로미터이며, 그 아래가 맨틀이다. 맨틀은 지구 부피의 약 80퍼센트를 차지한다.

마그마는 맨틀의 암석이 녹아서 만들어진다

마그마는 땅속 깊은 곳의 맨틀 상부에서 일부 암석이 녹아 만들어진 물질이다. 마그마가 상승하면 일정한 깊이에서 '마그마방'이 형성된다. 마그마가 마그마방에서 상승해 지표로 솟아 나오는 자연 현상이 바로 화산 활동이다.

마그마의 성분

마그마는 대부분 이산화규소를 주요 성분으로 하는 암석 덩어리다. 그리고 거기에 가스가 녹아 있다. 95~99퍼센트가 수증기이지만, 이산화탄소와 황화수소 등도 포함되어 있다. 이산화규소 함유 비율에 따라 마그마의 성질이 달라진다. 이산화규소로만 이루어진 광물이 석영이고, 석영 결정이 육각기둥 모양을 형성하면 수정이 된다.

암석은 어떻게 만들어질까?

|암석 이야기|

화성암은 마그마가 식어서 굳은 암석이며,
크게 화산암과 심성암으로 나눌 수 있다.

세 가지만 알면 나도 과학자!

마그마가 식어서 만들어진 화성암

화산암은 마그마가 지표와 지표 옆에서 급격히 식어 굳으면서 만들어진 물질이다. 작은 결정과 유리질 속에 군데군데 큼직한 결정이 있다. 심성암은 마그마가 지하 깊은 곳에서 식어 굳으면서 만들어진 물질이다. 이 암석은 결정이 발달해 있고 크기가 일정하다.

암석을 만드는 광물

광물은 마그마가 식어서 만들어진 결정이다. 광물에는 무색 혹은 흰색 석영과 장석, 색이 있는 흑운모, 각섬석, 활석, 감람석 등이 있다. 암석은 몇 종류의 광물에서 비롯되며, 함유 광물의 종류와 비율에 따라 다시 나눌 수 있다.

퇴적암

바다, 강, 호수 등에 토사가 쌓여 지층이 형성되는데, 지층이 두껍게 쌓이면 압축되어 '퇴적암'이 된다. 모래에서는 사암, 점토에서는 이암이 생성된다. 탄산칼슘 성분이 있는 생물에서는 석회암, 화산재에서는 응회암이 만들어진다. 퇴적암도 원래는 화성암이다.

화성암	화산암	마그마가 급격하게 식어서 굳은 암석
	심성암	마그마가 서서히 식어서 굳은 암석
퇴적암	역암	자갈이 눌려서 굳은 암석
	사암	모래가 눌려서 굳은 암석
	이암	점토가 눌려서 굳은 암석
	석회암	생물의 사체가 눌려서 굳은 암석
	응회암	화산암이 눌려서 굳은 암석

Day 102 자연 | 지면

모래와 점토는 무엇이 다를까?

|모래와 점토 이야기|

모래는 바위가 잘게 부서진 알갱이이고, 점토는 모래보다 입자가 더 고운 알갱이다.

세 가지만 알면 나도 과학자!

모래는 알갱이 크기가 지름 2~0.06밀리미터

모래는 알갱이의 크기에 따라 '자갈', '모래', '찰흙(점토)'과 같이 세 종류로 나눌 수 있다.

토사가 만들어지는 법

산에 있는 바위 등은 낮에는 햇빛으로 달궈지며 팽창하고, 밤에는 식으며 수축한다. 이 과정을 반복하면 부슬부슬 부서진다. 이것을 '풍화'라고 한다. 또 물의 흐름으로 깎여나가고, 점점 부서져 큰 돌멩이(자갈)와 모래, 점토가 된다. 평야는 강이 산에서 운반해온 대량의 토사가 쌓여 만들어진 것이다. 부채꼴 모양의 선상지와 삼각주도 토사의 퇴적으로 형성된 것이다. 하구 가까운 데는 자갈이, 앞바다로 갈수록 점토가 겹겹이 쌓인다.

자갈, 모래, 점토의 감촉

감촉을 비교하면 자갈은 울퉁불퉁하고, 모래는 까칠까칠하며, 점토는 부들부들하고 매끈매끈하다. 자갈과 모래는 풍화와 침식을 거치면서 모서리가 둥글둥글하게 변한다.

이름	크기	감촉
자갈	2밀리미터 이상	울퉁불퉁
모래	2~약 0.06밀리미터	까칠까칠
점토	약 0.06밀리미터 이하	부들부들 매끈매끈

흙은 어떻게 만들어질까?

|흙 이야기|

흙(토양)은 모래와 점토에 생물의 작용이 더해져 만들어진다.

세 가지만 알면 나도 과학자!

흙은 암석을 토대로, 생물의 작용이 더해진다

지표 가까이 있는 암석('흙을 만드는 어머니'라고 해서 '모암母巖'이라 부른다)은 오랜 세월 풍화 작용으로 자갈과 모래로 변해 간다. 그 후 조금씩 고운 점토가 된다. 이렇게 만들어진 점토에 생물(특히 미생물) 작용이 더해지면 생물이 자라기 좋은 흙이 만들어진다.

생물의 사체가 분해되어 흙이 된다

생물의 사체(낙엽과 마른 가지, 동물 사체 등)가 흙 속의 동물(지렁이 등)에게 먹히거나, 흙 속의 균류와 세균류의 영양이 되어 차츰 분해되어 부식(유기물이 완전히 분해된 상태)된다. 이처럼 부식된 상태가 흙의 정체다. 1그램의 흙에는 몇백만 개의 균류와 수억 개의 세균류가 있다고 알려져 있다.

산지에 많은 갈색토

강우량이 많고 산지가 삼림으로 뒤덮인 지역에서는 부식토 함유량이 높은 갈색토(갈색 산림토)가 많다. 산지는 모암으로 만들어져 있고, 그 표면을 흙이 덮고 있다.

화석은 어떻게 만들어질까?

|화석 이야기|

화석은 오래전 생물의 사체와 유물의 흔적이다.

세 가지만 알면 나도 과학자!

화석이 되기 위해서는 여러 조건이 갖춰져야 한다

죽은 동물의 몸이 '다른 동물에게 먹히지 않고', '썩지 않는다'는 조건을 충족해야 화석이 될 수 있다. 다른 동물에게 먹히지 않아도 곰팡이와 세균의 활동으로 분해되면(썩으면) 화석이 될 수 없다.

생물체의 아주 일부만 화석이 되는 경우가 많다

생물의 몸 전부가 화석이 되는 사례는 아주 드물다. 생물이 흙 속에 갇혀 몇만 년, 몇천만 년, 몇억 년 거치는 동안 분해되기 쉬운 부분은 사라지고, 생물의 몸 일부만 광물로 바뀌어 화석이 된다. 해파리의 형상만 남은 화석, 발자국 화석, 생물체가 기어간 흔적과 둥지 화석 등 다양한 형태의 화석이 있다

사람이 화석이 될 가능성은?

동물 뼈 화석은 대략 10억 개의 뼈 중 1개가 화석이 되는 것으로 추정된다. 인체의 뼈는 한 사람당 206개다. 한 나라 인구가 1억 명이라고 할 경우, 화석이 될 수 있는 것은 겨우 20개 정도다. 이는 한 사람분의 뼈도 되지 않는 분량이다.

서릿발은 어떻게 생길까?

|서릿발 이야기|

서릿발은 흙 속의 수분이 얼어서 기둥 모양으로 솟아오른 것이다.

세 가지만 알면 나도 과학자!

지표면의 물이 얼기 시작한다

지면 온도가 0도 이하가 되면 흙 표면에 있는 물이 언다. 물이 얼면 흙 속에 있던 물이 흙의 틈새를 통과해 모세관 현상(가느다란 공간을 중력과 무관하게 액체가 이동하는 현상)으로 지표 가까이 올라온다.

물이 자꾸자꾸 모여 볼록해진다

지표 근처의 물은 지표면 얼음 아래에서 얼어붙는다. 이 과정이 반복되면 바늘 모양의 얼음이 만들어진다. 지표면을 밀어 올려 우연히 위에 있던 흙을 실은 채 커지는데, 이것을 서릿발이라고 한다. 길게는 7~8센미터까지 자란다.

거대한 서릿발이 생기기도 한다

서릿발의 모양은 토질과 수분량에 따라 다르다. 해가 잘 들지 않는 장소에서는 저녁나절까지 서릿발이 녹지 않고 남아 있다. 밤에 기온이 내려가면 그 아래에 다시 새로운 서릿발이 만들어지는 과정을 몇 차례 반복해, 여러 겹의 거대한 서릿발이 만들어지기도 한다. 겨울철 아침에 서릿발을 사각사각 밟으며 걷는 색다른 경험을 해보는 것도 나쁘지 않다.

우주에 쓰레기가 있을까?

| 우주 쓰레기 이야기 |

지구 주위에는 고장 난 많은 인공위성과 부품 등이 돌고 있다.

세 가지만 알면 나도 과학자!

사용이 끝난 위성은 우주 쓰레기가 된다

지구 주위에는 관측 위성과 통신 위성, GPS 위성 등 많은 위성이 돌고 있다. 그런데 사용이 끝나거나 고장 난 부품 등은 우주 쓰레기(space debris)가 된다. 1센티미터 이상 되는 물체가 50~70개 있다.

우주 쓰레기가 충돌해 위성이 망가질 수도 있다

우주 쓰레기는 초속 수 킬로미터에 이를 만큼 초고속으로 지구 주위를 돈다. 따라서 충돌하면 대형 사고가 발생한다. 1밀리미터가 안 되는 작은 우주 쓰레기로도 인공위성이 고장 날 수 있다.

미래에는 우주 쓰레기 청소도 필요하다

10센티미터 넘는 우주 쓰레기는 전문가들이 지상에서 감시한다. 인공위성과 부딪치지 않도록 궤도를 수정해야 하기 때문이다. 우주 쓰레기는 지상에 떨어질 때 타버린다. 많은 나라가 우주 정거장 보급기를 이용해 우주 쓰레기 처리 계획을 세우고 있다.

중성미자는 뭘까?

|중성미자 이야기|

중성미자는 물질을 만드는 최소 단위인 소립자의 하나다.

세 가지만 알면 나도 과학자!

중성미자는 소립자와 친구

우리 몸을 만드는 원자는 '양자', '중성자', '전자'라는 세 가지 요소로 이루어져 있다. 양자와 중성자는 '쿼크(quark)'와 전자의 친구인 '렙톤(lepton, 경입자)'으로 나눌 수 있다. 이 렙톤 중에서 전하를 가지고 있지 않은 기본 입자를 '중성미자'라고 한다.

아주 작은 소립자

원자의 크기는 어느 정도일까? 약 1,000만 분의 1밀리미터 정도다. 그렇다면 중성미자의 크기는? 원자의 1억 분의 1 이하로 추정된다. 중성미자는 다른 물질과 잘 반응하지 않고 지구도 간단히 통과해버려 관측하기가 매우 어렵다.

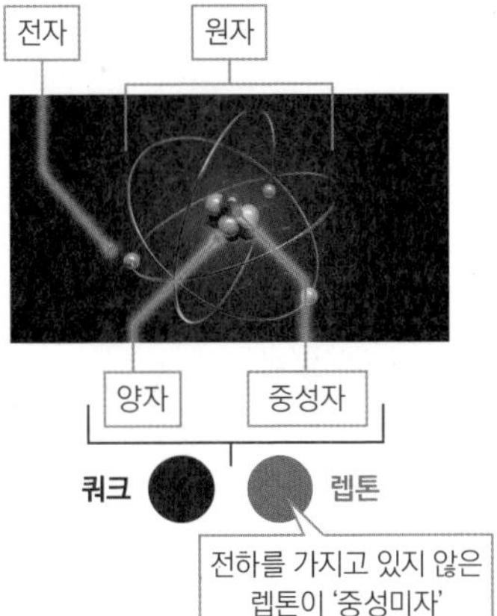

초신성 폭발 정보를 알 수 있다

중성미자는 별 중심에서 일어난 핵융합 반응과 최후의 초신성 폭발 등에서 발생한다. 그런데 어떤 물질과도 잘 반응하지 않아, 멀리서 발생한 초신성 폭발 정보 등을 알 수 있다고 추정된다.

낮과 밤은 왜 생길까?

|자전 이야기|

지구가 계속해서 빙글빙글 회전해(자전)
태양 빛이 닿는 장소가 바뀌기 때문이다.

세 가지만 알면 나도 과학자!

지구가 빙글빙글 돌아 낮과 밤이 생긴다

둥근 모양의 지구는 북극에서 보면 왼쪽으로 빙글빙글 회전하고 있다. 그래서 태양 빛이 지구에 닿는 장소가 계속 바뀐다. 태양 빛이 닿는 부분은 낮이 되고 닿지 않는 부분은 밤이 된다.

거대한 진자로 자전을 알 수 있다

지구가 스스로 빙글빙글 도는 현상을 '자전'이라고 한다. 지구의 자전은 엄청나게 거대한 '푸코 진자'로 확인할 수 있다. 푸코 진자는 프랑스의 과학자 레옹 푸코(Léon Foucault)가 지구의 자전을 증명하기 위해 고안한 장치다. 지구는 46억 년 전 탄생한 순간부터 계속 자전하고 있다.

자전축 기울기로 낮의 길이가 달라진다

지구의 자전축은 공전(태양 주위를 지구가 도는 현상) 경로에 대해 23.4도 기울어져 있다. 자전축이 태양 쪽으로 기울어 있으면 북극 쪽으로 계속 태양 빛이 닿아 북반구의 낮이 길어진다. 이때 지구 북반구의 계절은 여름이 된다. 참고로, 춘분과 추분에는 낮과 밤의 길이가 같다.

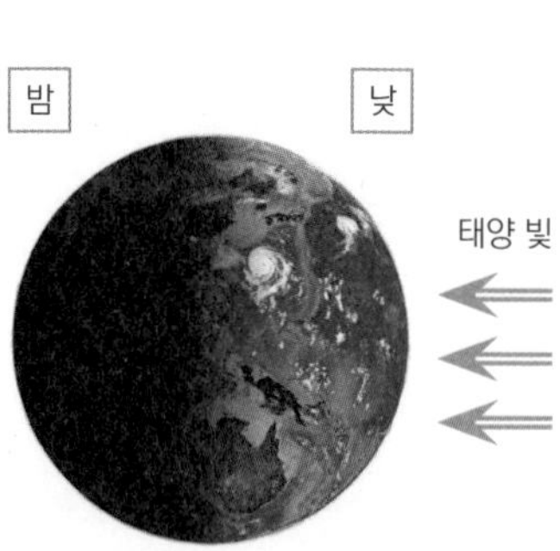

왜 여름엔 덥고 겨울엔 추울까?

|공전 이야기|

지구의 자전 축이 기울어진 채로 공전하기 때문에
햇빛이 비치는 시기에 차이가 생겨 계절이 나누어진다.

세 가지만 알면 나도 과학자!

지구는 기울어진 채로 태양 주위를 돈다

지구는 공전 면의 수직선에 대해 23.4도 기울어진 채로 자전하면서 1년에 걸쳐 태양 주위를 쉴 새 없이 돌고 있다. 따라서 지구와 태양의 위치에 따라 지구의 북쪽 절반(북반구)에 태양 빛이 많이 쏟아지는 시기와 태양 빛이 적게 드는 시기로 나누어진다.

태양의 고도가 높으면 지표는 달궈진다

계절에 따라 태양의 남중고도(태양이 정남에 올 때 지평선 사이와의 각도)와 낮과 밤의 길이가 변한다. 여름에는 낮이 길고 태양의 고도가 높으므로 태양열을 많이 받아 지구 표면이 달궈지고 기온이 높아진다.

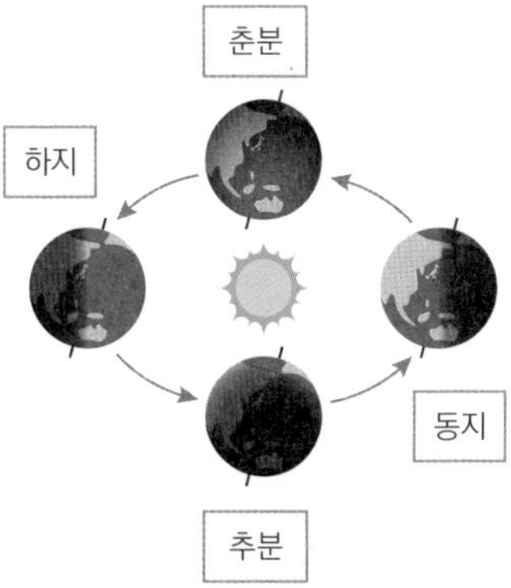

여름과 겨울의 기온 차

일본처럼 남북으로 긴 열도는 여름과 겨울 평균 기온 차이가 북쪽으로 갈수록 커진다. 북쪽 홋카이도는 여름과 겨울 기온 차가 약 30도이고, 남쪽 규슈는 약 25도다. 일본의 경우 여름은 열대지역 수준으로 덥고 겨울은 북유럽 수준으로 춥다.

노을은 왜 주황색일까?

|노을 이야기|

파장이 짧은 파란빛은 흩어지고,
파장이 긴 빨간빛만 하늘을 비추기 때문이다.

세 가지만 알면 나도 과학자!

태양 빛에는 다양한 색이 들어 있다

태양 빛을 프리즘에 통과시키면 몇 가지 색이 나타날까? 약간 이론의 여지가 있지만, 일곱 가지 색으로 나뉜다는 것이 정설이다. 태양 빛에는 온갖 색이 들어 있고 각각 파장이 다르다. 비가 그친 뒤에 볼 수 있는 무지개는 빗방울의 굴절과 반사로 일어난다(28일 차 참고).

대기 중의 미립자로 빛이 영향을 받는다

태양 빛이 공기 속 미립자에 닿으면 사방으로 흩어진다. 특히 해가 질 때는 태양 빛이 공기를 통과하는 거리가 길어지는데, 그러면 파장이 짧은 파란빛은 흩어져 지상에 잘 닿지 않는다.

저녁노을을 볼 수 있을 땐, 이미 해가 지고 있다

해 질 녘에는 태양 빛이 대기의 굴절로 휘어져 보인다. 우리가 보기 약 1분 전부터 이미 해가 지고 있는 것이다. 그래서 태양 빛이 상공의 구름을 빨간빛과 주황빛으로 곱게 물들인 모습을 볼 수 있다. 아침노을과 저녁노을 모두 같은 원리다.

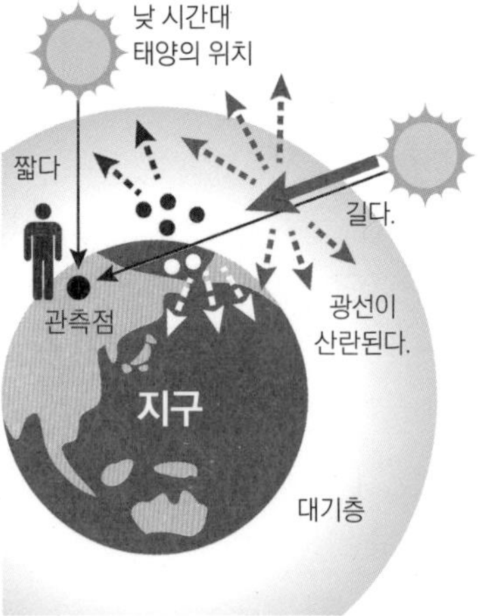

윤년은 왜 생길까?

|윤년 이야기|

지구의 공전 주기는 365.252일인데, 1년을 365일로 정하면서 생긴 6시간가량의 오차를 수정하기 위해 윤년을 도입했다.

세 가지만 알면 나도 과학자!

지구가 태양 주위를 한 바퀴 도는 데 365일이 걸린다

일반적으로 2월은 28일까지밖에 없다. 그런데 4년마다 29일이 있다. 이를 '윤년'이라고 한다. 그렇다면 윤년은 왜 생겼을까? 지구가 태양 주위를 공전하는 주기는 정확히 365.252일이다. 1년에 약 6시간이 부족하다. 그 오차를 메우기 위해 4년마다 1일(24시간)을 더해 조정한다. 이로 인해 윤년이 생겼다.

왜 2월이 늘어날까?

고대 로마 시대, 1년의 시작은 '마르티우스(Martius, 지금의 3월)'였다. 그래서 1년의 끝인 '페브루아리우스(Februarius, 지금의 2월)'에 1일을 더하자고 결정한 것이다.

윤년이 없을 때도 있다

4년마다 윤년을 넣으면 1년에 약 11분이 늘어난다. 그래서 지금은 서력이 100년으로 나누어떨어지는 해와 400으로 나누어떨어지지 않는 해에는 윤년이 없다. 참고로, '윤초'도 있다. 보통 1일은 표준시간으로 86,400초인데, 86,401초가 되는 경우가 '윤초'다.

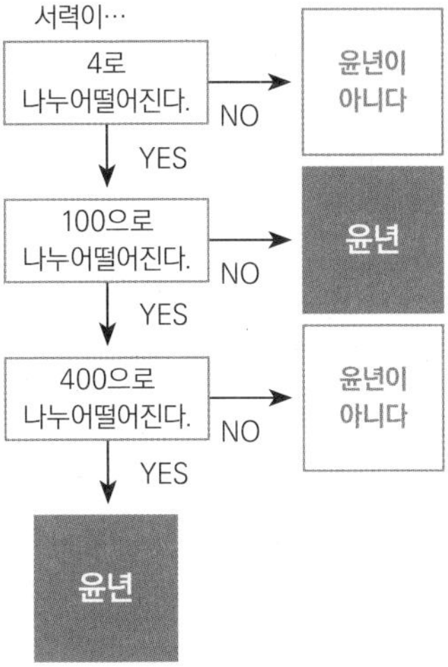

조수간만의 차는 왜 생길까?

|만조와 간조 이야기|

달의 인력이 바닷물을 끌어당기는 힘과 지구의 자전으로 생긴 관성의 힘이 조수간만 현상의 비밀이다.

세 가지만 알면 나도 과학자!

만조와 간조는 하루에 두 번씩 일어난다

개펄에서 조개 줍는 체험 행사를 하는 지역이 있다. 이때는 하루에 두 번 있는, 해수면이 가장 낮은 간조 시간대를 이용해야 한다. 개펄의 물이 빠지는 썰물 때 조개가 잔뜩 모습을 드러내기 때문이다.

달이 바닷물을 끌어당긴다

달은 지구와 무척 가까이 있다. 달은 지구 지름의 29배 떨어진 곳에서 돌고 있어 달의 인력이 지구에 미치는 영향이 매우 크다. 지구 표면의 70퍼센트는 바다인데, 바닷물은 액체라서 달의 인력으로 끌어당겨져 쉽게 움직인다. 이로 인해 조수간만의 차가 생긴다.

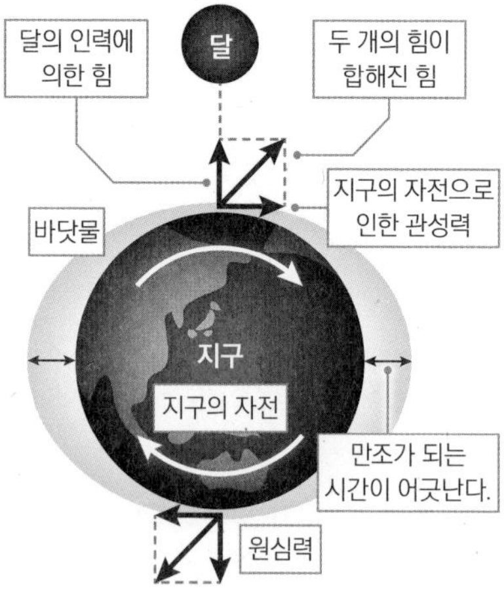

만조는 달의 남중 시각보다 약 6시간 차이 난다

조수간만의 차가 달의 인력만으로 생기는 것은 아니다. 지구가 자전할 때 회전하는 힘으로 관성도 작용하고(12일 차 참고), 바닷물의 마찰력 등도 작용한다.

바이올린은 어떻게 소리를 낼까?

| 현악기 이야기 |

바이올린의 현을 활로 문지르거나 손가락으로 튕기면
현의 진동으로 인해 소리가 난다.

세 가지만 알면 나도 과학자!

문질러서 현을 진동시킨다

바이올린은 팽팽히 당겨진 현을 활로 문지르면 현이 진동하며 소리를 낸다. 현의 진동만으로는 소리가 작아 줄받침 등을 통해 안이 텅 빈 나무 몸통으로 진동을 전달한다. 진동으로 울린 큰 소리를 f자 모양의 울림구멍으로 내보낸다.

덩치가 큰 악기일수록 소리가 낮아진다

곡선으로 이루어진 현악기의 형태는 다양한 높이의 음이 울리도록 설계된 구조다. 바이올린과 같은 원리로 소리를 내는 비올라, 첼로, 콘트라베이스는 덩치가 클수록 소리가 낮아진다.

현이 짧을수록 소리가 높아진다

소리의 높이는 현의 길이, 굵기(무게), 거는 방식에 따라 달라진다. 네 개의 현은 굵을수록 낮은 소리를 낸다. 줄감개를 조절해 현을 팽팽하게 당기고, 손가락으로 짚지 않고 소리를 맞춘다. 현을 지판 위에서 누르면 줄받침 사이에서 진동하는 현이 짧아진다. 현이 짧을수록 소리가 높아진다. 참고로, 활에는 150가닥 이상의 곧은 말총을 사용한다.

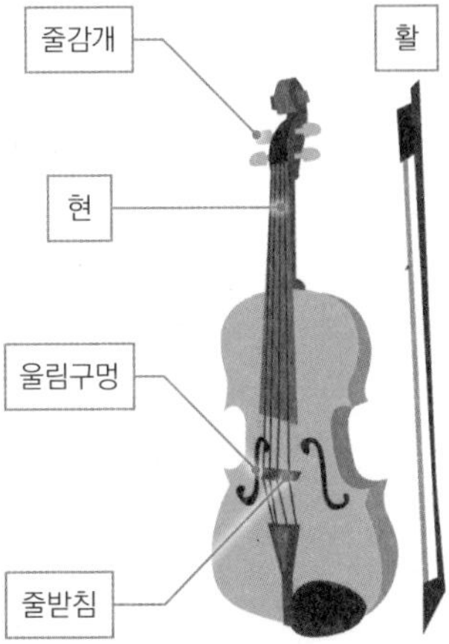

집게로 케이크를 집으면 왜 뭉개지지 않을까?

| 집게 이야기 |

집게는 지렛대의 원리를 응용한 것이어서 힘을 조금만 사용해도 물건을 집을 수 있다.

세 가지만 알면 나도 과학자!

지렛대 원리를 이용해 물건을 집게 사이에 끼운다

지렛대는 '받침점'에서 '힘점'이 멀어질수록 '작용점'에 큰 힘이 가해지는 원리다. 반대로 받침점을 작용점에서 멀리 놓으면 작용점에는 힘점에 가해진 힘보다 작은 힘이 작용한다.

받침점과 작용점이 떨어져 있어 뭉개지지 않는다

집게는 '받침점', '힘점', '작용점'의 세 가지 '점'으로 이루어져 있다. 구부러진 부분이 받침점, 손으로 잡아서 힘을 주는 부분이 힘점, 물건을 잡는 부분이 작용점이다. 받침점과 작용점은 떨어져 있고, 손에 주는 힘이 줄어들어 폭신폭신한 케이크가 뭉개지지 않는다.

작용점 가까이 잡으면 뭉개질 수도 있다

집게의 원리는 단순하면서도 정교하다. 집게는 어느 부분을 잡느냐에 따라 효과가 크게 달라질 수 있다. 예를 들어 작용점에 가까운 지점을 잡고 힘을 주면 케이크가 뭉개질 수도 있다. 핀셋, 족집게, 젓가락도 같은 원리다.

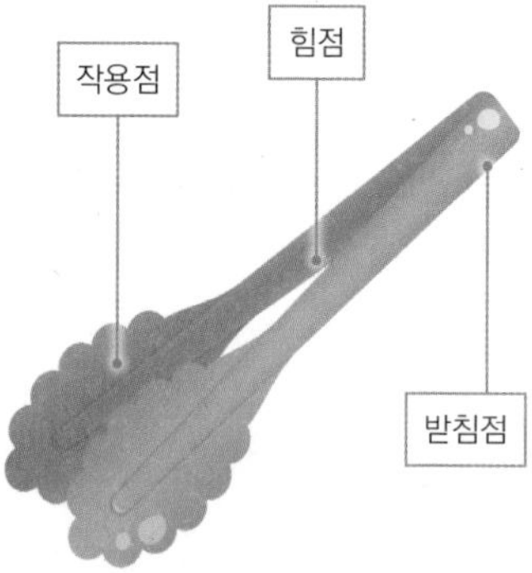

생물 과학 인체 먹을거리 질병과 약 우주 기계와 도구 자연

Day 115

수건은 어떻게 물기를 빨아들일까?

| 수건 이야기 |

수건에는 물을 빨아들이는 틈이 많다.

세 가지만 알면 나도 과학자!

핵심은 '모세관 현상'

수건은 면실을 사용해서 만드는데, 면실을 자을 때 틈새가 많이 생긴다. 매우 촘촘한 틈새로 물기가 저절로 빨려들어 잘 흡수된다. 이를 '모세관 현상'이라고 한다(105일 차 참고). 참고로, 양초 심도 모세관 현상을 이용한 것이다.

수건에는 틈이 많다

수건은 일반적인 면실보다 물을 5~6배 더 빨아들인다. 수건의 흡습성은 직물을 짜는 방식에 비밀이 있다. 천 표면 앞뒤로 고리 모양을 이루도록 실이 드나들며 직조한다. 이런 방식으로 하면 스펀지처럼 물기를 빨아들이는 틈이 많이 생긴다.

섬유유연제를 사용하면 흡습성이 떨어진다

폭신하고 보송한 감촉을 내려고 빨래할 때 섬유유연제를 사용하면 실 표면에 얇은 막이 생긴다. 이 막이 물을 튕겨내 물기를 잘 빨아들이지 않는다. 수건은 섬유유연제를 사용하지 말고 빨래가 끝난 뒤 탁탁 털어 실을 세워서 말리면 흡습성을 보존할 수 있다.

【수건 직물의 확대도】

Day 116

안경을 쓰면 왜 잘 보일까?

|안경 이야기|

안경 렌즈로 빛을 굴절시켜
눈의 망막 위에 상이 또렷하게 맺혀 잘 보인다.

세 가지만 알면 나도 과학자!

빛의 굴절을 이용한다

안경 렌즈는 빛의 굴절을 이용한다. 빛의 굴절이란 투명한 물질에서 투명한 다른 물질로 빛이 들어갈 때 빛의 방향이 바뀌는 현상이다. 안경 렌즈에서는 공기와 렌즈의 유리나 플라스틱이 이 두 가지 물질에 해당한다.

안경 렌즈로 떨어진 빛 굴절 능력 보완

눈동자 속에 있는 렌즈에서 빛이 굴절되지 않으면 사물이 잘 보이지 않는다. 빛을 느끼는 망막 위에 물체가 또렷이 비치지 않기 때문이다. 시력이 나쁘면 눈에서 빛이 제대로 굴절되지 않는데, 안경 렌즈가 떨어진 빛 굴절 능력을 보완해 준다.

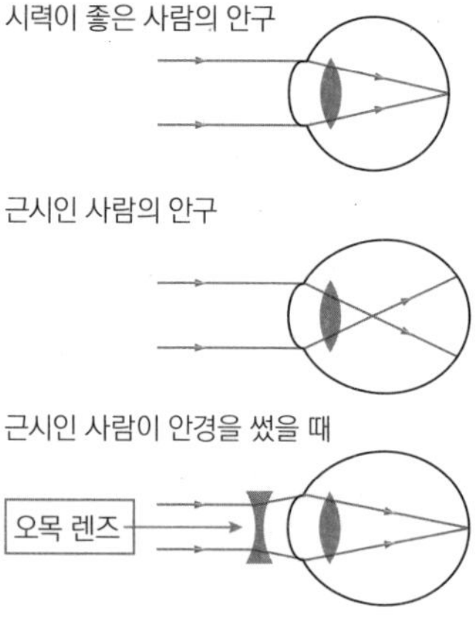

근시는 오목 렌즈, 원시는 볼록 렌즈

근시(먼 곳이 잘 보이지 않음)인 사람은 오목 렌즈, 원시(가까운 곳이 잘 보이지 않음)인 사람은 볼록 렌즈를 사용한다. 각자에게 맞는 렌즈를 착용하면 눈으로 들어오기 전에 빛을 굴절시켜 망막의 위치에 또렷한 상이 맺히도록 조절해준다.

Day 117

거울에 비치는 것은 무엇일까?

| 거울 이야기 |

거울에서 보이는 것은 거울에 부딪혀 반사된 광선이다.

세 가지만 알면 나도 과학자!

빛이 튕겨 나간다!

평평한 거울에 부딪힌 빛은 어떻게 될까? 흥미롭게도, 공이 튀어 나가듯 반사된다. 그때 광선이 거울 면에 부딪히는 각도와 반사되어 튕겨 나간 각도는 정확히 같다.

거울 속에 물체가 있는 것처럼 보인다

거울로 반사한 광선은 마치 거울 뒤에 있는 물체에서 직접 나온 것처럼 눈 속으로 들어온다. 이런 상황에서 우리의 눈에는 마치 거울 속에도 물체가 있는 것처럼 보인다. 왜냐하면 우리는 빛이 똑바로 나간다는 사실을 이미 잘 알고 있기 때문이다.

거울에 비친 세상은 뒤집혀 있다

글자가 거울에 비치면 반사되면서 방향이 바뀌어 제대로 읽을 수 없다. 글자를 반대로 적어 거울에 비추면 제대로 읽을 수 있으니 실험해보자. 옛날에는 청동(구리와 주석의 합금)과 같은 금속을 반들반들하게 갈고 닦아서 거울로 사용했다.

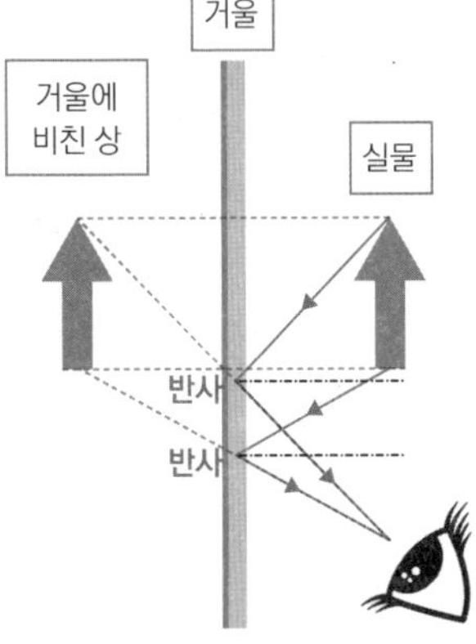

거울 속에 있는 것처럼 보인다.

Day 118

수세미는 어떻게 거품을 낼까?

|수세미 이야기|

수세미 속에 공기가 들어 있어 부드럽게 누를 수 있기 때문이다.

세 가지만 알면 나도 과학자!

짓눌렸다가 원래대로 돌아올 때 물과 세제를 빨아들인다

스펀지 재질의 설거지용 수세미를 손으로 세게 누르면 작은 거품 속 공기가 눌려 나온다. 수세미가 원래대로 돌아올 때 물과 세제를 빨아들인다. 손에 힘을 주어 누르거나 힘을 빼는 과정을 반복하면 작은 비눗방울이 모인 세제 거품이 만들어진다.

천연 스펀지는 해면이라는 바다 생물로 만들었다

천연 스펀지는 해면이라는 바다 생물의 몸을 이용해 만들었다. 지금은 대부분 플라스틱으로 만든 인조 스펀지를 사용하는데, 재료로는 부드러운 폴리우레탄 폼이 주로 사용된다.

폴리우레탄폼의 '폼'은 거품

폴레우레탄폼(Polyurethane Foam)에서 '폼'은 거품이라는 뜻이다. 폴리우레탄을 만들 때 재료를 섞으면 기체가 발생하고, 그 기체가 빠져나가면 연결된 작은 구멍이 송송 뚫려 있다. 참고로, 스펀지를 확대해서 보면 거품과 비슷한 모양이다.

공은 왜 통통 튈까?

| 공 이야기 |

공을 튕길 때 '에너지'가 오가기 때문이다.

세 가지만 알면 나도 과학자!

날아가는 공에는 에너지가 있다

허공을 빠른 속도로 힘차게 날아가는 공에는 큰 에너지가 담겨 있다. 공이 바닥에 떨어져 움직임을 멈추었을 때는 그 에너지가 공을 찌그러진 형태로 바꾸는 데 사용된다.

원래대로 돌아올 때 힘이 생긴다

공의 재료로 사용되는 고무와 공기는 원래 형태로 돌아가려는 성질을 지니고 있다. 외부로부터 강력한 힘을 받아 찌그러져 있던 공이 원래 모양으로 돌아가면 에너지는 공에 힘을 되돌려준다. 그런 다음 에너지가 모두 원래대로 돌아오면 공은 애초의 속도로 다시 튄다.

아주 미세하게 '열'이 난다

그러나 실제로는 튀는 힘이 조금씩 떨어진다. 벽과 지면에 부딪혀 변형될 때 에너지 일부가 열로 바뀌기 때문이다. 이런 식으로 에너지 손실이 발생하면 다시 튀어오른 공의 속도가 원래보다 느려진다.

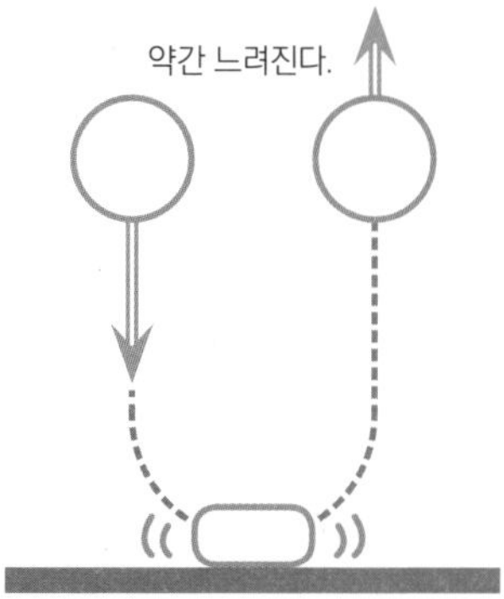

변형된 에너지 일부가 열로 바뀐다.

자식은 왜 부모를 닮을까?

|유전자 이야기|

아버지와 어머니의 유전자를 절반씩 받기 때문이다.

세 가지만 알면 나도 과학자!

유전자는 정보가 기록된 설계도와 같다

유전자는 생물의 몸을 만드는 모든 정보가 기록된 설계도와 같다. 수정란의 재료가 되는 난자에는 어머니의 유전자가, 정자에는 아버지의 유전자가 들어 있다. 따라서 우리 몸에는 두 종류의 설계도가 들어 있는 셈이다.

설계도가 왜 두 장 필요할까?

설계도를 바탕으로 자녀의 몸을 만들 때는 아버지와 어머니의 유전자를 모두 사용한다. 부위에 따라 어떨 때는 어머니의 설계도를 사용하고 어떨 때는 아버지의 설계도를 사용한다. 따라서 자녀는 부모 중 어느 한쪽과 똑같지 않고, 두 사람의 특징이 골고루 섞여 있다.

유전자는 언제부터 존재했을까?

부모가 자녀에게 전해준 유전자는 형태를 약간 바꿔 손자에게 전해진다. 우리 유전자는 생물의 선조가 지구에 탄생한 순간부터 지금까지 대가 끊기지 않고 전해져 내려온 것이다. 참고로, 물벼룩과 벼처럼 사람보다 유전자가 많은 생물도 있다.

생물
과학
인체
먹을거리
질병과 약
우주
기계와 도구
자연

Day 121

DNA는 뭘까?

| DNA 이야기 |

DNA는 유전자로 작동하는 가늘고 긴 사슬이다.

세 가지만 알면 나도 과학자!

DNA는 무엇으로 이루어져 있을까?

DNA(Deoxyribo Nucleic Acid, 데옥시리보 핵산)는 '당', '염기', '인산'이 한 덩어리로 사슬처럼 이어진 구조다. 아데닌(A), 구아닌(G), 사이토신(C), 티민(T)이라는 네 종류의 염기를 지니고 있다. 염기의 배열 순서에 유전 정보가 들어 있어 그 정보에 해당하는 단백질을 만든다.

사람 몸의 암호는 50억 자!

사람 세포에는 46개의 DNA 사슬이 들어 있다. 그 암호를 모두 세면 '60억 자'에 달한다. 그 안에 약 2만 종류의 유전자가 들어 있다. DNA 암호에는 유전자로서 작동하지 않는 무의미한 부분도 있다.

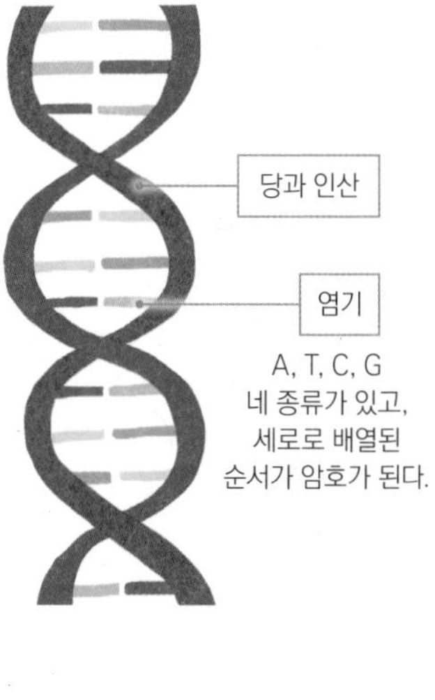

DNA는 어떤 모양일까?

DNA 사슬은 보통 두 개가 한 쌍으로 되어 있다. 두 개의 사슬이 이웃한 염기 부분으로 연결된 사다리 모양이다. 이 사다리가 꽈배기처럼 꼬여 '이중나선'을 형성한다. DNA의 형태는 1953년에 제임스 D. 왓슨(James D. Watson)과 프랜시스 크릭(Francis Crick)이 규명했다.

배꼽은 왜 있을까?

| 배꼽 이야기 |

아기는 어머니 배 속에 있을 때 배꼽과 연결된 탯줄을 통해 영양분을 공급받는다.

세 가지만 알면 나도 과학자!

영양분이 들어오는 입구가 필요할까?

아기가 어머니 배 속에서 자라려면 많은 영양분이 필요하다. 아기는 탯줄을 통해 어머니의 혈액에서 영양분을 공급받는다. 탯줄과 연결된 배꼽은 그 영양분이 아기에게 전달되는 입구와 같다.

탯줄은 뭘까?

탯줄은 태아와 태반을 연결해 아기가 건강하게 자라도록 돕는 역할을 한다. 그리고 태아와 어머니의 자궁을 연결하는 태반은 태아에게 영양분을 공급하고 배설물을 내보내는 기능을 한다. 또한 어머니와 아기의 혈액이 섞이지 않도록 분리하는 역할도 한다.

탯줄은 어디 갔을까?

아기가 태어나면 태반과 탯줄은 어떻게 될까? 아기가 태어나자마자 의사나 간호사는 망설임 없이 탯줄을 배꼽 근처에서 싹둑 잘라낸다. 왜냐하면 아기가 태어난 후에는 더 이상 탯줄이 필요 없기 때문이다. 또한 시간이 지나면 배꼽에 연결되어 있던 탯줄은 딱딱하게 말라 깔끔하게 떨어져 나간다.

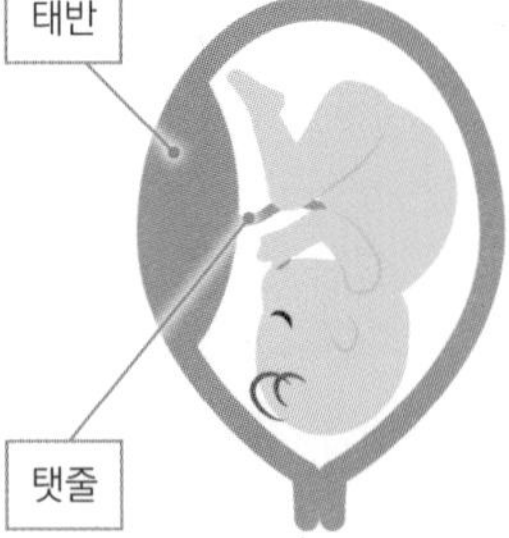

할아버지 머리카락은 왜 하얄까?

|노화 이야기|

나이가 들어 머리카락에서 멜라닌이 만들어지지 않기 때문이다.

세 가지만 알면 나도 과학자!

멜라닌이란 뭘까?

털과 점 속에 들어 있는 검정 색소는 멜라닌이다. 햇볕에 탔을 때 피부가 까무잡잡해지는 것도 멜라닌이 만들어지기 때문이다. 머리카락과 피부의 멜라닌은 강한 빛을 막아주고, 몸의 깊은 곳이 화상을 입지 않도록 지켜준다(4일 차 참고).

나이가 들면 멜라닌이 만들어지지 않는다

몸의 세포는 영원하지 않아 계속해서 조금씩 새로운 세포로 교체된다. 나이가 들면 새로운 세포가 만들어지는 힘도 약해지고 멜라닌과 기름 등 성분을 만드는 힘도 약해져 흰머리가 나거나 주름이 생긴다.

멜라닌이 없으면 왜 흰 머리가 날까?

털은 대부분 투명하게 비치는 성분으로 이루어져 있다. 그리고 그 심에는 가느다란 틈이 있다. 투명한 부분과 틈 사이에 멜라닌이 들어 있으면 검게 보인다. 하지만 멜라닌이 들어 있지 않으면 빛이 어지럽게 산란해 하얗게 보인다. 종이 표면과 겨울에 내리는 눈이 하얗게 보이는 것도 이와 같은 원리인데, 이것을 '난반사'라고 부른다.

【멜라닌이 많은 부분】

혈액형이 다르면 뭐가 다를까?

|혈액형 이야기|

혈액형이 다르면 적혈구의 가시(항원)와
혈액에 녹아 있는 성분(항체)이 다르다.

세 가지만 알면 나도 과학자!

혈액형은 어떻게 정해질까?

사람마다 혈액형이 다른 이유는 과연 무엇일까? 'A형', 'B형', 'O형' 등으로 나뉘는 혈액형은 혈액 속에 있는 적혈구의 가시(항원)와 혈액에 녹아 있는 성분(항체)의 조합으로 결정된다. 예를 들어 A형인 사람의 피에는 A 항원과 B 항체가 들어 있다.

항원과 항체가 뭘까?

항체는 항원끼리 묶어주는 역할을 한다. A 항체는 A 항원을, B 항체는 B 항원을 연결해준다. 그래서 다른 혈액형의 피를 섞으면 항원과 항체가 응집해 피가 굳는다.

적혈구에 있는 항원

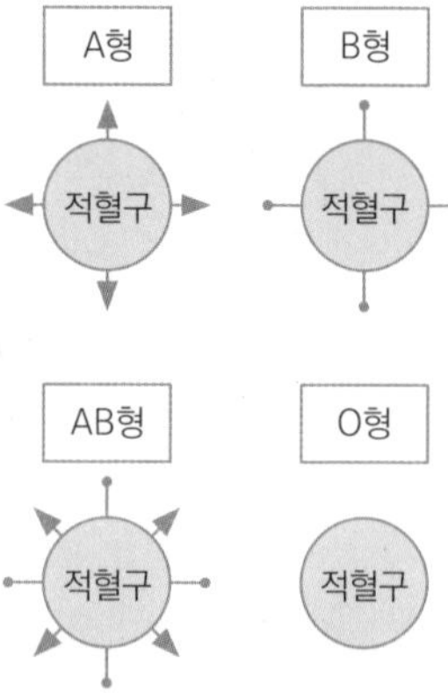

AB형과 O형에는 무슨 항원과 항체가 있을까?

AB형에는 A 항원과 B 항원이 다 있는데, 항체가 없다. 반대로 O형에는 A 항체와 B 항체가 있으나 적혈구에 가시가 없다. 어떤 조합의 항원과 항체를 지니는지는 태어날 때 정해진다. 참고로, 혈액형에 따라 성격이 다르다는 속설은 근거가 없다.

쌍꺼풀이 있는 눈과 없는 눈은 어떻게 다를까?

| 쌍꺼풀 이야기 |

눈꺼풀을 들어 올리는 근육과 피부에 붙은 방식이 다르기 때문에 어떤 사람은 쌍꺼풀이 있고 어떤 사람은 쌍꺼풀이 없다.

세 가지만 알면 나도 과학자!

쌍꺼풀은 어떻게 만들어질까?

눈을 떴을 때는 눈꺼풀을 들어 올리는 근육이 수축해 있다. 이 근육이 눈꺼풀 안쪽에서 피부에 붙어 있으면 눈꺼풀과 함께 피부도 세게 잡아당겨진다. 그래서 눈꺼풀 가장자리에 고랑이 파이듯 접혀 들어간다.

눈꺼풀 차이에 어떤 의미가 있을까?

외꺼풀 눈을 가진 사람이 추위에 더 강하다고 알려져 있다. 쌍꺼풀 눈을 크게 뜨면 눈이 대부분 드러나고, 고랑이 있으면 눈꺼풀 너비도 넓어져 찬 공기에 노출되는 부분이 많기 때문이다.

속쌍꺼풀이란 뭘까?

눈머리 가장자리에 만들어져 위쪽 눈꺼풀이 아래쪽 눈꺼풀을 덮은 상태를 '몽고주름'이라고 한다. 이 주름 고랑을 따라 눈꼬리 쪽으로 넓어지는 형태의 쌍꺼풀이 속쌍꺼풀이다. 일반적인 쌍꺼풀은 눈 가장자리에 평행으로 주름이 져 있다. 동아시아인은 쌍꺼풀 비율이 약 30퍼센트라고 한다.

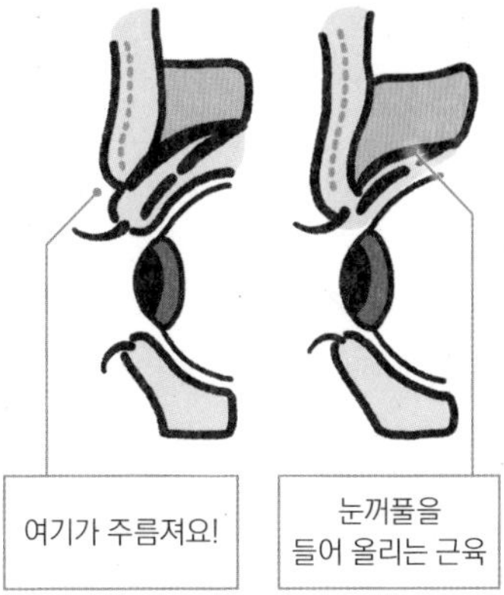

왜 남자만 수염이 날까?

|수염 이야기|

알고 보면 모두 수염이 나지만,
성인 남성만 유독 수염이 굵어 눈에 잘 띄는 것이다.

세 가지만 알면 나도 과학자!

남자, 여자, 어른, 아이 모두 얼굴에 솜털이 있다

수염을 '얼굴 모공에서 난 털'이라는 의미로 정의한다면 엄마 배 속에 있을 때부터 수염이 나 있는 셈이다. 거울로 자세히 들여다보면 누구나 얼굴에 보송보송한 털이 나 있다. 워낙 가늘어서 눈에 잘 보이지 않을 뿐이다. 이런 털을 솜털이라고 부른다.

솜털과 수염은 무엇이 다를까?

솜털의 굵기는 대체로 40마이크로미터(0.04밀리미터)다. 그런데 성인 남성에게서 흔히 볼 수 있는 수염은 두 배 굵은 80마이크로미터(0.08리미터) 정도다. 솜털은 길어지면 빠지지만, 수염은 잘 빠지지 않아 길게 기를 수 있다.

왜 성인 남성만 수염이 날까?

남성은 어른이 되면 정소에서 남성 호르몬이 대량으로 분비된다. 이때가 되면 수염이 굵어지고 무성하게 자란다. 하지만 남성 호르몬을 영양분으로 삼아 수염이 자라는 것은 아니다. 참고로, 모공의 수는 평생 변하지 않고, 수염 굵기는 나면서부터 정해져 있다.

전기라는 말은 어디에서 왔을까?

| 전기 이야기 |

호박을 문지르면 주변 물질을 잡아당기는 현상에서 비롯되었다.

세 가지만 알면 나도 과학자!

인류와 전기의 만남

고대 그리스 철학자 탈레스(Thales)는 고대의 수지(예를 들면 소나무의 송진)가 화석이 된 호박(琥珀)을 문지르면 주변 물질을 잡아당기는 현상에 흥미를 느꼈다. 그로부터 약 2,000년 후 영국의 의사이자 물리학자 윌리엄 길버트(William Gilbert)는 자석과 호박을 문질러서 발생하는 전기를 연구했다(303일 차 참고).

1600년경 전기라는 단어가 생겼다

길버트는 호박 외에도 유리, 수지, 유황 등을 문지르면 전기가 발생하고, 가벼운 물체를 잡아당긴다는 사실을 발견했다. 그리스어로 호박을 엘렉트론(ēlektron)이라고 하는데, 길버트는 이 성질을 엘렉트리쿠스(electricus)라고 명명했다. 여기서 영어의 '전기(electricity)'라는 단어가 탄생했다.

마침내 전기 에너지 시대로

영국의 물리학자 마이클 패러데이가 발견한 전자 유도(발전의 원리)에 의해 발전소가 건설되었다. 이후 사방으로 전력망이 깔리며 조명, 기계와 텔레비전, 에어컨 등 다양한 분야에 전기가 이용되었다.

윌리엄 길버트

Day 128 과학 | 전기

전기는 어떻게 만들까?

|발전 이야기|

자전거 조명의 발전기도 발전소의 대형 발전기와 기본 원리는 같다.

세 가지만 알면 나도 과학자!

자전거 조명을 켜기 위한 발전기의 원리

자전거의 발전기는 중심에 원통형 영구 자석이 있고, 그 주위에 구리선을 감은 코일이 있는 구조다. 자전거 바퀴에 접촉된 술병 모양의 발전기 상부의 회전축이 돌면, 내부의 원통형 자석이 돌아 코일에 전류가 흐른다.

발전기의 핵심은 코일과 자석

전기는 대부분 발전소에서 만들어지는데, 발전소의 대형 발전기도 자석을 사용한다. 전기를 만드는 방법은 자전거 발전기와 같은 원리다. 발전기는 코일과 자석(전자석)으로 이루어져 있다.

발전의 원리는 전자 유도

1831년, 영국의 물리학자 마이클 패러데이(Michael Faraday)는 전기 생성 원리인 '전자 유도'를 발견했다. 전자 유도란 닫힌 코일에 자석을 넣었다 빼면 코일에 전류가 흐르는 현상이다. 자석을 넣었다 빼는 대신 자석을 회전시켜도 같은 현상이 발생한다. 이후 토머스 에디슨(Thomas Edison)은 전등용으로 세계 최초로 뉴욕에 발전소를 건설했다.

마이클 패러데이

전기가 통하는 물체와 통하지 않는 물체의 차이는?

| 절연체 이야기 |

전기를 운반하는 '자유 전자'가 있느냐 없느냐가 결정한다.

세 가지만 알면 나도 과학자!

도선은 절연체(부도체)로 감싸져 있다

물체는 전기에 반응하는 성질에 따라 '도체'와 '부도체'로 나뉜다. 전기가 잘 통하면 '도체', 전기가 잘 통하지 않으면 '부도체(절연체)'라고 한다. 우리 주위의 전선은 도체인 구리를 고무 등의 부도체가 감싸고 있다. 참고로, 규소(실리콘) 등 도체와 부도체의 중간적 성질을 지닌 것을 반도체라고 한다.

구리 선을 그대로 사용하면 안 될까?

전선을 부도체로 감싸지 않으면 쇼트(Short, 전기가 흐르는 두 도선이 접촉하는 현상. 합선 위험), 누전과 감전 등이 일어날 수 있어 위험하다. 따라서 도선은 반드시 부도체로 감싸야 한다.

부도체에는 전기를 운반하는 자유 전자가 없다

구리와 알루미늄 등의 도체에는 '자유 전자'라는 전기를 운반하는 엄청나게 작은 입자가 대량 포진하고 있다. 반면 고무, 유리, 도자기, 고무찰흙, 폴리에틸렌, 폴리염화비닐 등의 부도체에는 자유 전자가 없다.

Day 130 과학 | 전기

태양광 발전은 어떤 원리로 작동할까?

| 태양광 발전 이야기 |

태양 에너지를 반도체에 쬐면 전기 에너지로 바뀐다.

세 가지만 알면 나도 과학자!

막대한 양의 태양 에너지

태양 에너지를 1시간 동안 모으면 전 세계 사람이 1년 동안 사용할 에너지와 맞먹는 양이 생성된다. 태양 에너지 1제곱미터당 전력은 100킬로와트 정도다. 다만, 밤에는 태양광이 없고 낮에도 비가 내리거나 흐린 날에는 에너지가 줄어든다.

태양광 발전은 태양 전지를 사용한다

태양 전지는 일반적으로 활동성이 좋고 전자가 많은 반도체와 활동성이 좋고 전자가 적은 반도체를 나란히 연결해서 만든다. 태양광이 닿으면 그 에너지를 받은 전자가 많은 쪽에서 적은 쪽으로 움직이는데, 그 움직임의 변화를 전류로 배출한다. 태양 전지는 '결정 실리콘 태양 전지'가 90퍼센트 이상을 차지한다.

과제는 변환 효율 향상

태양 전지가 빛 에너지를 전기 에너지로 변환할 때 효율을 '변환 효율'이라고 한다. 지금은 약 15~20퍼센트 수준이다. 이 수치를 끌어올리는 것이 앞으로의 과제다.

정전기는 어떻게 일어날까?

|정전기 이야기|

접촉한 두 개의 물체를 떼면 한쪽에서 다른 쪽으로
마이너스 전기를 가진 전자가 이동해 정전기가 축적된다.

세 가지만 알면 나도 과학자!

정전기는 건조한 시기에 발생하기 쉽다

겨울철에 금속 재질 문고리를 잡으면 종종 정전기가 일어난다. 또 옷이 몸에 달라붙는 현상도 정전기의 작용이다. 정전기는 건조한 시기에 발생하기 쉽다.

정전기가 발생하는 원리

원래 물질 표면에 있는 전기는 플러스(+)와 마이너스(-)가 상쇄하고 있다. 두 물질을 마주 비비면 전자(-전기 보유)를 내보내기 쉬운 쪽의 물질에서 다른 쪽 물질로 전자가 이동하는데 이때 정전기가 발생한다. 두 물체를 떼어내면 전자를 내보내기 쉬운 물질은 플러스 전기를, 전자를 받은 쪽의 물질은 마이너스 전기를 띤다.

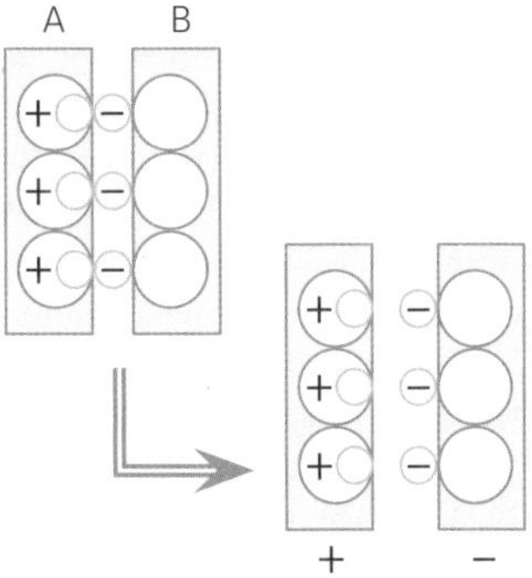

물체 A의 원자가 지닌 전자 일부가 물체 B로 이동하면, A는 + 전기가 많아지고, B는 - 전기가 많아진다.

정전기의 전압은 높다

전기가 흐르는 힘을 '전압'이라고 하며, 볼트(V)로 표시한다. 가정의 콘센트는 대부분 220볼트다. 정전기는 전압이 매우 높다. 플라스틱 의자에 앉아 있다가 일어서기만 해도 수백 볼트 이상, 걷기만 해도 2만 볼트가량 된다. 참고로, 번개도 공기 중에서 거대한 전기가 흐르는 정전기 현상이다.

Day 132 과학 | 전기

원자력 발전의 원리는 뭘까?

|원자력 발전 이야기|

우라늄 핵분열 반응의 열로 만들어진 수증기로 터빈 발전기를 돌려 전기를 생산한다.

세 가지만 알면 나도 과학자!

화력 발전과 원자력 발전도 수증기로 터빈을 돌린다

화력 발전과 원자력 발전 모두 물을 끓여 생산한 고온·고압의 수증기로 터빈을 돌린다. 터빈이 돌아가면 터빈과 연결된 발전기가 돌아가는데 이때 전기가 만들어진다. 물을 끓여 수증기로 만드는 방법에 차이가 있을 뿐이다.

원자력 발전은 핵연료의 핵분열을 이용한다

원자력 발전은 우라늄235라는 핵연료를 사용한다. 우라늄235의 원자핵에 중성자를 충돌시키면 두 개의 새로운 원자핵으로 분열해 중성자를 방출한다. 그 중성자가 다른 우라늄235의 원자핵과 충돌하면 다시 두 개로 분열한다. 이런 과정을 반복하면 엄청난 에너지가 방출되는데, 이 에너지로 물을 끓인다.

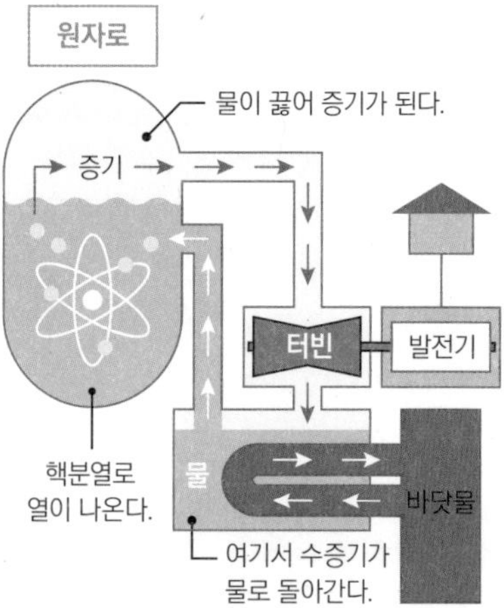

원자력 발전소를 해안에 건설하는 이유

터빈을 돌린 수증기는 냉각해서 다시 원자로로 돌려보낸다. 이때 바닷물을 이용해야 하기 때문에 원자력 발전소를 주로 해안에 건설한다.

Day 133 과학 | 전기

'감전된다'는 말이 무슨 뜻일까?

| 감전 이야기 |

감전이란 인체에 전기가 흘러 불쾌한 감각을 느끼거나,
부상 또는 사망 사고가 발생하는 것을 말한다.

세 가지만 알면 나도 과학자!

가정에서 일어나는 감전은 110~220볼트

감전은 부실한 전기 공사나 제대로 절연되지 않은 전기 기구와 접촉했을 때 발생하는 경우가 많다. 피부 표면이 젖어 있거나 건조해도 일정 이상의 전압에서 감전이 발생한다. 따라서 젖은 손으로 플러그나 콘센트, 스위치 등을 만지면 감전될 수도 있다. 가전제품은 110~220볼트라서 감전 위험이 있다.

전기가 어느 정도 흐르면 위험할까?

흐르는 전기의 양은 암페어(A)로 표시한다. 사람은 1밀리암페어(0.001A) 정도에서 자극을 느끼고, 5밀리암페어에서 상당한 통증을 느낀다. 5~30밀리암페어에서는 약한 고통을 느껴 피부가 경련하고 숨을 쉴 수 없어 구조를 요청할 수도 없다. 30~50밀리암페어에서는 실신하며 그 상태가 장시간(몇 분 이상) 지속되면 사망할 수 있다.

세탁기를 접지하는 까닭

세탁기와 냉장고 등의 콘센트 옆에는 삐죽 튀어나온 코드가 있다. 이것을 '접지(earth)'라고 한다. 만약 전류가 새더라도 지면(땅)으로 흐르도록 설치한 장치다. 이 접지 장치로 감전을 예방할 수 있다.

접지

Day 134

꽃가루 알레르기는 왜 생길까?

|꽃가루 알레르기 이야기|

체질과도 관계있지만,
꽃가루의 양과 스트레스, 공기 오염 정도와도 연관이 있다.

세 가지만 알면 나도 과학자!

꽃가루 알레르기도 알레르기의 일종

꽃가루 알레르기는 삼나무나 노송나무 등 꽃가루가 사람 몸으로 들어가 면역계가 반응해서 생기는 증상이다. 꽃가루가 몸에 들어온다고 무조건 병에 걸리는 것은 아니므로 면역계는 꽃가루에 반응할 필요가 없다. 그런데도 과민하게 반응하는 상태가 꽃가루 알레르기다.

알레르기 컵설

머릿속으로 컵을 떠올려보자. 그런 다음 컵에 꽃가루의 양, 스트레스, 대기 오염 등 꽃가루 알레르기의 원인을 담는다. 넘치면 꽃가루 알레르기 증상이 발현된다. 알레르기 체질인 사람은 컵이 작아 꽃가루 알레르기에 더 쉽게 걸리고, 알레르기 체질이 아닌 사람은 컵이 커서 알레르기가 잘 생기지 않는다.

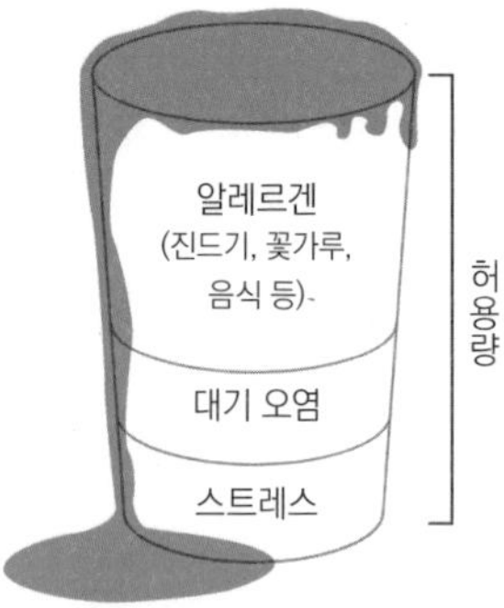

컵에서 내용물이 흘러넘치면
꽃가루 알레르기가 발생한다.

꽃가루 알레르기의 원인

꽃가루 알레르기의 원인은 꽃가루의 양, 스트레스, 오염된 공기 등과 관련이 있다. 컵이 작은 사람은 이런 원인을 피해야 한다. 삼나무나 노송나무 외에도 여름에는 볏과 식물, 가을에는 돼지풀 등이 꽃가루 알레르기의 원인이 된다.

Day 135

두드러기는 왜 생길까?

|두드러기 이야기|

두드러기는 알레르기 등으로 히스타민이라는 물질이 분비되어 피부가 붉어지는 현상이다.

세 가지만 알면 나도 과학자!

두드러기의 종류

피부가 붉어지거나 부어오르는 증상을 보이는 두드러기에는 '알레르기성 두드러기'와 '비알레르기성 두드러기'가 있다. 또 일회성으로 갑자기 나타났다가 잠잠해지는 두드러기와 몇 번씩 재발하는 두드러기가 있다. 반복되는 두드러기의 경우 몇 년씩 지속되기도 한다.

음식과 약물, 스트레스가 원인

알레르기성 두드러기는 고등어, 새우, 게, 달걀 등이 원인인 경우가 많다. 새우, 게, 밀가루 등을 먹은 후에 운동하면 두드러기가 나는 경우도 있다. 그 밖에 기침을 멈추는 약, 뜨겁거나 차가운 대상과의 접촉, 스트레스와 피로 등도 원인이 될 수 있다.

히스타민이라는 물질이 주범이다

알레르기 등의 원인으로 자극을 받으면 피부에 있는 특정 세포가 히스타민이라는 물질을 분비한다. 갑자기 다량의 히스타민이 분비되면 혈관이 확장되어 순환하는 혈액량이 증가해 피부가 붉어진다. 가려움증은 열 명 중 세 명 정도 비율로 나타난다.

달리면 왜 숨이 찰까?

|숨이 차는 증상 이야기|

교감신경이 활발하게 작용해 몸을 활동적인 상태로 만들기 때문이다.

세 가지만 알면 나도 과학자!

신경에는 몸신경과 자율신경이 있다

몸에는 스스로 움직일 수 있는 신경(몸신경)과 움직일 수 없는 신경(자율신경)이 있다. 오른손을 올릴 때는 뇌에서 몸신경의 일종인 운동신경을 동원해 오른손 근육을 움직인다.

스스로 움직일 수 없는 신경

달리면 저절로 숨이 가빠지고 심장이 거세게 요동친다. 몸에 산소가 많이 필요하기 때문이다. 그러면 자율신경이 스스로 작동해 산소를 다량으로 받아들인다. 특히 자율신경 중 교감신경이 작용해 신체 활동이 활발해진다. 자율신경의 균형이 무너지면 두통, 어깨 결림, 안면 홍조 등의 증상이 나타날 수 있다.

부교감신경이란 뭘까?

자율신경에는 교감신경과 반대로 작용하는 부교감신경도 있다. 부교감신경은 우리 몸을 이완시키는 작용을 한다. 밥을 먹은 뒤에 나른해지며 졸음이 쏟아지는 증상은 부교감신경이 작동하기 때문이다.

모기에 물리면 왜 가려울까?

|모기 물림 이야기|

피부에 들어온 모기의 침에 반응해 세포가 가려움증을 유발하는 물질을 만들어내기 때문이다.

세 가지만 알면 나도 과학자!

모기에 물리면 바로 가려운 원리

모기는 침처럼 생긴 주둥이를 피부에 꽂아 피를 빤다. 이때 피가 굳지 않게 하는 성분 등이 들어 있는 침을 피부에 주입한다. 이 성분에 피부가 반응해 가려움증을 유발하는 물질이 만들어진다.

가라앉았다가 다시 가려운 이유

모기에 물리면 바로 가렵다가 얼마 후 벌겋게 부어오르며 다시 가렵다. 그 이유는 모기 침 속에 들어 있는 성분에 백혈구가 모여들어 가려움증을 유발하는 갖가지 물질이 분비되기 때문이다.

가려움증 유발 물질이 가려움증 신경을 자극한다

가려움증 유발 물질이 분비되면 가려움증 신경이 자극되어 가려움증을 느끼게 된다. 이때 가려움증과 통증이 함께 느껴지면 가려움증 신경의 작용이 억제되어 가려움증이 이내 가라앉는다. 가렵다고 너무 세게 긁으면 피부가 자극을 받아 상태가 악화될 수 있으니 주의해야 한다.

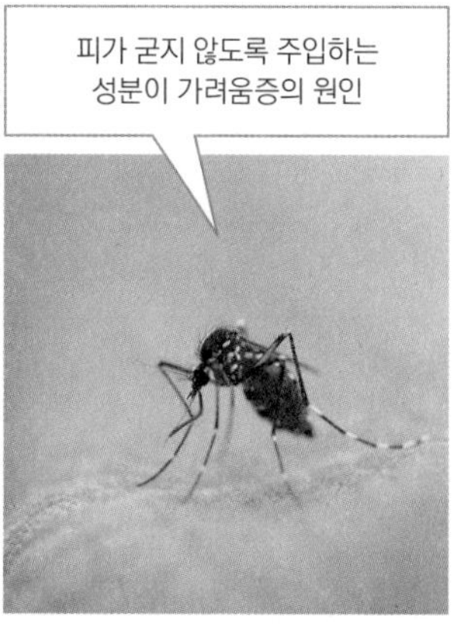

Day 138

텔레비전을 가까이서 보면 정말 눈이 나빠질까?

|시력 저하 이야기|

텔레비전을 너무 가까이에서 보면 안구 형태를 변형시켜 멀리 있는 물체가 잘 보이지 않는 근시가 된다.

세 가지만 알면 나도 과학자!

근시와 안구의 형태

가까운 곳을 계속 바라보면 안구의 형태가 앞뒤로 늘어난 모양으로 변형된다. 안구가 변형되면 가까운 곳을 볼 때는 문제가 없지만, 멀리 있는 것을 볼 때 초점을 맞출 수 없다. 이런 상태를 근시라고 한다.

근시가 증가하고 있다

초등학생 세 명 중 한 명, 중학생 절반 이상이 근시 증상을 보인다. 근시인 사람은 나이가 들면 시야(보이는 범위)가 좁아져 녹내장 등의 안과 질환에 걸리기 쉽다.

스마트폰과 컴퓨터 사용, 게임 시간이 너무 길어지면……

텔레비전뿐 아니라 스마트폰과 컴퓨터 등을 장시간 사용하면 근시가 될 확률이 높아진다. 너무 오랜 시간 사용하지 않도록 주의하고 10~15분간 사용하면 잠시 쉰다. 스마트폰과 태블릿 PC를 사용할 경우에는 화면과 40센티미터 이상 간격을 두는 것이 바람직하다.

건강한 사람의 눈

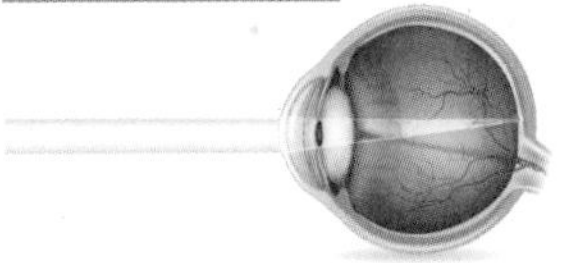

근시인 사람의 눈

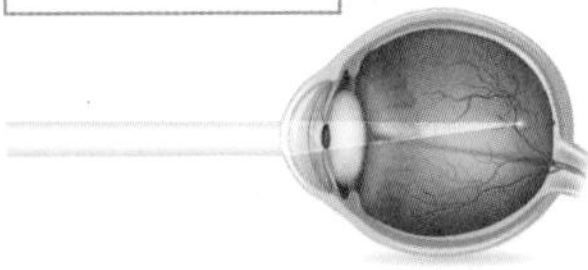

음식을 많이 먹으면 왜 살이 찔까?

| 비만 이야기 |

몸에 들어오는 양이 사용하는 양보다 많으면 지방으로 전환된다.

세 가지만 알면 나도 과학자!

움직이지 않아도 에너지를 소비한다

우리 몸은 체온을 일정하게 유지하거나 필요한 물질을 생성하기 위해 많은 에너지를 사용한다. 아무 일 하지 않아도 에너지를 사용하는 활동을 '기초 대사'라고 한다.

움직이면 더 많은 에너지를 사용한다

몸을 움직이거나 유지하려면 에너지가 필요하다. 운동하는 사람은 기초 대사의 두 배 정도, 계속 앉아만 있어도 약 1.3배의 에너지를 사용한다.

더 많이 먹으면……

하루에 사용하는 에너지보다 많은 음식을 먹으면, 당연히 남은 에너지는 몸에 지방으로 축적된다. 반대로 먹는 양이 사용하는 에너지보다 적으면 살이 빠진다. 그리고 살이 찌는 데는 체질도 영향을 미친다. 체질적으로 기초 대사가 적은 에너지 절약형 체질은 살이 찌기 쉽다.

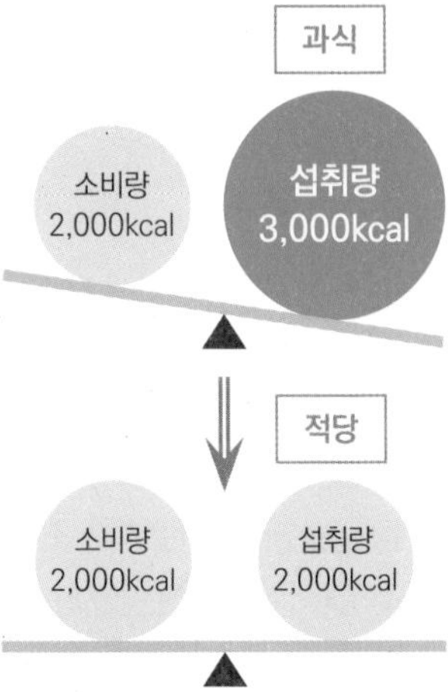

Day 140

스트레스는 왜 생길까?

|스트레스 이야기|

스트레스란
몸과 마음에 외부의 자극을 받아 긴장된 상태를 말한다.

세 가지만 알면 나도 과학자!

스트레스의 정체

스트레스의 원인은 더위와 추위, 불안, 질병, 다른 사람과의 관계 등 다양하다. 하지만 스트레스가 무조건 나쁘기만 한 것은 아니다. 적당한 스트레스는 오히려 의욕을 북돋우기 때문에 우리 생활에 필요하다.

스트레스가 심해지면……

그러나 스트레스가 너무 심하면 여러 가지 나쁜 일이 일어난다. 기분이 우울해지고 잠이 오지 않는 등 심리적 문제는 물론 피로, 두통, 어지럼증 등 몸에 문제가 나타날 수도 있다.

어린이도 스트레스를 받을 수 있다

어린이도 꾸중을 듣거나 친구와 싸우거나 좋아하는 사람과 헤어지거나 공부나 시험 등 이런저런 스트레스에 노출되면 기분이 가라앉거나 쉽게 짜증을 낼 수 있다. 어린이의 경우, 걱정되는 일이 있으면 부모님이나 학교 선생님 등 믿을 수 있는 어른에게 상담할 수 있는 분위기를 만들어주는 것이 바람직하다.

자동차는 어떻게 달릴까?

|자동차 이야기|

자동차는 엔진과 모터에서 발생하는 힘을 이용해서 달린다.

세 가지만 알면 나도 과학자!

연료를 폭발시켜 차 바퀴를 회전시키는 힘을 만든다

자동차는 연료와 공기가 폭발할 때 발생하는 '피스톤을 누르는 힘'을 이용해 차 바퀴를 회전시킨다. 엔진의 연료로는 주로 휘발유와 경유가 사용된다. 이들 연료를 사용하는 자동차가 내뿜는 배기가스가 환경에 미치는 영향이 너무 커 세계적으로 문제가 되고 있다.

하이브리드 자동차는 뭘까?

최근 '전기 모터를 회전시키는 힘'을 이용한 전기 자동차가 증가하고 있다. 전기 자동차는 배기가스를 배출하지 않아 인기가 높다. 하이브리드 자동차는 엔진과 모터를 둘 다 사용하는 차량이다.

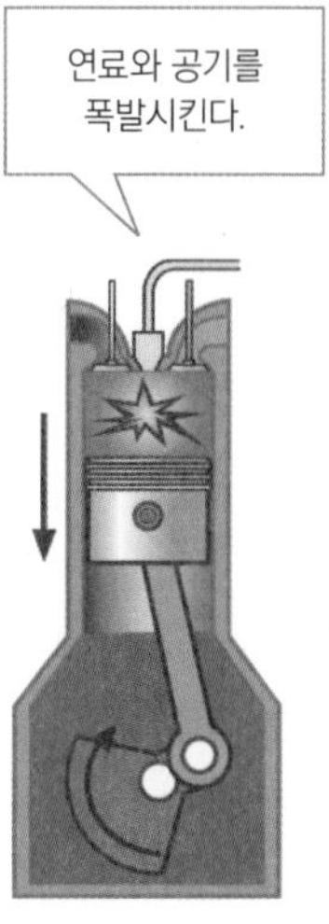

점점 다양해지는 자동차

점점 다양한 엔진 원료가 사용되고 있다. 수소와 산소의 화학 반응으로 전기를 발생시켜 모터를 돌리는 '연료 전지 자동차'도 있다. 또한 휘발유와 경유 대신 수소를 태우는 '수소 엔진'을 활용한 자동차도 있다. 연료 전지 자동차와 수소 엔진 자동차에서는 배기가스 대신 '물(수증기)'이 나와 유해물질이 거의 배출되지 않는다.

비행기는 어떻게 날까?

| 비행기 이야기 |

비행기는 공기의 흐름을 이용해서 난다.

세 가지만 알면 나도 과학자!

비행 중인 비행기에도 중력이 작용한다고?

비행 중인 비행기에도 중력이 작용한다. 그런데 왜 비행기는 아래로 떨어지지 않을까? 만약 비행기에 중력밖에 작용하지 않는다면 아래로 떨어질 것이다. 다행히 비행기는 위로 향하는 힘(부력)을 받기 때문에 하늘을 날 수 있다.

공기의 흐름이 양력을 만든다

비행기는 제트엔진과 프로펠러를 이용해 엄청난 속도로 나간다. 이때 날개에 닿는 공기는 힘차게 아래로 흐른다. 반대로 날개에는 위로 향하는 힘이 작용한다. 이처럼 기체나 액체 속을 운동하는 물체에 운동 방향과 수직으로 작용하는 힘을 '양력(揚力)'이라고 한다. 비행기는 날개에서 생기는 이 힘에 의해 공중을 날 수 있다.

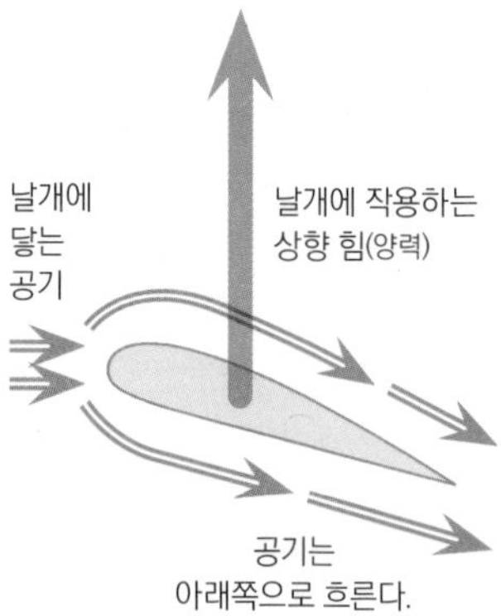

자유롭게 날기 위한 구조

1903년 12월 17일, 라이트 형제(Wilbur & Orville Wright)는 인류 최초로 비행기를 이용해 하늘을 나는 데 성공했다. 그들은 비행기의 방향을 바꾸기 위한 구조도 고안했다. 오늘날 비행기에도 같은 구조가 적용된다.

생물
과학
인체
먹을거리
질병과 약
우주
기계와 도구
자연

Day 143

기구는 어떻게 뜰까?

| 기구 이야기 |

**기구(氣球) 속에 주위 공기보다 가벼운 기체가 들어 있어
그 부양력으로 공중에 높이 올라갈 수 있다.**

세 가지만 알면 나도 과학자!

기구는 왜 공기 중에 뜰까?

얼음은 물에 뜬다. 같은 크기(부피)의 무게를 비교하면 물보다 얼음이 가볍기 때문이다. 마찬가지로 기구에는 공기보다 가벼운 기체가 들어 있어 공기 중에 뜬다. 이는 풍선이 뜨는 원리와 같다.

가스 기구와 열기구

'가스 기구'에는 공기보다 가벼운 헬륨이 들어 있고, '열기구'에는 데워진 공기가 들어 있다. 더운 공기는 같은 크기에서 비교하면 차가운 공기보다 가볍다. 참고로, 데워진 공기를 일회용 위생비닐에 채워 '미니 열기구'를 만들 수 있다.

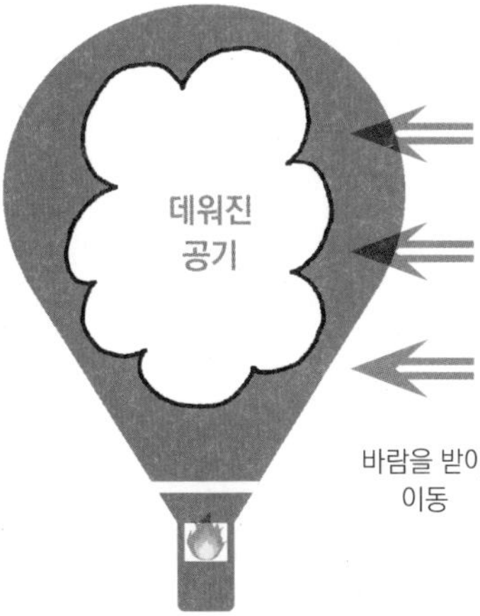

기구는 어떻게 조종할까?

'가스 기구'에는 키와 프로펠러가 달려 있는데, '열기구'에는 대개 달려 있지 않다. 열기구는 높이를 바꿀 수 없어, 바람에 진행 방향을 맡긴다. 따라서 날기 전에 바람의 방향과 세기를 확인해야 한다.

Day 144

헬리콥터는 어떻게 날까?

|헬리콥터 이야기|

큰 회전날개로 뜨는 힘(양력)을 만들기 때문에 날 수 있다.

세 가지만 알면 나도 과학자!

헬리콥터도 비행기와 마찬가지로 뜨는 힘을 만든다

비행기는 날개로 공기를 아래로 흘려보내고, 반대로 공기에서 위로 향하는 힘(양력)을 받는다. 헬리콥터는 회전하는 날개(회전익)가 비행기 날개와 같은 역할을 한다.

회전익을 움직이면 제자리에서 뱅뱅 돈다?

일반적인 헬리콥터에는 메인 로터라는 큰 회전익이 달려 있다. 메인 로터만 움직이면 기체(機體)는 메인 로터가 회전하는 힘에 의해 반대 방향으로 회전한다.

어떤 기술이 들어 있을까?

메인 로터가 회전하는 힘에 의해 반대 방향으로 회전하는 현상을 방지하기 위해 테일 로터라는 작은 회전익이 하나 달려 있다. 이 테일 로터로 기체가 회전하는 방향과 반대로 힘을 가해 기체가 회전하지 않도록 한다. 한편, 두 개의 메인 로터를 반대로 회전시켜 기체를 회전시키지 않는 유형의 헬리콥터도 있다. 헬리콥터는 보통 몸체를 앞으로 기울여 나아간다.

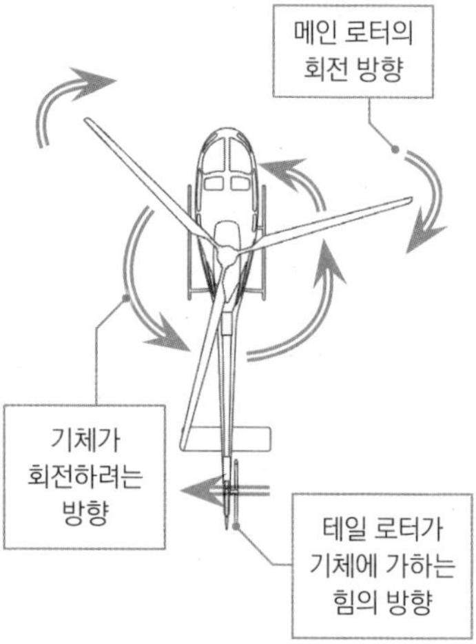

Day 145

고속철도는 어떻게 전철보다 빨리 달릴까?

|고속철도 이야기|

고속철도는 선두 차량을 거위 부리 모양처럼 뾰족하게 만들어 속도를 올린다!

세 가지만 알면 나도 과학자!

선로와 모터가 전철과 다르다

고속전철이 달리는 선로는 '선로 폭이 넓고', '급커브가 없으며', '철도 건널목이 없어' 속도를 효율적으로 올릴 수 있다. 그리고 강력한 모터로 모든 차량을 연결해 빨리 달릴 수 있다.

선로와 모터만으로는 한계가 있다!

고속전철은 수많은 터널을 통과한다. 예전에는 시속 200킬로미터 이상 속도로 터널에 진입하면 승객들이 불편감을 호소하기도 했다. 너무 빨리 달려 터널 내부 공기가 빠져나갈 공간이 없어 압축된 공기가 터널 출구에서 귀를 멍하게 하는 굉음을 냈기 때문이다.

뾰족한 모양으로 공기가 빠져나갈 공간을 만들다

선두 차량의 모양을 뾰족한 '에어스트림(Airstream)' 디자인해 터널 내 공기가 차체의 상·좌·우측 방향으로 흐르게 했다. 그 결과 굉음을 신경 쓰지 않고 시속 280킬로미터로 달릴 수 있게 되었다. 현재, 커브 구간에서도 속도를 떨어뜨리지 않는 '차체를 기울여 달리는 기술'이 연구 중이다.

Day 146

에스컬레이터 안쪽은 어떻게 생겼을까?

| 에스컬레이터 이야기 |

에스컬레이터 디딤판은 한 줄의 체인으로 이어져 있다.

세 가지만 알면 나도 과학자!

에스컬레이터라는 이름의 유래

에스컬레이터는 라틴어 '에스카(esca, 계단)'와 영어 '엘리베이터(elevator)'를 합쳐서 만든 단어다. 에스컬레이터는 한꺼번에 많은 사람이나 화물이 위아래로 효율적으로 오르내릴 수 있게 만들어진 계단 모양의 장치를 말한다. 그래서 '자동계단'이라 부르기도 한다.

고리 형태의 체인이 움직인다!

에스컬레이터 안에는 각각의 디딤판이 고리 형태의 체인으로 이어져 있다. 모터로 체인을 움직여 디딤판과 난간을 함께 움직인다. 대형 마트 등에 있는 '무빙워크'도 에스컬레이터와 같은 원리로 작동한다.

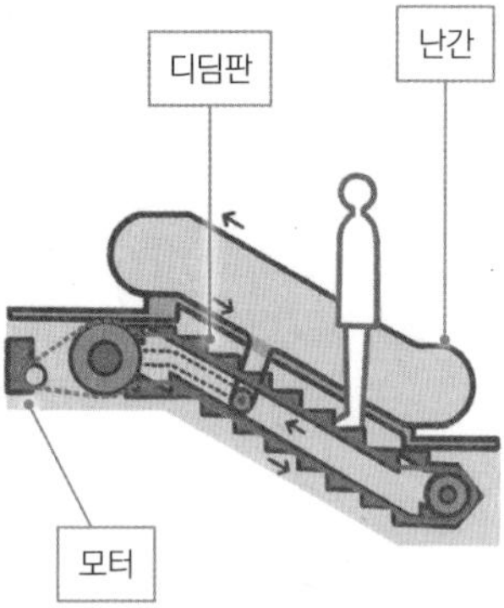

안전하게 타고 내리는 속도

에스컬레이터는 모든 사람이 안전하게 타고 내릴 수 있게 만든 기계장치다. 따라서 안전을 위해 적당한 속도로 작동하도록 설계되어 있다. 최근에는 타고 내리는 지점에서만 속도를 느리게 하는 에스컬레이터도 개발되었다.

Day 147

기관차는 어떻게 움직일까?

|기관차 이야기|

수증기의 힘으로 움직이는 증기 기관차와 디젤 엔진으로 움직이는 기관차 등이 있다.

세 가지만 알면 나도 과학자!

기관차는 어떤 열차일까?

기관차는 동력을 지닌 열차를 가리킨다. 동력이 없는 객차와 화물열차를 끌거나 밀며 달리기 위해서는 강력한 힘이 필요하다.

증기기관차는 어떻게 움직일까?

증기기관차는 연실에서 석탄을 태워 발생하는 열로 파이프 속 물을 끓여 수증기로 바꾼다. '수증기가 피스톤을 누르는 힘'을 기관차의 차바퀴가 회전하는 힘으로 바꾼다.

디젤 엔진이란 뭘까?

디젤 엔진은 연료(경유)를 기체로 바꾸어 폭발시켜 피스톤을 누르는 힘을 만들고, 그 힘을 차바퀴가 회전하는 힘으로 바꾸는 방식으로 작동한다. 이런 디젤 엔진을 구동력으로 하는 기관차를 디젤 기관차라고 한다. 또한 디젤만 사용하지 않고 전기를 같이 사용하는 디젤전기기관차도 많이 사용되고 있다.

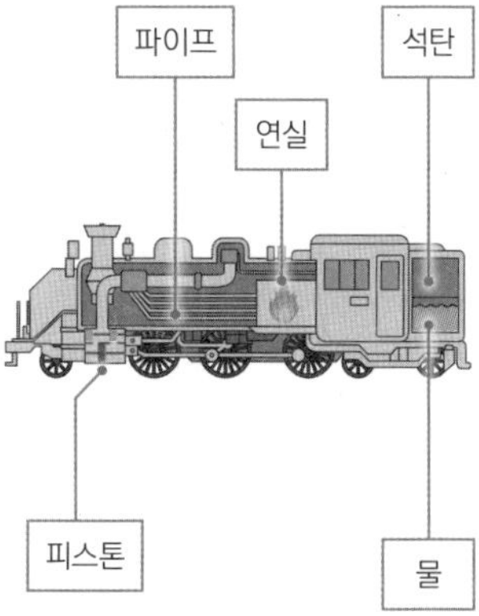

Day 148 생물 | 바이오 과학

최초의 생물은 어떻게 생겼을까?

|최초의 생물 이야기|

최초의 생물은 세균과 비슷한 모양이었을 것이다.

세 가지만 알면 나도 과학자!

생물이 처음 탄생한 곳은 심해 열수 분출공!

바닷속 깊은 바닥에는 뜨거운 물이 뿜어져 나오는 '열수 분출공'이 있다. 그 주변에는 단순한 물질을 복잡한 물질로 전환하는 데 필요한 에너지, 갖가지 물질이 녹은 해수, 지구 내부에서 나온 가스 등 생물이 만들어질 수 있는 재료가 갖추어져 있다. 새로운 생물이 탄생하기 좋은 요람과 같은 공간이다.

최초의 생물은 유기물이 막으로 둘러싸여 있었다

생물은 단백질과 지방, 핵산(DNA와 RNA) 등 복잡한 물질로 이루어져 있다. 이 물질들은 바닷속의 단순한 물질들이 결합된 것이다. 수억 년에 걸쳐 막 속에 여러 물질이 모여 최초의 생물이 탄생한 것이다.

생물에는 세 가지 특징이 있다

생물은 세포막으로 둘러싸여 있고, 자신의 복제를 만들며, 화학 반응으로 다양한 물질을 생성한다. 최초의 생물은 화학 반응을 돕는 유전자를 세포막이 감쌌을 것으로 추정된다. 이는 현재의 세균에 가까운 형태다. 참고로, 세포막으로 감싸 있지 않은 바이러스는 생물과 무생물 중간 형태로 여겨진다.

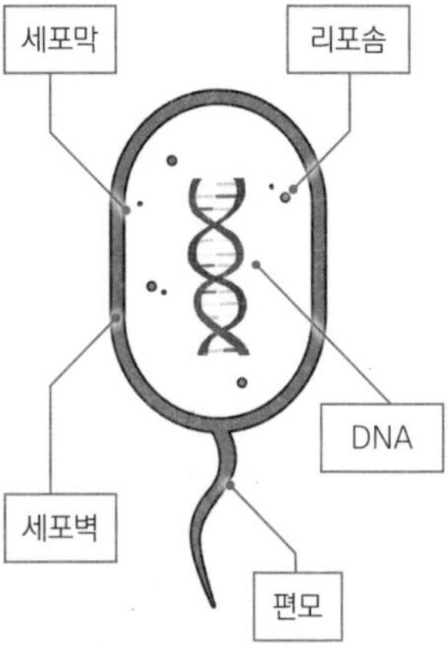

Day 149 생물 | 바이오 과학

동물의 몸은 어떻게 생겼을까?

| 세포 이야기 |

생물의 몸은 세포막으로 인해
외부 세계와 분리된 세포로 이루어져 있다.

세 가지만 알면 나도 과학자!

외부 세계와 분리해주는 막이 있다!

생물의 가장 큰 특징은 '외부 세계와 분리된 세포막'이 있다는 것이다. 동물뿐 아니라 식물과 곰팡이, 버섯 등의 균류, 세균 등 모든 생물은 세포막을 가지고 있다.

동물과 식물의 다른 점

식물과 균류, 세균류 등은 세포막 바깥쪽에 세포벽을 가지고 있다. 이 벽으로 몸을 튼튼하게 만든다. 그러나 동물의 세포에는 세포벽이 없다. 그래서 생명 탄생 초기에는 부드럽고 평평하고 납작한 동물만 살았다.

동물의 몸은 세포 → 조직 → 기관으로 이루어져 있다

생명 탄생 초기에는 대부분 단순한 구조의 동물이 서식했으나 점점 골격과 심장, 팔다리의 근육, 내장 등 여러 기관을 갖춘 복잡한 구조의 동물이 탄생했다. 이 기관들은 대부분 근조직과 신경조직 등 세포막이 모인 조직으로 대부분 이루어져 있다. 이것을 크기 순서대로 나타내면 '동물의 몸 〉 기관계의 집합 〉 조직의 집합 〉 세포의 집합'이 될 것이다.

【동물 세포】

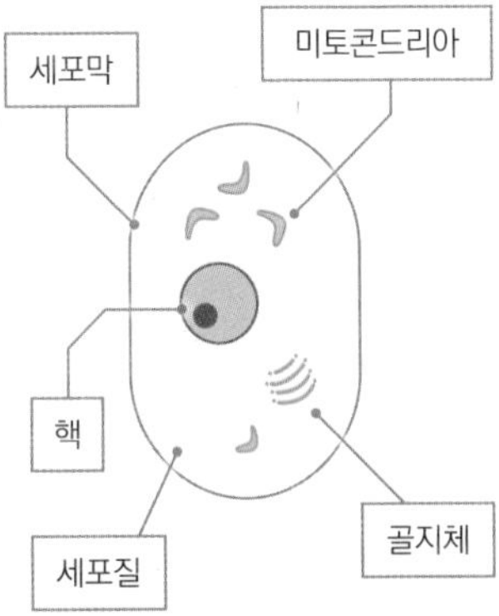

가장 작은 생물은 뭘까?

|미생물과 세균 이야기|

세균은 유글레나 등의 미생물보다 더 작다.

세 가지만 알면 나도 과학자!

유글레나의 크기는 얼마나 될까?

우리 배 속에 있는 대장균의 크기는 얼마나 될까? 약 2~4마이크로미터(0.002~0.004밀리미터) 정도다. 또한 유글레나와 아메바는 약 50마이크로미터, 규조류는 약 100마이크로미터다. 이처럼 너무 작아 맨눈으로 보이지 않는 생물을 '미생물'이라고 한다.

가장 작은 생물은 세균류

대장균도 작지만, 식중독을 일으키는 포도상구균은 이보다 더 작다. 약 1마이크로미터다. 그럼 가장 작은 생물은 뭘까? 바로 약 0.2마이크로미터 크기의 마이코플라스마(Mycoplasma)다. 광학현미경으로도 겨우 관찰할 수 있는 정도의 크기다.

바이러스는 더 작다

생물이라고 할 수 있을지 없을지 조금 모호하지만, 바이러스는 광학현미경으로도 보이지 않을 정도로 작다. 예를 들어 코로나19 바이러스의 크기는 지름 약 0.1마이크로미터로, 전자현미경을 사용하지 않으면 관찰할 수조차 없을 정도다.

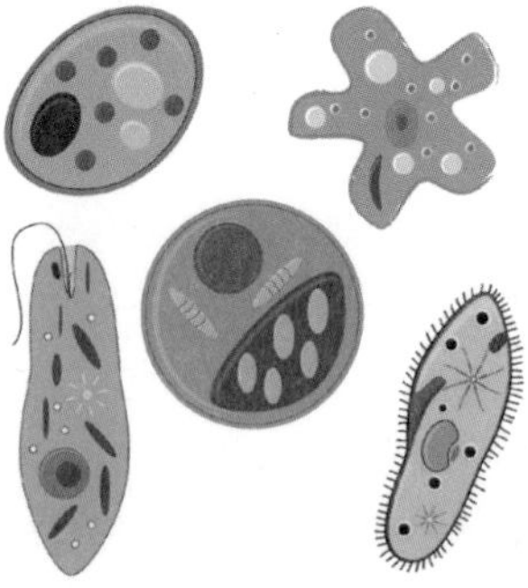

클론이란 뭘까?

|클론 이야기|

클론이란 완전히 같은 유전 정보를 지닌 세포와 생물을 말한다.

세 가지만 알면 나도 과학자!

단세포생물은 모두 클론

유글레나 같은 단세포생물은 세포 분열로 증식한다. 따라서 부모와 자식이 똑같은 유전자를 보유한 클론이다. 사람도 수정란에서는 세포 분열로 증식한다. 도중에 돌연변이가 일어나지 않으면 약 37조 개의 세포가 모두 클론이 된다.

식물 중에도 클론이 있다!

일반적으로 식물은 꽃가루 속 정세포와 밑씨 속 난세포가 수정해서 만들어진 씨앗에 의해 증식한다. 그러나 꺾꽂이나 땅속줄기, 알뿌리로 증식하는 식물은 세포 분열로 증식하므로 모두 클론이다.

사람의 손으로 클론을 만들 수 있다?

1962년, 영국 생물학자 존 버트런드 거던(John Bertrand Gurdon)은 핵을 제거한 검은색 아프리카 발톱 개구리(Xenopus laevis) 미수정란에 흰색 올챙이 장의 핵을 이식해 흰색 개구리와 같은 유전 정보를 지닌 클론 개구리를 만들었다. 거던 박사는 2012년 노벨 생리의학상을 받았다. 1996년에는 포유류에서도 클론 새끼 양 '돌리'가 탄생했다.

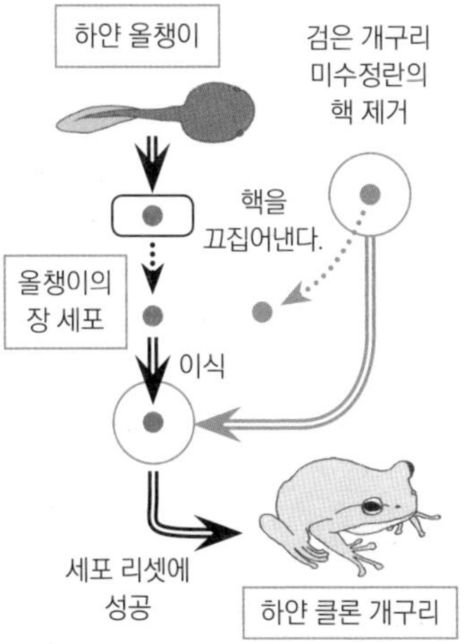

iPS 세포는 대체 뭘까?

| iPS 세포 이야기 |

iPS 세포(유도만능 줄기세포)는 체세포로 만든 클론 세포다.

세 가지만 알면 나도 과학자!

식물은 한 개의 세포만으로도 재생할 수 있다

잎이 달린 당근의 윗부분을 잘라 물에 담가두면 싹과 뿌리가 난다. 당근을 조그맣게 잘라 세포 한 개만 남겨도 조건이 갖춰지면 줄기, 뿌리, 잎이 있는 당근으로 성장한다. 이렇게 하나의 세포가 줄기세포와 같이 여러 종류의 세포로 분화할 수 있는 능력을 '다능성(多能性)' 또는 '만능'이라고 한다.

동물의 미수정란은 다능성을 유도한다

핵을 제거하지 않은 미수정란에 다른 개체의 체세포 핵을 이식하면 다능성을 획득해 이식한 핵의 클론이 탄생한다. 하지만 새끼로 태어날 수도 있는 미수정란을 실험에 사용하는 것이므로 생명 윤리와 관련해 여러 가지 문제가 발생할 수 있다.

체세포를 초기화해서 다능성을 부여한 iPS 세포

2006년에 일본의 야마나카 신야(山中伸弥) 박사가 네 종류의 특정 유전자를 체세포에 넣어 다능성 있는 수정란처럼 초기화하는 실험에 성공했다. 이렇게 만들어진 세포가 바로 iPS 세포다! 질병 치료 등에 도움이 될 것으로 기대하고 있다.

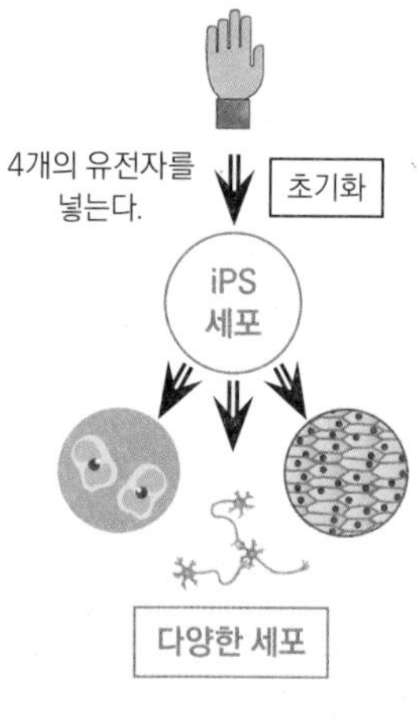

Day 153 생물 | 바이오 과학

오토파지란 뭘까?

| 오토파지 이야기 |

오토(Auto)는 '스스로', 파지(phagy)는 '먹는다'라는 뜻의 그리스어로, '스스로 먹는다'는 의미다.

세 가지만 알면 나도 과학자!

세포도 매일 청소가 필요하다

집에 쓰레기가 생기고 먼지가 쌓이면 청소하듯, 몸도 마찬가지다. 낡은 세포에는 보탬이 되지 않거나 불필요한 물질이 자꾸 쌓인다. 우리 몸에는 이처럼 쌓인 물질을 정리하고 재활용하는 오토파지 시스템이 작동하고 있다.

자가포식소체와 리소좀의 역할

자가포식소체(autophagosome)는 세포 안의 낡은 단백질·유해물질 등을 모으는 청소차다. 이렇게 운반한 단백질 등을 리소좀(lysosome)이 아미노산으로 분해해 재활용 가능한 형태로 바꾼다.

자가포식소체
낡은 단백질과 유해물질을 모으는 쓰레기 수거 차량

리소좀
단백질을 아미노산 등 재이용할 수 있는 상태로 바꾸는 재활용 공장

질병 원인 물질과 병원균도 청소!

나이를 먹으면 기억력이 떨어지는 알츠하이머병에 걸릴 수 있다. 알츠하이머병과 같은 퇴행성 질병은 오토파지가 제대로 작동하지 않아 병의 원인 물질이 뇌 속에 쌓여서 생긴다. 오토파지는 세균과 바이러스도 청소하는 등 우리 몸에서 무척 중요한 기능을 한다. 일본의 오스미 요시노리(大隅良典) 교수는 오토파지 연구로 2016년 노벨 생리의학상을 받았다.

'마이크로'와 '나노'는 어느 정도 크기일까?

|단위 이야기|

마이크로(μ)는 100만 분의 1, 나노(n)는 10억 분의 1을 나타내는 단위다.

세 가지만 알면 나도 과학자!

마이크로와 나노는 작은 수를 표기하는 단위다

길이와 무게를 나타내는 킬로미터(㎞)와 킬로그램(㎏)의 킬로는 1,000배, 컴퓨터 사양을 설명할 때 자주 사용하는 메가는 100만 배, 기가는 10억 배 크기의 수를 표기하는 단위다. 이와 반대로 마이크로(μ)와 나노(n)는 작은 수를 표기하는 단위다.

세포와 바이러스는 미터(m)로 표기하기 버겁다

대장균의 크기는 약 0.000003미터, 코로나19 바이러스의 크기는 약 0.0000001미터인데, '0'이 많이 붙어 작다는 느낌은 들지만 어떻게 읽어야 할지 몰라 고개를 갸웃거리게 된다. 이럴 때 마이크로와 나노를 사용한다.

단위를 바꾸면 이해하기 쉽다

단위를 바꾸면 대장균의 크기는 약 3마이크로미터(μm), 즉 100만 분의 3미터 정도다. 그에 비해 코로나19 바이러스는 약 100나노미터(nm), 즉 10억 분의 100미터 정도다. 이처럼 미터 대신 마이크로와 나노를 사용하면 한결 간단하고 이해하기 쉽다.

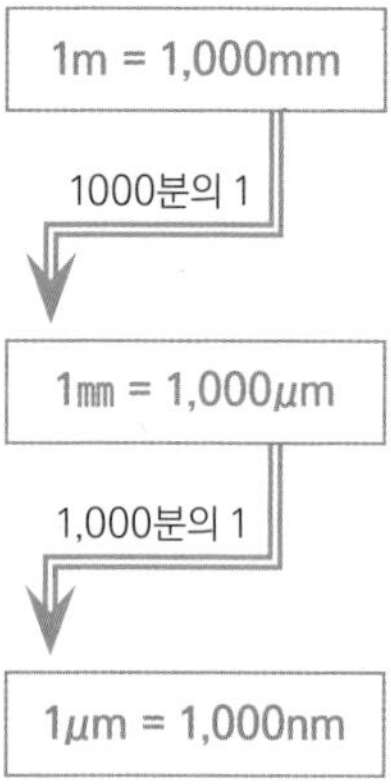

회오리바람은 어떻게 생길까?

|회오리바람 이야기|

회오리바람은 회전하며 위로 올라가는 바람(상승 기류)이 잡아당겨지며 생긴다.

세 가지만 알면 나도 과학자!

회오리바람은 적란운 아래에서 생긴다

태풍과 저기압이 접근하면 적란운이라는 큰 구름이 만들어진다. 적란운 아래에서는 공기가 위로 올라가는 '상승 기류'가 만들어진다. 그 상승 기류가 성장해, 적란운에서 지면으로 잡아당겨지며 가늘고 긴 회오리바람이 만들어진다.

회오리바람이 불면 무조건 대피!

강력한 회오리바람은 건물을 무너뜨리고 차량을 쓰러뜨릴 정도로 위력이 강력하다. 멀리서 보면 느린 것 같지만 실제로는 고속도로를 달리는 차량 속도로 이동한다. 회오리바람을 보면 튼튼한 건물 등으로 바로 대피해야 한다! 참고로, 강력한 회오리바람 '토네이도(Tornado)'는 열대성 저기압 '허리케인(hurricane)'과 다른 현상이다.

회오리바람과 먼지회오리는 다르다?

날씨 좋은 날, 지면에 작은 회오리바람이 생기는 경우가 있다. 이 '먼지회오리(Dust devil)'는 지면이 달궈지며 발생한 상승 기류다. 회오리바람만큼은 아니지만 텐트를 뒤집을 정도 위력의 먼지회오리도 있다.

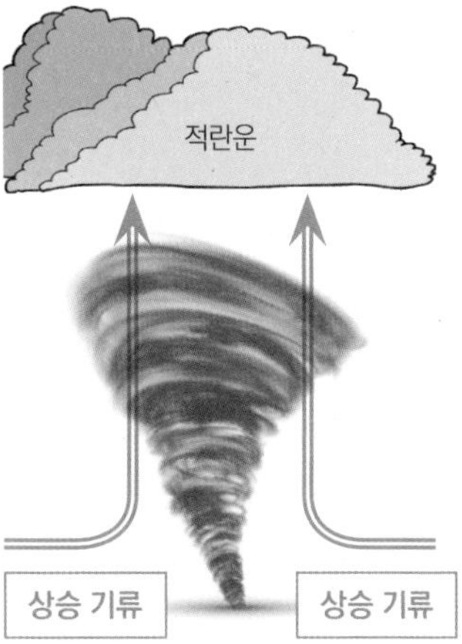

태풍은 왜 여름에서 가을에 걸쳐 불까?

|태풍 이야기|

여름에는 적도 부근에서 생기는 태풍을 한국과 일본 쪽으로 옮기는 바람이 잘 분다.

세 가지만 알면 나도 과학자!

태풍이란?

적도 부근 온도가 높은 바다에서는 상승 기류가 생겨, '열대 저기압'이라는 구름 덩어리가 소용돌이 모양으로 형성되기 쉽다. 이 구름 덩어리가 커져 주위 바람 속도가 초속 17미터를 넘으면 '태풍'이라고 한다.

태풍은 스스로 움직일 수 없다

봄과 겨울에도 태풍이 발생한다. 그때는 태풍이 동쪽에서 서쪽을 향해 부는 바람을 타고 동남아시아와 중국 남부로 향한다. 태풍은 스스로 움직일 수 없다.

고기압이 태풍의 움직임을 좌우한다

따뜻해지면 태평양 고기압(따뜻한 공기 덩어리)의 영향으로 태풍은 한국이나 일본에 다가올 수 없다. 그러나 여름부터 가을에 걸쳐 고기압이 약해지면 한국과 일본을 향해 바람의 흐름이 생긴다. 그리고 편서풍(24일차 참고)을 타고 태풍이 일본열도에 상륙하거나 한반도와 중국을 비롯한 인접 지역을 통과한다. 편서풍은 서쪽에서 동쪽을 향해 일 년 내내 부는 강한 바람이다.

【2020년 월별 평균 진로】

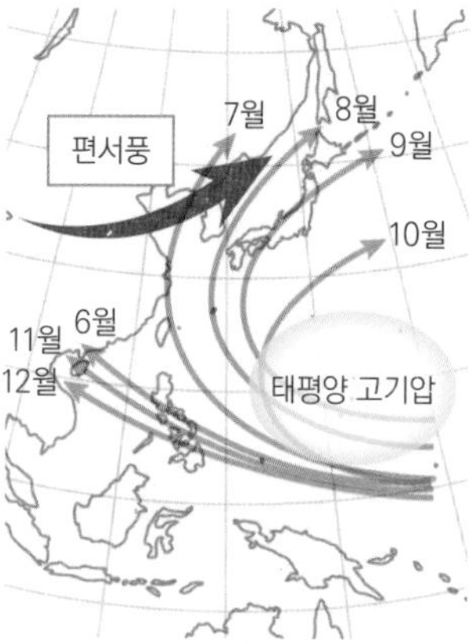

생물
과학
인체
먹을거리
질병과 약
우주
기계와 도구
자연

쓰나미는 왜 생길까?

|쓰나미 이야기|

해저에서 발생한 지진의 진동으로 해저에서부터 해수면까지 '해수 전체'가 파도를 형성해 육지로 밀려온다.

세 가지만 알면 나도 과학자!

해저에서 발생하는 대형 지진

가장 큰 원인은 해저에서 발생하는 대형 지진이다. 바다 밑바닥이 격렬하게 움직이면 그 위에 있는 바닷물도 움직인다. 바닷물의 거센 움직임은 파도로 인해 사방팔방으로 전달되고, 마침내 육지에 당도한다. 이렇게 도달한 파도는 집을 무너뜨리고 유실시키는 등 대규모 재해를 일으킨다.

동일본 대지진의 쓰나미

2011년 3월 11일, 일본 도호쿠 지방을 덮친 쓰나미는 4~5층 건물 높이(약 16미터)까지 도달해 수많은 사람과 건물을 집어삼켰다. 그리고 쓰나미가 육지로 밀려올 때 최대 도달 고도가 무려 40미터가 넘을 정도로 엄청난 규모였다.

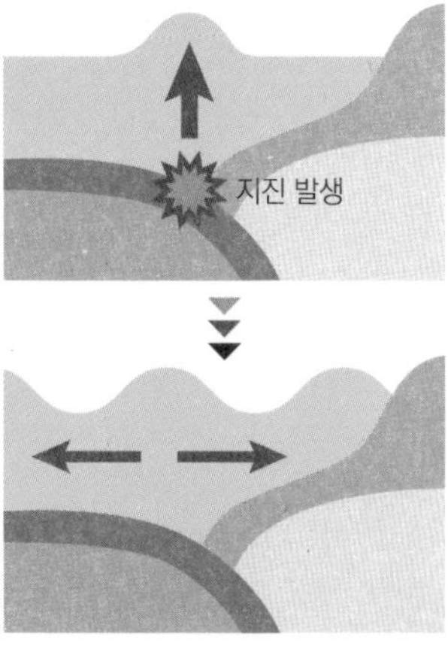

쓰나미 경보가 들리면 바로 대피!

"쓰나미 경보가 발령되면 쓰나미가 보이지 않더라도 높은 곳으로 대피한다."
"쓰나미는 지진보다 몇 분 늦게 온다."
"쓰나미는 반복해서 온다."
이 세 가지를 기억하자!

Day 158 자연 | 무서운 재해

지진은 왜 일어날까?

| 지진 이야기 |

지진은 지구를 덮은 두꺼운 판(플레이트)이 움직이거나 서로 부딪쳐서 일어난다.

세 가지만 알면 나도 과학자!

지진이란 뭘까?

지면보다 훨씬 아래에 있는 암반 일부가 붕괴하거나 어긋나면 진동이 발생한다. 그 진동이 지하로 전달되어 지면을 흔드는 자연 현상이 지진이다.

지하 암반이 붕괴하거나 어긋나는 원인

껍데기 전체에 금이 간 삶은 달걀처럼 지구는 플레이트라는 몇 장의 두꺼운 바위 판으로 덮여 있다. 그 플레이트가 움직이거나 서로 부딪쳐 한쪽이 튕겨 올라오면 지하 암반이 붕괴하거나 어긋난다.

진도와 매그니튜드

지진으로 지면이 흔들린 정도를 나타낸 수치를 '진도'라 하고, 지진 자체 크기를 나타낸 수치를 '규모'라고 한다. 규모가 같아도 지진 발생 장소(진원)와의 거리, 암반 상태에 따라 진동 정도가 달라진다. 진도는 0부터 7까지 있는데, 사람이 흔들림을 감지할 수 있는 단계가 진도 0이다.

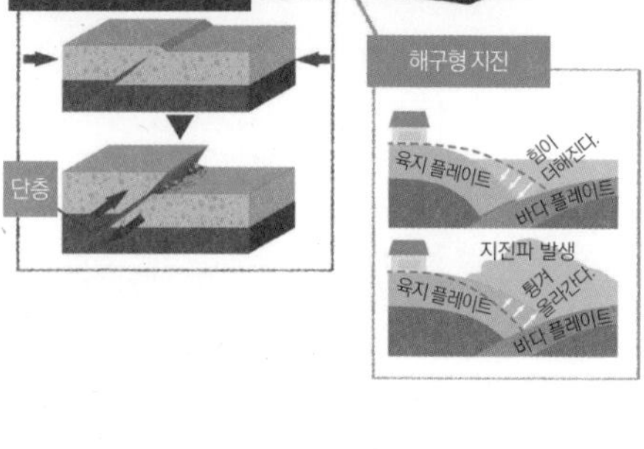

화산은 왜 분화할까?

|화산 이야기|

지하에 마그마와 이산화탄소가 대량으로 모여 에너지를 통제할 수 없게 되면 화산이 분화한다.

세 가지만 알면 나도 과학자!

지하수가 수증기가 되어 마그마와 암석을 날려버린다

화산이란 무엇일까? 한마디로 말해, 지하 깊은 곳에 있는 마그마(지하의 암석이 녹은 물질)가 지표로 올라오는 현상이다. 마그마로 뜨거워진 지하수가 수증기가 되어 부피가 1,000배 이상 부풀면 마그마와 이산화탄소가 지표 근처 암석을 날려버리며 분화한다.

마그마의 점성이 화산의 형태를 결정한다

화산 분화로 분출된 마그마의 끈기가 작으면 평평한 화산이 된다. 반면에 끈기가 크면 돔 모양의 화산이 만들어진다.

세계적 화산 대국 일본

일본은 전 세계적으로 화산이 많은 나라로 유명하다. 일본에는 활화산(현재 활발하게 활동하거나 1만 년 이내 분화 기록이 있는 화산)이 무려 111개나 존재한다. 분화해서 날아온 암석(분석)과 지면을 흘러온 마그마(화쇄류)로 수많은 인명 피해가 발생하기도 했다. 일본에서 제일 높은 후지산도 약 300년 전에 큰 분화가 일어난 활화산이다.

산에서 분연을 내뿜는 모습

게릴라성 호우는 왜 나타날까?

| 게릴라성 호우 이야기 |

한정된 장소에 기습적으로 퍼붓는 비로,
1시간에 80밀리미터 이상 맹렬하게 쏟아진다.

세 가지만 알면 나도 과학자!

여름에는 왜 게릴라성 호우가 늘어날까?

1시간에 약 10밀리미터의 비가 내리면 물웅덩이가 생긴다. 게릴라성 호우는 그 8배 이상의 양이 한꺼번에 쏟아져 내리는 경우를 말한다. 여름철 지표 근처의 따뜻하고 습한 공기가 위로 올라가 급격하게 식으면 시키면 적란운이 만들어지는데, 게릴라성 호우의 원인은 더운 여름에 흔히 볼 수 있는 이 적란운 때문이다.

집중 호우와 게릴라성 호우의 차이

집중 호우는 몇 개의 적란운에서 몇 시간 동안 비가 계속 내리는 것을 말한다. 이에 반해 게릴라성 호우는 한 개의 적란운에서 비가 내려 좁은 범위에 집중되고, 언제 내릴지 예측하기 어렵다.

어떻게 예측할까?

게릴라성 호우를 유발하는 적란운은 10분 정도만에 갑자기 발달해 호우를 퍼붓고, 1시간 정도 지나면 감쪽같이 모습을 감춘다. 날씨가 너무 단시간에 변해 레이더와 기상위성으로도 정확하게 예측할 수 없다. 원래 게릴라란 '적을 기습 공격하는 소규모 부대'를 말하는데, 비가 내리는 양상이 이와 비슷해 '게릴라성 호우'라는 이름이 붙었다.

산불은 어떻게 일어날까?

| 산불 이야기 |

담배꽁초뿐 아니라 세계적 기후 변동도 산불과 연관이 있다.

세 가지만 알면 나도 과학자!

세계적 문제가 된 산불

2020년 미국 캘리포니아주에서는 7,600건이 넘는 산불이 발생했다. 그 산불들로 60만 에이커, 서울 면적 4배 규모의 산림이 소실되었다. 이 정도 대규모 산불이 지금도 세계 각국에서 발생하고 있다. 작은 불씨로 시작되더라도 강한 바람이 불어 산소가 대량 유입되면 급속히 번질 수 있다.

지구가 점점 뜨거워지고 있다

온난화로 세계 기온이 과거 100년 사이 2~3도나 상승했다. 그중 약 0.75도는 과거 10년간 상승했다. 캘리포니아주에서는 2020년 여름 최고 기온 54.4도를 기록했다.

자연 발생과 낙뢰

타는 듯이 더운 날이 이어지면 바짝 메마른 낙엽을 살짝 비비기만 해도 불길이 일어날 수 있다. 거기에 불안정해진 대기로 낙뢰도 발생하기 쉽다. 부주의한 불꽃놀이나 폭죽, 담배꽁초 무단 투기 등도 원인이지만, 건조한 기후로 인한 자연 발화와 낙뢰가 산불의 직접적 원인이 될 가능성이 커지고 있다.

얼음은 왜 물에 뜰까?

|얼음 이야기|

같은 물질에서 고체가 액체에 뜨는 것은 물밖에 없다.

세 가지만 알면 나도 과학자!

물의 상태 변화

물은 고체(얼음), 액체(물), 기체(수증기)라는 세 가지 상태로 존재할 수 있다. 이것은 분자의 응집 방식에 차이가 있기 때문이다. 얼음에 열을 가하면 얼음→물→수증기로 변한다. 이러한 변화를 '상태 변화'라고 한다.

고체·액체·기체 물질과 분자의 응집 방식

고체 상태에서는 분자가 규칙적으로 결합해 있어, 각 분자가 자기 자리에서 다른 자리로 이동하지 않는다. 액체 상태에서는 분자가 서로 결합하지만, 고체보다 느슨하고 각 분자가 다른 자리로 이동할 수 있다.

【고체(얼음) 상태의 물 분자】

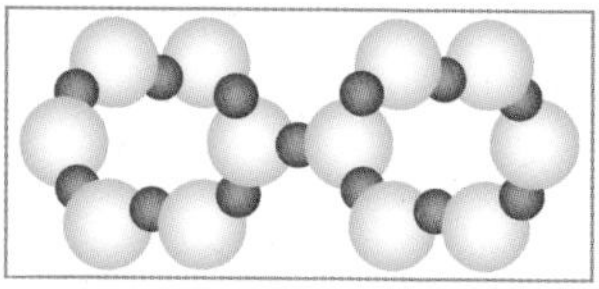

서로 결합해 있지만, 틈이 많다.

물은 고체 상태일 때 부피가 가볍다

대부분 물질은 액체보다 고체 상태일 때 분자가 빽빽하게 응집해 있어, 액체에 고체를 넣으면 가라앉는다. 그런데 얼음은 분자가 규칙적으로 결합해 틈이 많아 물에 뜬다. 이처럼 물은 대다수 물질과 다른 성향을 보인다. 물이 얼어도 얼음이 물에 떠, 수중 생물은 그 아래에서 생활한다.

【액체 상태의 물 분자】

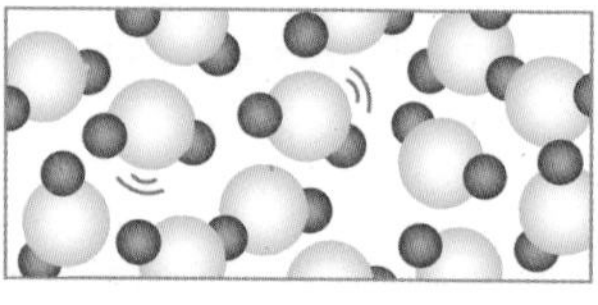

물이 끓는 원리는 뭘까?

|비등 이야기|

물에 열에너지를 가해 끓이면 물의 온도가 올라간다.

세 가지만 알면 나도 과학자!

물의 증발은 언제나 일어나고 있다

액체 상태의 물이 표면에서 기체 상태의 물(수증기)로 바뀌는 현상을 '증발'이라고 한다. 이런 증발은 우리 주변에서 언제나 일어나고 있다. 가령 빨래가 마르거나 비 오는 날 생긴 물웅덩이가 자연스럽게 사라지는 것 모두 물이 증발하기 때문이다.

물 내부에서 거품이 생기는 '비등'

액체 내부에서 거품이 대량 발생해 기체로 바뀌는 현상을 '비등(沸騰)'이라고 한다. 물이 활발하게 끓어오를 때 '부글부글 끓는다'고 표현하는데, 그 이유는 물 속에서 거품(기체가 된 물)이 활발하게 나와 표면에서 터지며 소리를 내기 때문이다.

물의 비점은 100도

물에 열에너지를 가해 끓이면 물 온도가 올라가는데 온도가 올라가면 증발도 활발해진다. 비등하는 온도를 '비점'이라고 하며, 물의 비점은 100도다. 비등 중일 때는 열이 물 분자를 뿔뿔이 흩어놓는 데 사용되기 때문에 계속 100도를 유지한다.

휘발유는 어떻게 생겨날까?

|휘발유 이야기|

유전에서 퍼 올린 원유를 정제하면
휘발유와 등유 등을 얻을 수 있다.

세 가지만 알면 나도 과학자!

석유 생성에 관한 유력한 가설

사실 석유가 어떻게 생성되는지는 확실히 규명되지 않았다. 지층이 형성될 때 생물의 사체에서 석유의 원료가 되는 물질이 생겼고, 그 물질이 열과 압력으로 점차 석유(원유)로 변화했다는 주장이 유력한 가설로 알려져 있다. 그래서 석유를 '화석 연료'라고 한다(334일 차 참고).

원유를 증류해 여러 성분으로 나눈다

원유에는 탄소와 수소가 결합한 탄화수소를 중심으로 다양한 성분이 들어 있다. 탄화수소는 분자가 커지면 비점이 높아진다. 원유를 증류(비점 차이로 물질을 분리하는 방법)하면 비점이 낮은 성분부터 분리된다.

휘발유는 원유에서 가스 다음으로 많다

원유를 증류하면 최저 온도에서 프로판, 부탄 등의 가스가 분리되고, 그다음 휘발유(gasoline), 나프타, 등유, 경유, 윤활유, 중유 순이다. 휘발유 엔진 자동차는 휘발유 증기와 공기에 불을 붙여 그 폭발로 움직인다.

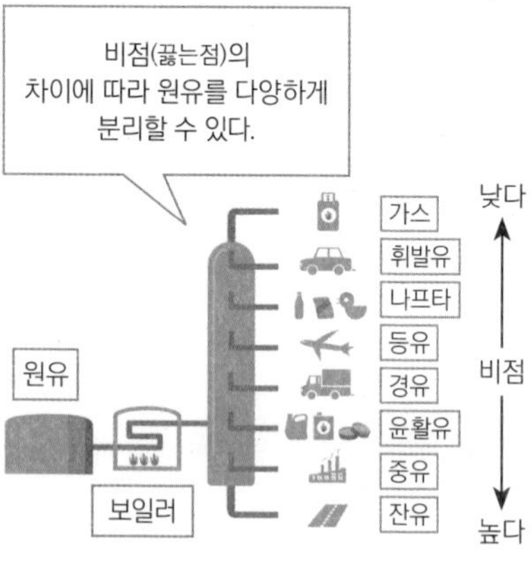

Day 165

화학 변화란 뭘까?

|화학 변화 이야기|

화학 변화란 어떤 물질이 완전히 다른 물질로 바뀌는 현상이다.

세 가지만 알면 나도 과학자!

상태가 바뀌면 무조건 화학 변화인가?

물질이 장소를 이동하거나 속도와 방향을 바꾸더라도, 물질 자체가 바뀌지 않으면 '물리 변화'라고 한다. 물이 얼음과 수증기가 되는 변화도 물 분자의 응집 방식이 달라질 뿐이라서 '물리 변화'에 해당한다.

화학 변화에서는 새로운 물질이 만들어진다

화학 변화란 물질이 전혀 다른 물질로 바뀌는 현상이다. 예컨대 물을 전기 분해하면 수소와 산소가 된다. 이렇게 원래 물질과 다른, 새로운 물질이 만들어지는 것이 화학 변화(또는 화학 반응)다. 물질이 '둔갑'하거나 '변신'하는 현상이라고도 할 수 있다.

많은 물질이 화학 변화의 결과다

우리 주위에 있는 물질 가운데 금속, 도자기, 유리, 플라스틱과 합성섬유 등은 화학 변화를 이용해서 만든 것이다. 물질이 연소하거나 금속이 녹스는 것도 화학 변화다. 우리 몸속에서도 갖가지 화학 변화가 일어나고 있다. 우리는 세포 내에서 영양분과 산소가 화학 변화하는 순간의 에너지로 활동한다.

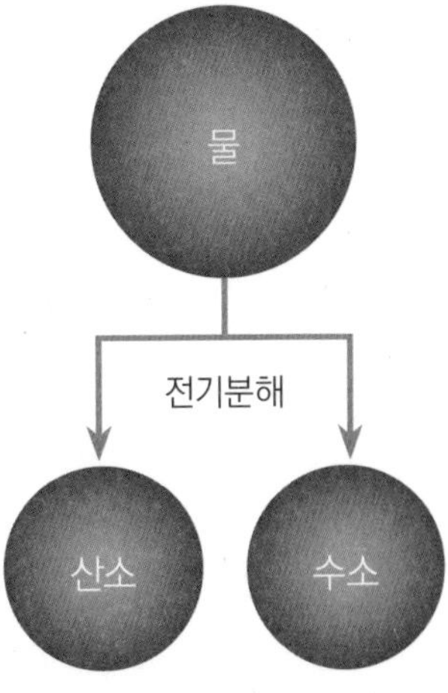

산소는 어떤 물질일까?

|산소 이야기|

생물
과학
인체
먹을거리
질병과 약
우주
기계와 도구
자연

공기 중에 21.3퍼센트 포함된 산소는 다른 물질과 쉽게 반응한다.

세 가지만 알면 나도 과학자!

공기의 성분

공기는 색깔도 냄새도 없다. 공기에는 질소·산소 등 여러 기체가 섞여 있는데, 질소 78퍼센트, 산소 21퍼센트 순이다. 그 밖에 아르곤·이산화탄소 등도 있다.

산소는 화학 반응을 일으키기 쉽다

산소는 다른 물질과 쉽게 반응하며, 생물의 호흡과 물질의 연소에 꼭 필요하다. 연소란 물질이 타서 열과 빛을 내며, 격렬하게 산소와 반응하는 현상을 말한다. 산소는 물에도 약간 녹아 있어, 수중에서 물고기 등의 생물이 생활할 수 있다.

물질이 연소하려면 산소가 필요하다

산소와 결합한 물질을 산화물이라고 한다. 탄소는 타면 산소와 결합해 이산화탄소가 되고, 수소는 타면 산소와 결합해 물이 된다. 이때 이산화탄소와 물이 산화물이다. 주방에서 가스레인지를 켜서 가스(메탄과 프로판이라는 탄소와 수소가 결합한 물질)를 태우면 이산화탄소와 물이 만들어진다. 철에 생기는 검은 녹도 산화철이다.

【물질이 연소하려면 산소가 필요!】

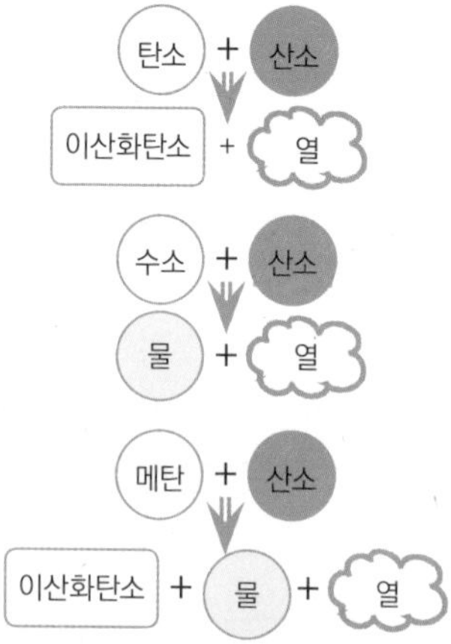

폭발은 왜 일어날까?

|폭발 이야기|

폭발은 급격한 연소와 급격한 부피 증가(압력 상승)가 원인이다.

세 가지만 알면 나도 과학자!

폭발에는 크게 두 종류가 있다

스프레이와 부탄가스에 열을 가하면 터지는 것도 폭발의 일종이다. 수소와 가스와 공기(질소)가 섞인 기체에 불을 붙이면 빛이 나며 큰 소리가 나는 현상도 마찬가지다.

부피가 증가해도 폭발한다

스프레이와 부탄가스에 열을 가했을 때 폭발하는 현상은 물리 변화다. 그리고 새어 나온 가스에 불이 붙어 일어나는 폭발은 급격한 연소이므로 화학 변화다. 둘 다 부피가 급격하게 증가하고(압력 상승), 큰 소리(화학 변화에서는 빛)를 내며 폭발한다. 이처럼 위험하므로, 샐 경우 즉시 알 수 있도록 가스에는 불쾌한 냄새가 나는 기체가 혼합되어 있다.

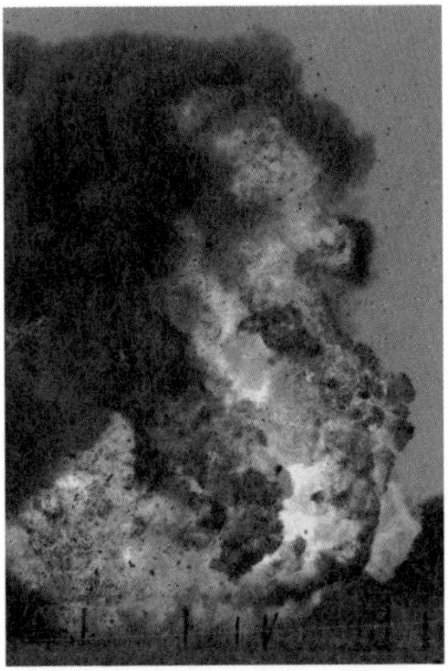

폭발을 현명하게 활용한 발명품

자동차(휘발유 차량)는 휘발유 증기와 공기의 혼합물에 점화해서 폭발을 일으킨다. 이 폭발로 엔진을 움직여 달린다. 토목공사와 광산에서 광석을 캘 때 암반을 부수는 작업 등에도 다이너마이트 등의 폭약을 활용한다.

슬라임(액체 괴물)은 어떻게 만들까?

|액체 괴물 이야기|

슬라임은 '붕사'와 PVA가 들어간 빨랫비누로 만든다!

세 가지만 알면 나도 과학자!

수제 액체 괴물 만들기는 어린이 실험 교실에서 인기!

붕사(사붕산나트륨)라는 약품과 폴리비닐알코올(PVA)이 들어간 세탁 풀(다림질 풀)을 준비한다. 붕사는 약국에서 살 수 있다. 세탁 풀은 성분표를 보고 PVA가 들어간 제품을 고른다. 폴리비닐아세테이트(PVAc)가 들어간 세탁 풀로는 만들 수 없다.

먼저 액체 괴물 바탕을 만든다

다음 방법대로 하면 네 명이 가지고 놀 수 있는 액체 괴물을 만들 수 있다.

① 물 10밀리리터에 붕사 1그램을 넣고 잘 녹여, 붕사 수용액을 만든다.

② PVA가 들어간 세탁 풀을 100밀리리터 준비한다. 식용 색소나 수채 물감을 넣어 색깔을 내도 좋다.

만드는 법

①과 ②를 거의 같은 양으로 나누어, 일회용 지퍼백에 넣고 손으로 조물조물 주무른다(끈 형태의 PVA 분자 사이에 붕사가 다리를 놓아 물을 머금는다). 한참 주물러 보글보글 거품이 나면 손으로 잡고 동글동글하게 뭉친다. 손에 묻으면 수시로 수건 등으로 닦는다. 완성!

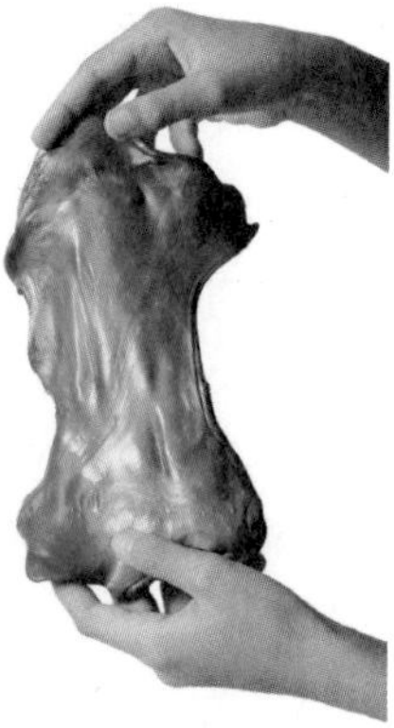

귀는 왜 양옆에 달려 있을까?

|귀 이야기|

이야기하는 상대의 목소리를 알아듣거나
소리가 나는 방향을 알기 위해서다.

세 가지만 알면 나도 과학자!

상대의 목소리를 어떻게 알아들을까?

귀는 머리 옆에 붙어 있어 시선이 닿지 않는 곳의 동태를 살피는 데 도움이 된다. 그리고 약간 앞으로 향해 있어 앞에서 오는 소리에도 민감하다. 상대에게 얼굴을 향하고 이야기를 들으면 잡음 속에서도 그 사람의 목소리를 알아들을 수 있다.

소리가 나는 방향을 어떻게 감지할까?

같은 장소에서 소리가 울려도 그 소리가 양쪽 귀에 닿을 때까지 시간과 들리는 크기는 약간 다르다. 이 오차가 뇌 속에서 처리되어, 소리가 어디에서 울리는지 바로 판단할 수 있다. 하지만 한쪽 귀를 막고 소리를 들으면, 소리가 나는 방향을 가늠하기 어렵다.

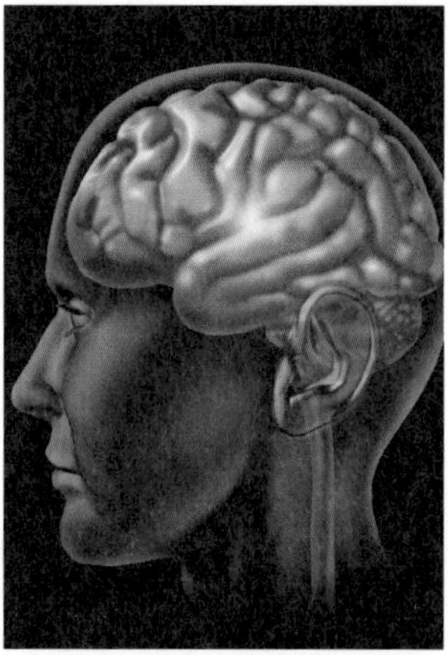

사람은 왜 귀의 위치가 다른 동물과 다를까?

어느 동물이나 귀 신경은 뇌와 척수의 경계 부근과 이어져 있다. 인간은 뇌가 크고 그 아래에서부터 쭉 곧은 척수가 뻗어 있으며, 뇌 주위를 두개골이 빙 둘러싸고 있다. 따라서 귀가 옆에 붙을 수밖에 없다.

Day 170 인체 | 얼굴

눈은 왜 두 개일까?

|눈 이야기|

멀고 가까운 것을 구분하거나 사물을 3D(입체)로 보기 위해서다.

세 가지만 알면 나도 과학자!

눈이 두 개여서 멀고 가까운 것을 구분할 수 있다!

눈을 교대로 감거나 뜨면 보이는 광경이 약간 달라진다. 양쪽 눈으로 볼 때도 왼쪽 눈과 오른쪽 눈으로 보이는 광경이 아주 약간 차이 난다. 따라서 두 눈으로 봐야 원근감과 입체감을 알 수 있다.

원근감과 입체감이 필요한 이유

인간의 먼 조상은 나무 위에서 생활했다. 나무에서 나무로 이동할 때, 어느 가지가 가까운지 모르면 나무를 잘 탈 수 없다. 그래서 먼지 가까운지 눈으로 즉시 구분할 필요가 있었다.

말의 시야는 정말 거의 360도일까?

말을 비롯한 초식동물은 신속하게 천적을 간파할 필요가 있다. 그래서 눈을 머리 옆에 두어 보이는 범위를 넓혔다. 양 눈으로 볼 수 있는 범위는 좁아졌지만, 한쪽 눈으로 보이는 범위를 합하면 바로 뒤를 제외하고 거의 모든 방향을 볼 수 있다! 참고로, VR(가상 현실) 안경은 좌우 눈에 각기 다른 영상을 보여주어 입체감을 연출한다.

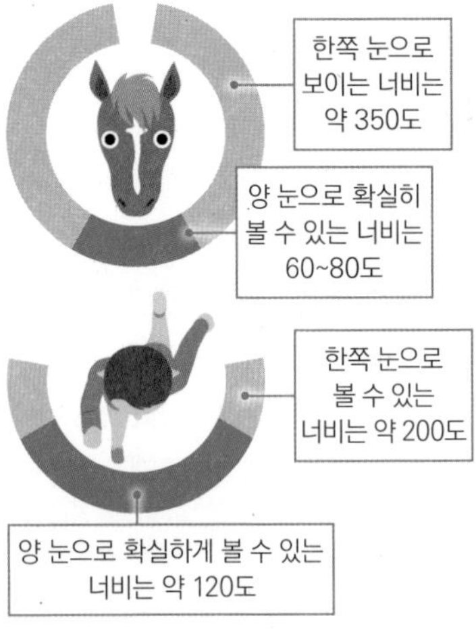

코는 왜 튀어나와 있을까?

|코 이야기|

톡 튀어나온 부분 안에 있는 필터로
큰 먼지 등이 들어오지 않도록 걸러준다.

세 가지만 알면 나도 과학자!

코털은 먼지와 이물질을 걸러주는 필터 역할을 한다

코의 톡 튀어나온 부분은 연골로 이루어져 있다. 이 돌출부에 구멍이 두 개 뚫려 있고, 그 구멍 속에는 코털이 돋아 있다. 코털은 먼지와 이물질이 엉겨 붙어 안으로 들어가지 못하게 막아준다.

코는 왜 얼굴 한가운데 있을까?

손으로 코를 감싸 쥔 채로 막고 음식을 먹으면 맛이 잘 느껴지지 않는다. 냄새는 맛과 깊은 관련이 있는데, 코가 입 바로 위에 있어 편리하다. 또 만약 음식에서 이상한 냄새가 나면 코로 먼저 냄새를 맡아 입에 넣기 전에 알아차릴 수 있다.

코피는 어디서 나올까?

양쪽 콧구멍 가운데에는 벽이 있다. 이 벽에는 가느다란 혈관이 빽빽하게 모여 있어, 안으로 들어오는 공기를 혈액으로 데운다. 그런데 피부가 얇고 연약해 사소한 자극에도 상처를 입고 피가 날 수 있다. 참고로, 원숭잇과는 콧구멍 방향과 거리에 따라 분류되는데, 사람도 원숭이처럼 콧구멍이 좁아 협비류(俠鼻類)에 속한다.

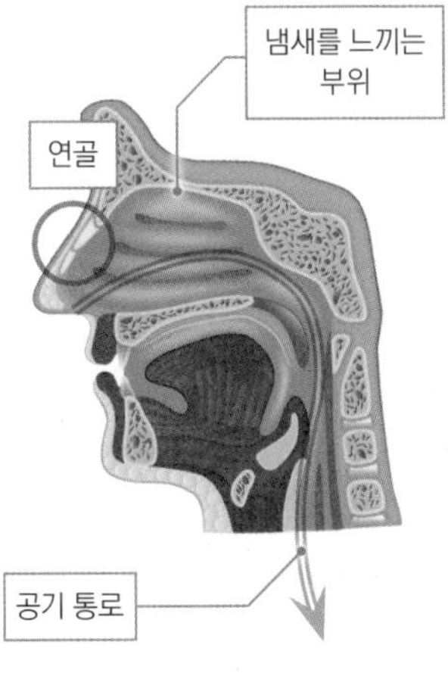

침은 어디서 생길까?

|침 이야기|

침은 입 주변에 있는 침샘에서 만들어지고,
입속의 가느다란 관에서 분비된다.

세 가지만 알면 나도 과학자!

침샘은 어디에 있을까?

침샘은 큰 침샘과 작은 침샘으로 나뉜다. 큰 침샘은 귀 아래(귀밑샘), 혀 아래(혀밑샘), 턱 아래(턱밑샘)에 있다. 각각의 침샘은 가느다란 관으로 입 안쪽과 이어져 있다. 그리고 작은 침샘은 입속 전체에 흩어져 있으며 혀에도 있다. 그런데 2020년 9월, 네덜란드 과학자들이 코와 목구멍이 만나는 부분에 숨어 있던 또 다른 침샘을 발견했다.

침은 하루에 어느 정도 나올까?

침은 음식을 먹을 때 대량으로 분비되며, 그 외 시간에도 조금씩 나온다. 하루에 분비되는 침의 양은 약 1~1.5리터로, 하루 소변량과 맞먹을 정도다.

【큰 침샘의 위치】

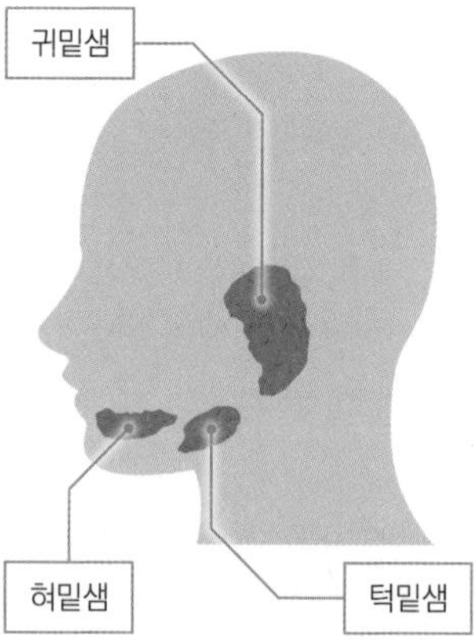

침은 어떤 역할을 할까?

침은 음식을 녹이거나 목 넘김을 도와주는 작용을 한다. 또 세균이 증식하지 않도록 소독하거나 입속에 상처가 생겼을 때 진통제 역할도 한다. 옛날 사람들은 본능적으로 알았는지, 벌레에 물리거나 다친 곳에 침을 발랐다.

젖니가 빠지고 영구치가 나는 이유는 뭘까?

| 치아 이야기 |

아이의 턱이 작아 어른에게 필요한 치아(영구치)가
전부 들어가지 않기 때문이다.

세 가지만 알면 나도 과학자!

영구치는 전부 몇 개일까?

사람은 치아가 전부 나면 32개다. 그 많은 이를 아이의 자그마한 턱에 집어넣으려면, 너무 좁아 치열이 삐뚤빼뚤해진다. 그래서 처음 나는 이(젖니)는 크기도 작고 개수도 적다. 이후 턱의 성장에 맞춰 젖니가 빠지고 새로운 이로 교체된다.

쓸모없는 치아도 있다던데?

32개의 영구치 중에서 가장 안쪽에 있는 네 개의 이는 사랑을 아는 나이인 완전한 어른이 된 뒤에 나와 '사랑니'라고 부른다. 사람에 따라 비정상적인 방식으로 자리 잡아, 음식물을 씹을 때 도움이 되지 않거나 다른 이에 영향을 끼쳐 치과에 가서 뽑는 경우도 많다.

다른 동물도 이빨이 새로 날까?

쥐처럼 이빨이 평생 자라는 동물도 있고, 몇 번씩 새로 나는 동물도 있다. 소는 다섯 차례나 이빨이 새로 난다. 하지만 사람은 한 번밖에 나지 않는다. 영구치가 빠지면 다시는 나지 않으므로, 치아 관리를 잘해야 한다. 참고로, 치아는 몸에서 가장 딱딱한 부분이다. 경도가 철보다 단단하고, 수정과 비슷하다.

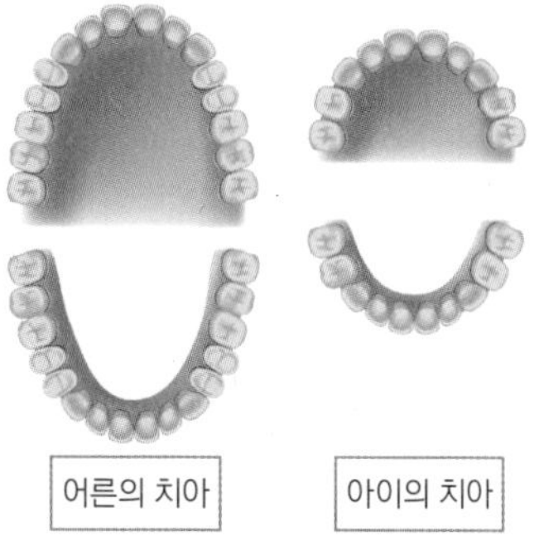

Day 174 인체 | 얼굴

머리카락은 왜 있는 걸까?

| 머리카락 이야기 |

머리카락은 상처와 햇살, 추위로부터 머리를 보호한다.

세 가지만 알면 나도 과학자!

머리카락은 무엇으로 이루어져 있을까?

머리카락을 잘라서 단면을 관찰하면, 밖에서부터 '모표피(큐티클)', '모피질', '모수질'이라는 세 층으로 이루어져 있다. 이들은 이미 죽은 세포로 구성되어 있는데, 그 세포에 케라틴이라는 단단하고 투명한 성분이 꽉 들어차 있다. 케라틴은 머리카락뿐 아니라 손발톱과 피부 각질층의 주성분이기도 하다.

머리카락은 어디서 날까?

머리카락 뿌리에는 모공이 있는데, 그 속에 모근이라는 모발의 뿌리가 있다. 모근에서 털의 재료가 되는 세포가 꾸준히 만들어져, 사흘에 1밀리미터, 1개월에 1센티미터 정도 속도로 밀어 올린다.

머리카락은 왜 검을까?

모피질과 모근 세포에 멜라닌이 들어 있으면 색이 짙어진다. 색이 짙은 만큼 햇빛을 차단할 수 있다. 한 가닥 한 가닥은 가늘지만 10만 개의 가닥이 모여 머리 전체를 야무지게 보호한다.

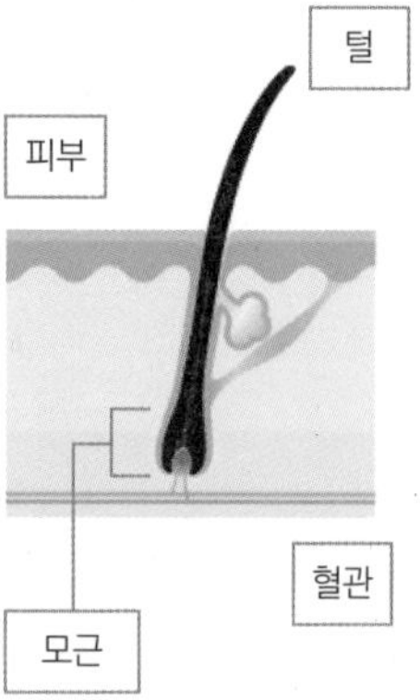

눈썹과 속눈썹은 왜 있을까?

|눈썹과 속눈썹 이야기|

눈썹과 속눈썹 모두 눈을 보호하는 역할을 한다.

세 가지만 알면 나도 과학자!

눈썹은 어떻게 눈을 보호할까?

눈썹은 머리 쪽에서 흘러내리는 땀이 눈에 들어가지 않게 막아주는 역할을 한다. 또한 눈썹이 있으면 표정이 풍부해지고, 기분이 상대방에게 잘 전달되는 효과가 있다.

속눈썹은 어떤 역할을 할까?

속눈썹은 눈을 덮는 뚜껑 역할을 해, 눈을 떠도 건조해지지 않도록 한다. 또한 무언가 눈에 닿으면 속눈썹을 깜빡여 눈에 상처가 생기지 않도록 센서 역할도 한다. 다른 동물도 속눈썹이 있지만, 사람처럼 또렷한 속눈썹을 가지고 있지는 않다.

눈썹은 왜 짧을까?

머리카락처럼 눈썹과 속눈썹도 자라거나 빠지는 과정을 반복한다. 머리카락은 나서 빠지기까지 3~6년가량 걸린다. 하지만 눈썹과 속눈썹은 1~3개월 만에 다시 나며, 길어지기 전에 빠진다.

Day 176

QR코드는 어떤 원리로 만들까?

| QR코드 이야기 |

바코드의 진화 버전인 QR코드는
대량의 데이터를 기록할 수 있다.

세 가지만 알면 나도 과학자!

QR코드의 원천 기술이 된 바코드

바코드는 상점 등에서 상품을 손쉽게 관리하기 위해 만들어진 코드다. 흰색과 검은색 선으로 숫자를 표시하는데, 가로 방향으로 정보를 배열하며, 최대 20개까지 숫자를 기록할 수 있다.

QR코드는 바코드의 진화 버전!

QR코드(Quick Response Code)는 가로세로 두 방향으로 정보가 기록된다. 따라서 바코드보다 많은 정보를 기록할 수 있다. 무려 7,089개의 숫자를 기록할 수 있으며, 문자 정보도 담을 수 있다.

간편하게 정보를 판독하기 위한 장치?

QR코드는 세 개의 코너(모퉁이)에 위치를 나타내는 표식이 있어 어떤 방향에서도 정확하게 판독할 수 있다. 그뿐만 아니라 살짝 일그러져도 판독하는 데 아무런 문제가 없다. 게다가 QR코드는 누구나 간단히 만들 수 있다.

인터넷이란 뭘까?

|인터넷 이야기|

인터넷은 전 세계에 있는 네트워크를 연결한 기술이다.

세 가지만 알면 나도 과학자!

전 세계를 연결한 거대한 네트워크!

회사와 기관, 학교, 가정 등에 있는 정보기기(컴퓨터 등)를 접속한 네트워크를 LAN(Local Area Network)이라고 한다. LAN이라는 좁은 범위의 네트워크를 전 세계적으로 연결한 거대한 네트워크가 인터넷이다.

연결만으로 정보 교환이 가능할까?

정보를 교환하기 위해 다 같이 약속(통신 프로토콜)을 정했다. 인터넷에서는 '인터넷 프로토콜(IP)'로 서로 연결되어 있다.

패킷을 통해 정보 전송

정보를 주고받을 때는 정해진 크기의 데이터(패킷)를 통해 전송한다. 각각의 패킷에는 '교환하는 정보'뿐 아니라 '받는 사람'과 '보내는 사람'의 정보도 들어 있어 인터넷의 바다에서 미아가 되지 않고 목적지에 도착할 수 있다. 그리고 패킷으로 따로따로 보내진 정보는 목적지에서 원래 정보로 복원된다.

OLED란 뭘까?

| OLED 이야기 |

OLED는 유기물(탄소를 포함한 화합물)에 전압을 걸면
자체발광하는 물질이다.

세 가지만 알면 나도 과학자!

OLED란 '전기로 빛을 낸다'는 뜻

OLED(Organic Light Emitting Diodes)는 '유기 발광 다이오드'로, 전기 자극을 받아 빛을 내는 물질이다. 즉, OLED는 유기물로 이루어진 '형광체'에 전압을 가해 발광하는 물질이다. 열이 기의 나지 않고, 전기를 빛으로 바꿀 수 있다.

OLED는 어디에 활용될까?

OLED는 텔레비전과 스마트폰 등의 화면에 활용된다. 액정 패널(liquid crystal panel)에는 백라이트라는 부품이 필요한데, OLED는 자체적으로 빛을 내 백라이트가 필요하지 않다. 그래서 얇고 가벼운 기계를 만들 수 있다. OLED를 플라스틱으로 만들면 구부리거나 휘는 디스플레이 장치도 제작할 수 있다.

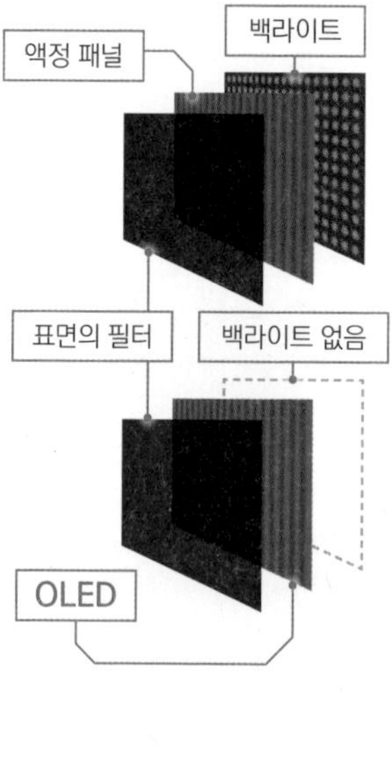

OLED는 정말 선명한 색을 낼까?

액정 패널은 백라이트가 어떤 상황에서나 빛을 내 '새까만 색'을 낼 수 없는 반면, OLED는 '새까만 색'을 낼 수 있어 색이 선명해 보인다.

IC 카드는 어떤 원리일까?

IC 카드 이야기

IC 카드에는 IC 칩(데이터를 기록하는 전자 회로)이 들어 있어
데이터를 읽고 쓸 수 있다.

세 가지만 알면 나도 과학자!

'접촉형'과 '비접촉형' IC 카드

IC 카드는 읽고 쓰는 방법에 따라 '접촉형'과 '비접촉형'으로 나눌 수 있다. 접촉형은 은행 현금카드처럼 읽고 쓰는 장치(Reader-Writer)에 꽂아서 사용한다. 비접촉형은 교통카드처럼 가까이 가져가기만 하면 된다.

접촉형 IC 카드의 원리는?

접촉형 IC 카드 표면에는 금속 부품이 붙어 있다. IC 카드를 판독 기능이 있는 단말기(카드 리더기)에 꽂으면 그 금속 부품을 통해 IC 칩에 전류가 흘러 정보가 오간다.

비접촉형 IC 카드의 원리는?

IC 카드 속에는 가느다란 금속 고리 모양의 안테나가 들어 있다. IC 카드를 카드 리더기에 가까이 대면, 카드 리더기가 발생시킨 자계(자력이 생기는 공간)에 들어가 안테나에 전류가 흐른다(전자 유도). 비접촉형 카드 중에는 1미터 거리에서 정보를 읽고 쓸 수 있는 종류도 있다.

대기만 해도 인식하는
'비접촉형 IC 카드'

컴퓨터 안은 어떻게 생겼을까?

| 컴퓨터 이야기 |

형태가 아무리 다양해도,
컴퓨터는 다섯 가지 장치의 조합으로 만들어진다.

세 가지만 알면 나도 과학자!

두 가지 필수 부품

컴퓨터로 무언가 하려면 키보드나 마우스 등의 '입력 장치'가 필요하다. 그리고 정보를 입력하면 정보에 대한 반응이 모니터(화면) 등의 '출력 장치'로 돌아온다. 따라서 컴퓨터를 사용하려면 입력 장치와 출력 장치가 반드시 있어야 한다.

컴퓨터에 들어가는 세 가지 중요 부품

입력된 정보를 처리하는 '연산 장치(CPU)', 컴퓨터의 각 부품에 명령을 내리는 '제어 장치(메인보드)', 데이터를 기억하는 '기억 장치(메모리와 하드디스크)'가 컴퓨터에서 가장 중요한 부품이다.

다섯 가지 장치만 있으면 컴퓨터가 움직인다?

입력 장치, 출력 장치, 연산 장치, 제어 장치, 기억 장치, 이렇게 다섯 가지를 '하드웨어'라고 한다. 하드웨어를 움직이려면 '운영 체제(operating system, OS)'와 '소프트웨어' 등 눈에 보이지 않는 프로그램도 필요하다. 겉보기에는 다른 기기 같지만, 스마트폰과 태블릿PC도 일종의 컴퓨터다.

컴퓨터(PC) 내부의 메인보드
(감전 위험이 있으니 함부로 분해하지 말자.)

터치 패널은 어떤 원리로 작동할까?

| 터치 패널 이야기 |

손가락으로 누른 압력이나 만졌을 때의 전기 변화로 작동한다.

세 가지만 알면 나도 과학자!

압력 감지 방식이 많다

은행 ATM·전철표 발권기 등에 사용되는 터치 패널은 패널을 눌렀을 때 압력을 감지하는 방식으로 작동된다. 터치 패널에 두 장의 전극을, 사이를 벌려 마주 보게 한 뒤 손가락으로 누르면 그 압력으로 전극이 떨려 전류가 흐르는 구조다.

스마트폰과 태블릿PC는 전기의 변화로 반응한다!

스마트폰과 태블릿PC 등에 사용되는 터치 패널은 손가락이 닿았을 때 발생하는 전기의 변화를 감지하는 방식이다. 겨울에 문손잡이를 잡으면 '찌릿' 하고 정전기가 흐르는 것처럼, 손가락이 터치 패널에 닿으면 전기에 변화가 생긴다. 다만, 손톱이나 건조한 손은 전기가 통하지 않아 스마트폰을 조작해도 반응하지 않는다.

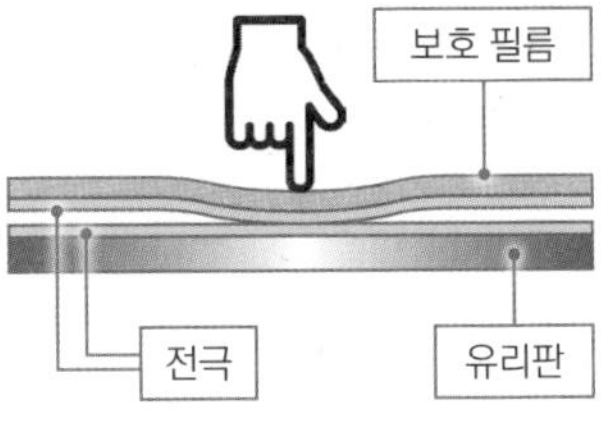

터치 패널 속은 어떻게 생겼을까?

스마트폰과 태블릿PC 등 터치 패널 표면은 전기가 통하지 않는 층으로 되어 있다. 그리고 그 아래 '전기의 변화를 감지하는 층'이 있어, 여러 전극에서 전기의 변화를 감지해 멀티 터치(몇 군데 동시에 반응)에도 대응한다.

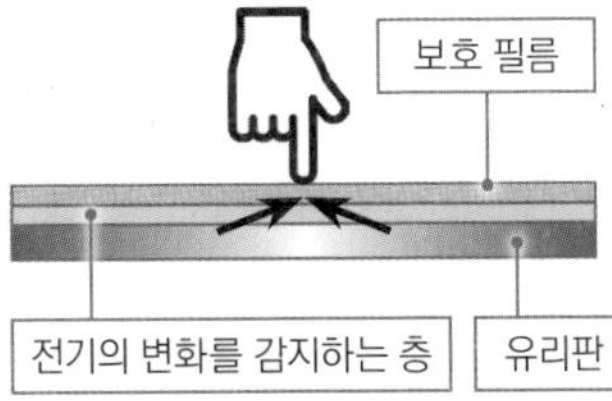

Day 182 기계와 도구 | 디지털

GPS로 어떻게 위치를 알 수 있을까?

| GPS 이야기 |

GPS는 네 개의 인공위성에서 온 전파를 수신해
정확한 위치를 측정한다.

세 가지만 알면 나도 과학자!

GPS는 어떤 방식을 이용할까?

GPS(Global Positioning System)란 '세계적 위성 위치 확인 시스템'을 의미한다. 지구 상공을 도는 인공위성(GPS 위성)에서 온 전파를 수신해 위치를 측정하는 데 사용된다.

위성에서는 어떤 정보를 보낼까?

GPS 위성에서 날아온 정보에는 'GPS 위성 위치'와 '전파를 발신한 시각' 정보가 들어 있다. 그 정보를 바탕으로 전문가들은 GPS 위성에서 수신기까지 거리를 계산한다.

어떻게 정확한 위치를 측정할까?

세 개의 위성으로 거리를 파악하면 수신기의 위치를 계산할 수 있다. 하지만 여기서 만족하지 않고 더 정확한 위치를 측정하기 위해 네 개의 GPS 위성에서 받은 정보를 적극적으로 이용한다. 이로써 오차 몇 센티미터까지 정확히 측정할 수 있게 되었다.

Day 183 우주 | 별

은하수는 어떻게 생겼을까?

|은하수 이야기|

세 가지만 알면 나도 과학자!

밤하늘에 구름처럼 보이는 별의 집합체였다!

가끔 달빛도 없는 깜깜한 밤에 은하수가 띠 모양으로 펼쳐진 구름처럼 보이기도 한다. 우리가 눈으로 볼 수 있는 은하수는 태양처럼 스스로 에너지를 만드는 항성들이 무리를 형성한 모습이다.

눈으로 보이는 부분은 극히 일부다!

은하수를 자세히 관찰하면, 깜깜해서 아무것도 보이지 않는 부분이 있다. 하지만 전파, 적외선, 자외선, X선 등 다양한 빛으로 그 부분을 촬영하면 은하수가 어떤 물질로 이루어져 있고, 어떠한 구조인지 분석할 수 있다.

은하수의 정체

은하수는 우리가 사는 지구, 태양계가 소속된 은하계라는 천체를, 옆에서부터 중심 방향을 향해 보았을 때 모습이다. 은하계는 바깥쪽에도 펼쳐져 있어 하늘 전체에 이어진 띠처럼 보인다. 이 은하계를 '우리은하(Milky way galaxy)'라고 한다.

망원경으로 촬영한 은하수

별똥별은 어디로 사라질까?

|별똥별 이야기|

별똥별은 대부분 대기 중에서 증발해버린다.

세 가지만 알면 나도 과학자!

별똥별의 정체

별똥별은 우주에서 찾아온 천체가 지구 등의 대기에 돌입해 고온 상태가 되었을 때 내는 빛이다. 수십 나노미터부터 수 밀리미터에 이르는 다양하고 작은 입자가 뭉쳐서 만들어진다. 보통 지상에서 80~120킬로미터 높이에서 일어난다.

밝은 '불덩이'가 보이면 대박 행운!

대부분 별똥별은 아스라이 사라진다. 순식간에 사라지는 것도 있고, 5초 정도 볼 수 있는 것도 있으며, 색깔이 있는 별똥별도 있다. 가끔 엄청나게 밝은 '불덩이' 상태가 보이는 것은 운석으로 떨어지는 경우일 수도 있다.

유성우에 별자리 이름이 붙은 이유

갑자기 별똥별 수가 늘어나는 현상을 '유성우'라고 한다. 별똥별이 혜성 등에서 떨어져 나와 지구로 수없이 떨어지는 것이다. 하늘의 복사점을 중심으로 흐르기 때문에, 복사점이 있는 별자리에서 이름을 따왔다. 1월 사분의자리 유성우, 8월 페르세우스 유성우, 12월 쌍둥이자리 유성우를 3대 유성우라고 한다.

미국에서 관측한 페르세우스 유성우

Day 185 우주 | 별

운석이 떨어지면 어떻게 될까?

|운석 이야기|

운석은 태양계가 탄생했을 때의 모습을 알 수 있는 소중한 실마리가 된다.

세 가지만 알면 나도 과학자!

운석은 도대체 뭘까?

우주를 떠돌다가 지구로 떨어진 것을 운석이라고 한다. 대기 중에서 완전히 타지 못한 파편도 운석이다. 성분을 분석한 결과 80퍼센트는 태양계가 형성되었을 무렵의 물질로 추정된다. 간혹 달과 화성에서 온 운석도 있다. 운석은 여러 가지 성분으로 이루어져 있는데, 자석을 갖다 대면 대다수 운석이 붙는다.

운석이 어느 정도나 발견될까?

지구의 70퍼센트는 바다라서 운석이 떨어져도 좀처럼 발견할 수 없다. 육지에 떨어져 발견되는 운석은 아주 드물다. 세계에서 가장 큰 운석은 아프리카 나미비아에서 발견된 무게 60톤 규모의 호바 운석(Hoba meteorite)이다.

공룡의 멸종 원인?

공룡은 지구에 엄청나게 큰 운석이 떨어지면서 생긴 폭발과 그 후 일어난 기후 변동으로 멸종했다는 것이 오늘날 정설로 받아들여진다. 멕시코만에서도 거대한 운석이 떨어진 충돌구(crater)가 발견되었다.

미국 애리조나주에 있는 운석 충돌구

Day 186 우주 | 별

외계인이 정말 있을까?

|외계인 이야기|

꼭 사람과 같은 모습이라고 할 수는 없지만,
어딘가에 생명체가 존재할 가능성은 있다.

세 가지만 알면 나도 과학자!

외계인과 교류할 수 있을까?

지구가 생긴 지 대략 46억 년, 인류가 탄생한 지 약 700만 년이 지났다. 그러나 인류가 우주에 관심을 갖고 기술 연구에 노력을 기울인 지는 아직 100년도 안 되었다. 생명이 탄생했더라도 그 생명이 지적 생명체로 진화한다는 보장은 없다.

생명을 기르는 환경

지구가 아닌 다른 행성에 생명체가 존재할 가능성은 얼마든지 있다. 하지만 우리와 같은 생명이 탄생할 때는 필수적으로 갖춰야 할 조건이 있다.

생명 탄생에 필요한 조건

생명이 탄생하려면 액체 상태의 물이 있어야 하고, 대기에 산소와 이산화탄소 등이 갖춰져야 하며, 온도 등 환경이 조성되어야 한다. 이 세 가지 조건이 갖춰져야 생명이 탄생할 수 있다. 우주 어딘가에 있을지 모르는 생명은 어쩌면 우리의 상식으로 상상할 수 없는 모습일지도 모른다. 예전에 지구의 갖가지 정보(지구의 위치, 생물 종류, 언어 등)를 전파로 보낸 프로젝트가 있기는 했다.

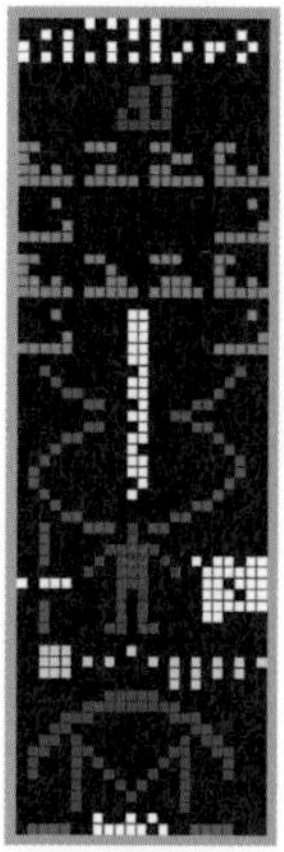

우주로 쏘아 보낸 전파 메시지
(아레시보 메시지)의 이미지 그림

Day 187 우주 | 별

화성에 사람이 살 수 있을까?

|화성 이야기|

다른 별과 비교하면 살 수 있는 확률이 높지만
해결해야 할 과제가 많다.

세 가지만 알면 나도 과학자!

화성은 어떤 곳일까?

화성은 태양계에서 지구 다음에 있는 행성이다. 지구와 마찬가지로 암석으로 이루어져 있고, 지구의 절반 정도 크기다. 적긴 하지만, 이산화탄소가 주요 성분인 대기도 있다. 암석 등에 산화철이 많아 표면이 불그스름하게 보이기도 한다.

화성에도 계절은 있다!

화성은 지구와 비슷하게 자전축이 25도(지구는 23.4도) 기울어져 있어 계절이 존재한다. 하루의 길이는 24시간 37분, 1년의 길이는 지구의 거의 두 배인 687일이다. 북극과 남극에는 얼음과 드라이아이스로 이루어진 '극관'이 있다. 이 극관은 계절에 따라 크기가 변한다.

화성을 지구처럼 만들 수 있을까?

인공적으로 지구와 같은 환경을 만드는 시도를 '테라포밍(Terraforming)'이라고 한다. 역시 화성이 가장 가능성 높다. 다만, 화성에 지구 환경을 재현하려면 엄청난 시간이 필요하다. 2020년 7월 지구를 출발한 아랍에미리트(UAE), 중국, 미국의 탐사대가 2021년 2월 화성에 도착한 바 있다.

태양계란 대체 뭘까?

| 태양계 이야기 |

태양계는 항성인 '태양'과
여덟 개의 행성 등 공전하는 천체로 이루어져 있다.

세 가지만 알면 나도 과학자!

약 46억 년 전, 별의 파편으로 생긴 태양계의 동료들

태양이 탄생할 때 그 주위에 있던 가스 원반에서 행성 등의 천체가 탄생했다. 수성, 금성, 지구, 화성, 목성, 토성, 천왕성, 해왕성, 이렇게 여덟 개의 행성과 행성의 위성(지구는 달 1개, 목성은 70개 이상의 위성을 거느리고 있다), 소행성도 태양계의 동료다. 참고로, 태양계 행성의 정의는 2006년 국제 천문 연맹(International Astronomical Union, IAU) 회의로 결정되었다.

태양의 중력은 어디까지 영향을 미칠까?

태양과 지구의 거리를 1로 잡으면, 1만~10만 배 떨어진 지점에 작은 행성의 씨앗이 모여 있다. 태양의 중력이 영향을 받는 가장 먼 곳으로 추정된다. 이것을 '오르트 구름(Oort cloud)'이라고 부른다. 혜성도 이곳에서 탄생했다.

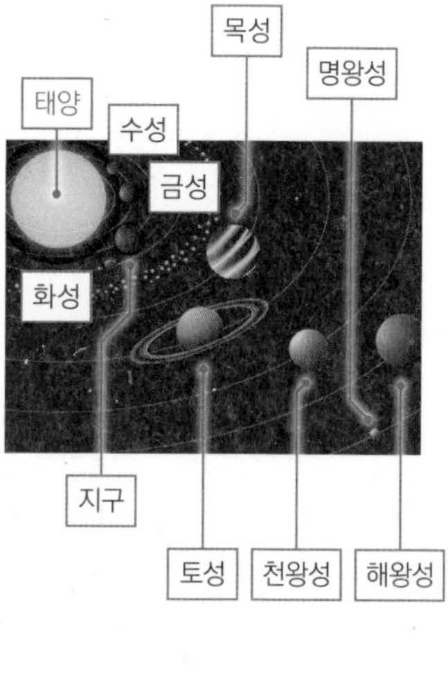

행성의 존재가 왜 특별할까?

18세기 말부터 천문학자들은 태양 외 다른 항성 주위 행성(외계행성)을 찾았으나 실패했다. 그런데 1995년 최초 외계행성을 발견한 이후 2020년까지 4,300개 넘게 발견했다.

Day 189 우주 | 별

토성에는 왜 고리가 있을까?

| 토성 이야기 |

토성의 고리가 어떻게 생겼는지 아직 확실히 알지 못한다.

세 가지만 알면 나도 과학자!

입체적인 고리가 가장 큰 특징

지구와 마찬가지로 태양계의 행성인 토성은 가스로 이루어져 있고, 위성이 80개가 넘는다. 바깥쪽에서부터 순서대로 A, B, C 고리가 있고, A 고리와 B 고리 사이에 '카시니 간극'이라는 공간이 있다. G 고리까지 이름이 붙었다. 고리가 토성 본체와 함께 만들어졌는지, 나중에 만들어졌는지 아직 밝혀지지 않았다.

고리가 사라진다?

토성이 태양 주위를 한 번 도는 데 약 30년이 걸린다. 토성의 자전과 공전 기울기의 관계에 따라 고리 모습이 달라진다. 고리 두께가 매우 얇아 지구에서 측면으로 보면 고리가 보이지 않는다. 다음 관측 기회는 2024년이다.

엔셀라두스에는 생명이 존재할까?

토성의 위성 중 하나인 엔셀라두스(Enceladus) 지표면 아래에는 바다가 있을 것으로 추정된다. 생명이 존재할 만한 환경이 갇혀져 있을 수도 있다. 엔셀라두스에서 분출된 가스와 얼음 알갱이가 E 고리를 형성하고 있다. 토성은 물보다 밀도가 작다. 만약 토성이 들어갈 수 있는 수영장이 있다면 물에 뜰 것이다.

Day 190

산 위는 왜 추울까?

| 기압 이야기 |

데워진 지상의 공기가 상승하며 점차 차가워지기 때문이다.

세 가지만 알면 나도 과학자!

높은 산은 태양에 가까워 따뜻할… 리가 없다

산은 태양에 가깝다. 하지만 지구와 태양의 거리에 비하면 평지와 거의 차이가 없다. 그래서 태양에서 도달하는 열에도 차이가 없다. 태양에서 온 빛(열)은 대기를 대부분 그대로 통과해 지표에 도달한다.

태양 빛의 열에너지가 지면을 달군다

태양 빛을 받으면 우선 지면이 달궈진다. 그런 다음 지면 가까이 있는 공기를 데우고, 차츰 그 위 공기를 데운다. 따라서 지면에서 떨어져 상공으로 갈수록 기온이 낮아진다. 그리고 데워진 공기는 상승한다.

공기는 상승하면 차가워진다

공기 덩어리가 산을 따라 상승하면 차가워져 구름이 만들어진다. 상공은 기압이 낮아 구름의 부피가 커지면서 차가워진다. 또 수증기가 구름이 될 때 주위로 열을 내보낸다. 산에서는 100미터 오를 때마다 기온이 약 0.6도 내려간다. 해발고도가 3,000미터인 산의 경우 바다 근처보다 대략 18도 낮다.

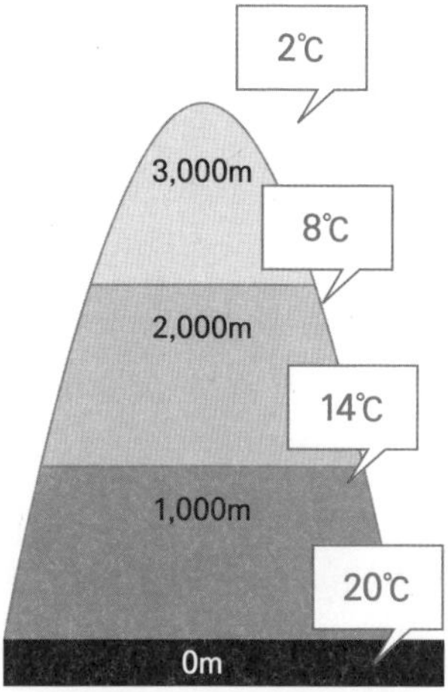

Day 191 자연 | 아름다운 자연

강물은 어떻게 흐를까?

|강 이야기|

하늘에서 내려온 비와 눈이 녹은 물이 지구의 인력에 의해
낮은 곳으로 모여 강이 된다.

세 가지만 알면 나도 과학자!

비와 눈이 모여 강이 된다

지상에 내린 비와 눈이 녹은 물은 지면으로 스며들어 낮은 곳으로 모인다. 이렇게 모인 물은 도로 갓길에 있는 배수로 등을 따라 흘러, 최종적으로 강에 다다른다.

일단 지하로 파고드는 물도 있다

하늘에서 내리는 비와 눈이 녹은 물은 어떻게 될까? 대부분 지면으로 스며든다. 땅으로 스며든 물은 흙 속의 모래 사이에 고여 지하수가 되고, 사람들에 의해 우물물로 사용되기도 한다. 그러나 대부분은 용수(湧水, 솟아나는 물)가 되어 강으로 흘러간다.

강의 흐름은 지구의 인력 때문이다

물은 언제나 높은 곳에서 낮은 곳으로 흐른다. 이는 절대로 변하지 않는 자연의 섭리이자 이치다. 강에 모인 물도 지구 인력의 영향으로 높은 곳에서 낮은 곳으로 쉴 새 없이 흐른다. 그래서 계속 강에 물이 모이고 끊임없이 흘러간다.

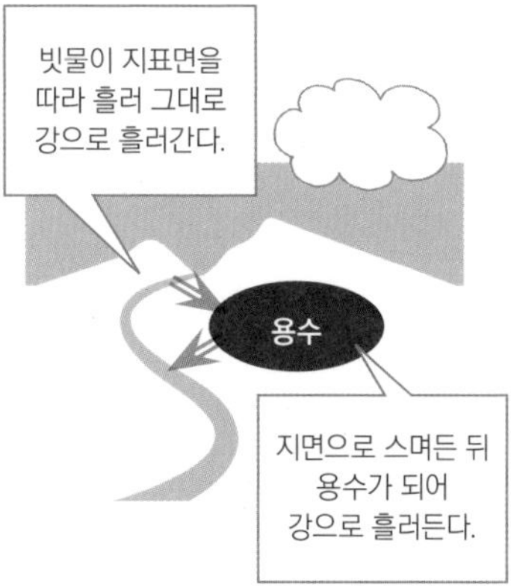

산은 어떻게 솟아났을까?

|산 이야기|

산은 '플레이트(판)의 움직임', '화산 분화', '침식'의 작용으로 만들어진다.

세 가지만 알면 나도 과학자!

플레이트의 충돌과 이동으로 지면이 솟아오른다

지구의 표면은 플레이트라는 판으로 덮여 있다(158일 차 참고). 플레이트는 지구 지각과 맨틀 최상부를 합친 부분이다. 플레이트끼리 충돌해서 솟아오르면 산이 된다. 예를 들어 히말라야산맥은 인도 아대륙과 유라시아 대륙이 충돌해서 만들어졌다. 플레이트가 1년에 몇 센티미터가량 움직이더라도, 긴 세월 계속되면 큰 힘이 작용해 높은 산을 만들 수 있다.

지하의 마그마 등이 분출해 화산이 된다

지하의 마그마에서 유래한 물질이 뿜어져 나와 산이 되기도 한다. 일본의 후지산이 이런 유형의 가장 대표적인 사례 중 하나다. 화산은 플레이트의 경계를 따라 분포한다.

융기한 암반이 침식해 산이 남는다

고원이 빙하와 강의 흐름으로 깎여 나가 남은 부분이 산이 되기도 한다. 한국의 설악산과 일본의 쓰쿠바산(筑波山)은 그런 유형의 대표적인 사례다. 이들은 침식에 강한 심성암 등이 남아 형성된 산이다.

연못 물은 왜 바닥까지 얼지 않을까?

|얼음 이야기|

수면의 얼음이 단열재 역할을 하기 때문이다.

세 가지만 알면 나도 과학자!

빙어 낚시가 가능한 이유?

한겨울에 꽁꽁 언 호수에서 구멍을 뚫고 빙어 낚시를 즐기는 모습을 볼 수 있다. 연못이나 호수의 표면은 얼어도 깊은 곳은 얼지 않기 때문에, 이런 식으로 얼음에 구멍을 뚫고 낚시를 할 수 있다.

수면이 어는 까닭

수면의 물은 외부 온도가 4도까지 내려가면 서서히 밀도가 높아지고, 4도의 물이 바닥 쪽으로 가라앉는다. 그러면 수면 부근에는 0도에 가까운 물이 올라온다. 이때 기온이 내려가면 수면 부근부터 얼음이 얼기 시작한다.

수면의 얼음이 단열재 역할을 한다

얼음은 물보다 밀도가 작아서(162일 차 참고) 연못이나 호수에 뜬다. 그 얼음이 차가운 공기를 막는 단열재 역할을 한다. 얼음이 차가운 바깥 공기를 막아 물이 바닥까지 얼어붙는 것을 방지한다.

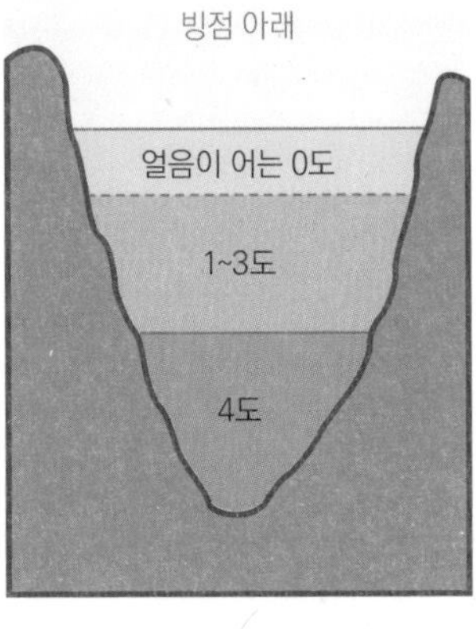

추우면 왜 눈이 내릴까?

|눈 이야기|

구름 속에서 먼지 등에 수증기가 달라붙어 생긴
얼음 결정이 성장하면 눈이 된다.

세 가지만 알면 나도 과학자!

겨울에는 눈이 내린다

겨울이 되면 시베리아 대륙에서 부는 차갑고 건조한 공기가 대량의 수분을 머금고 동해로 들어와 구름이 성장한다. 그 구름이 산맥 등을 넘을 때 차가워져 눈구름이 되고, 구름 속에서 먼지 등에 수증기가 달라붙어 얼음 결정이 된다. 그 결정이 지면으로 떨어질 때까지 녹지 않으면 눈이 된다.

온도와 습도에 따라 눈 모양이 달라진다

눈 결정에는 여러 가지가 있다. 부스스 뿌리는 가루눈, 수분을 많이 머금은 함박눈 등이 있다. 상공의 기온이 낮고 습기가 적으면 네모기둥 모양의 가루눈이 되고, 기온이 높고 습기가 많으면 평평한 상고대(나무나 풀에 내려 눈처럼 된 서리) 모양이 되어 수분이 많은 함박눈이 된다.

도쿄에 눈이 내리려면……

도쿄에서는 겨울에 저기압이 일본의 남쪽을 통과할 때 눈이 내린다. 저기압으로 불어 들어온 따뜻한 남풍이 차가운 북풍으로 식으며 구름이 만들어지고 눈이 되어 내린다. 겨울이 아닌 계절에도 상공에 눈 결정이 생기는데, 기온이 높아 떨어지면서 비가 된다.

바다는 왜 푸를까?

|바다의 색깔 이야기|

붉은빛은 물에 흡수되고 푸른빛은 해면에서 반사되기 때문이다.

세 가지만 알면 나도 과학자!

태양 빛에는 수많은 색깔의 빛이 섞여 있다

태양 빛에는 무지개처럼 보라색(파랑)에서 빨간색까지, 다양한 색이 모여 있다(28일 차 참고). 이 중 붉은색 빛은 물 분자에 잘 흡수되고, 초록색과 파란색 빛은 해면에서 반사되기 쉽다. 우리 눈에 바다가 푸르게 보이는 것은 바로 그런 이유에서다.

바닷물 속 푸른빛은 되돌아오기 쉽다

바다가 깊을수록 붉은빛은 더 잘 흡수된다. 바닷물에 닿은 푸른빛은 바닷속의 부유물로 반사와 산란이 일어나고 해저의 모래에 반사되어 바다에서 돌아온다.

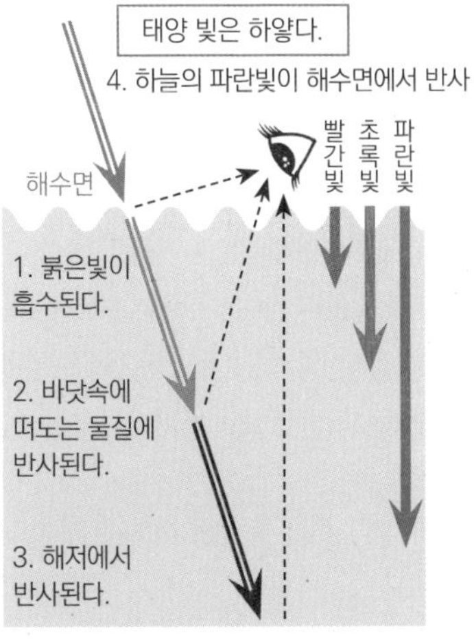

아름다운 바다색은 어디에서 올까?

바다는 투명도가 매우 높고, 해저가 식탁보처럼 흰 모래로 이루어져 있을 때 코발트블루라는 아름다운 푸른빛을 낸다고 잘 알려져 있다. 깊은 바다는 해저에서 반사가 일어나지 않아도, 바닷속에서 돌아온 빛과 하늘의 빛을 반사해 아름다운 색을 자아낸다.

오로라는 어떻게 생길까?

|오로라 이야기|

오로라는 태양에서 방출된 태양풍이 지구의 자기권에 들어와서 대기와 충돌해 빛을 내는 자연 현상이다.

세 가지만 알면 나도 과학자!

오로라는 북극과 남극 등 고위도에서만 볼 수 있다

태양 표면의 폭발 등으로 날아가는 전자와 양자가 바람처럼 날아오는 현상을 '태양풍'이라고 한다. 이 태양풍이 북극이나 남극 부근에서 대기에 들어와, 대기 속에 있는 산소와 질소 등의 원자를 자극해서 빛을 내는 자연 현상이 오로라다.

태양풍은 남극과 북극에서만 나타난다

지구는 자석 성질을 띤다. 이 자성으로 만들어진 자기권이 우주에서 들어오는 해로운 빛 등을 막아준다. 자기권의 S극과 N극 부근(북극과 남극)에서는 반대로 우주에서 들어온 물질을 인력으로 끌어들여 태양풍이 대기 속으로 침투한다. 태양풍은 기체 분자가 더 작게 분해된 '플라스마' 상태의 물질을 포함한다.

오로라의 높이와 색

오로라는 100~400킬로미터 상공에서 생긴다. 오로라는 여러 빛을 낸다. 붉은색 오로라는 높은 하늘에서 산소 원자가 내뿜는 빛이고, 파란색과 분홍색 오로라는 낮은 하늘에서 질소 원자가 내뿜는 빛이다.

벌꿀은 어떻게 만들까?

|벌꿀 이야기|

벌꿀은 꿀벌이 수많은 꽃을 돌며 꿀을 빨아들여 벌집에 모아둔 것이다.

세 가지만 알면 나도 과학자!

꿀벌은 부지런한 일꾼

꿀벌은 자신과 애벌레를 기르기 위한 영양분으로 꽃에서 꿀을 모은다. 그리고 모은 꿀을 벌집에 토해서 저장한다. 첫 꿀은 농도가 연하지만, 시간이 지나면서 수분이 증발해 달콤한 꿀이 만들어진다.

식물에도 도움이 된다!

꿀벌은 꿀을 모으기 위해 꽃과 꽃을 오가면서 꽃가루를 날라주는 전령 역할을 한다. 그 덕분에 열매와 씨앗이 열린다. 수많은 꽃을 피우는 식물은 꿀을 약간 내주고 수분(꽃가루받이)에 도움을 받는다.

인간이 빼앗아도 괜찮을까?

꿀벌들이 겨울을 나기 위해 열심히 모은 꿀을 인간이 빼앗아가도 괜찮은 건지 은근히 신경 쓰인다. 하지만 꿀벌들은 자신이 필요한 양보다 더 많은 꿀을 저장해두고, 양봉 농가 사람들이 항상 꽃이 많은 장소에 벌통을 놓아두기 때문에 별 문제는 없다고 한다.

생물 과학 인체 먹을거리 질병과 약 우주 기계와 도구 자연

아이스크림은 어떻게 만들까?

|아이스크림 이야기|

우유에 유지방을 더하고 골고루 섞어서 얼리면
아이스크림이 완성된다.

세 가지만 알면 나도 과학자!

입에서 사르르 녹는 식감의 비밀

우유를 그대로 얼리면 퍼석퍼석하고 딱딱해진다. 생크림 등 유지방을 넣어 공기를 머금도록 잘 섞으면서 얼리면 부드러운 식감을 느낄 수 있다.

아이스크림의 분류

식품위생법상 함유된 유지방분의 양이 많은 순서에 따라 '아이스크림', '아이스밀크', '셔벗', '비유지방 아이스크림', '저지방 아이스크림', '빙과류' 등으로 나눌 수 있다. 원재료비가 많이 들어갈수록 아이스크림 가격도 비싸지고 식감도 부드러워진다.

집에서도 만들 수 있는 아이스크림

얼음과 소금을 섞으면 온도가 약 영하 20도까지 내려간다. 이를 '혼합 냉각제'라고 한다. 금속 용기와 혼합 냉각제를 적절히 활용해 우유와 달걀, 설탕 등을 넣고 잘 섞어주면 집에서도 아이스크림을 만들 수 있다. 하지만 직접 만든 아이스크림은 장기간 보관할 수 없으니 빨리 먹어야 한다.

초콜릿은 어떻게 만들까?

|초콜릿 이야기|

초콜릿은 카카오나무 열매의 씨로 만든다.

세 가지만 알면 나도 과학자!

카카오 열매의 씨를 볶아서 으깬다

초콜릿은 카카오나무 열매의 씨가 주원료다. 씨를 발효해 말리고 열을 가해 볶아서 만든 가루에 우유와 설탕, 향료, 카카오버터라는 유분 등을 넣어 굳히면 초콜릿이 만들어진다.

카카오나무는 아무 데서나 자라지 않는다

카카오나무는 평균 기온 27도, 연 강수량 1,000밀리미터 이상, 해발고도 30~300미터의 까다로운 조건에서만 재배할 수 있다. 주로 적도 기준 남북으로 위도 20도 지역이다. 카카오가 자라는 지역을 '카카오 벨트'라고 한다. 카카오 산지는 빈곤 국가가 많아 아동의 노동 착취가 문제 되고 있다.

화이트초콜릿은 어떻게 만들까?

초콜릿은 일반적으로 갈색이나 검은색을 띤다. 그럼 화이트초콜릿은 어떻게 만들까? 화이트초콜릿은 카카오의 지방 성분인 카카오버터를 사용해 흰색을 낸 것이다. 또 영롱한 루비색을 내는 카카오를 사용한 루비 초콜릿도 있다.

설탕은 어떻게 만들까?

|설탕 이야기|

설탕은 식물의 광합성으로 만들어진 태양의 선물이다.

세 가지만 알면 나도 과학자!

흑설탕은 사탕수수로 만든다!

거무스름한 흑설탕은 사탕수수라는 식물의 줄기에서 짠 즙으로 만든다. 엄청 달콤하다. 이 즙을 졸이면 점점 걸쭉해지며 거무스름한 덩어리가 생기는데, 이 덩어리가 흑설탕이다.

백설탕은 어떻게 만들까?

백설탕은 사탕수수나 사탕무의 즙을 짜고 남은 찌꺼기를 졸여서 만든다. 이런저런 불순물을 걸러내고 수분을 증발시키면 새하얀 설탕이 된다.

메이플 시럽은 설탕단풍나무로 만든다

핫케이크 등에 뿌려 먹는 메이플 시럽은 설탕단풍나무라는 식물의 수액을 졸여서 만든다. 나무줄기에 구멍을 뚫으면 은은한 단맛이 나는 수액이 몽글몽글 배어 나오는데, 이 수액을 졸이면 메이플 시럽이 완성된다. 어떤 종류의 설탕이든 모두 식물의 광합성을 통해 만들어진다. 이렇게 만들어진 설탕은 시럽과 캐러멜 등 다양한 형태로 사용된다.

사탕수수

솜사탕은 어떻게 만들까?

|솜사탕 이야기|

설탕을 녹여 굳히면 다양한 모양으로 변신한다.

세 가지만 알면 나도 과학자!

액체 상태의 설탕을 가느다란 실처럼 뽑으면 솜사탕

작은 구멍이 뚫린 용기 속에 설탕을 넣고 열을 가해 녹인다. 그 용기를 통째로 회전시키면 녹은 설탕이 구멍으로 나온다. 구멍으로 나온 설탕을 빠르게 식히면 가느다란 실처럼 뽑히며 굳는다. 실타래처럼 뽑혀 나온 설탕을 모아서 솜사탕을 만든다.

녹여서 굳히면 설탕 엿

설탕에 물을 넣고 타지 않도록 열을 가해 녹이면 점점 색깔이 난다. 화상 입지 않도록 조심하면서 윤기가 도는 설탕 액을 알루미늄 컵에 넣는다. 잠시 기다리면 설탕이 굳는다. 여기에 소다를 넣으면 우리가 아는 달고나가 만들어진다. 설탕 엿은 달고나에 소다를 넣지 않고 굳혀 만드는 옛날 간식이다.

설탕 엿을 부풀리면 공갈빵 모양의 달고나

설탕 엿을 만드는 느낌으로 더 고온(125도)까지 가열한다. 여기에 물과 달걀흰자로 굳힌 소다를 넣고 잘 섞으면 소다가 분해되어 이산화탄소가 발생한다. 이 상태로 식히면 공갈빵처럼 부풀어 오른 독특한 모양의 달고나를 만들 수 있다.

생물 과학 인체 먹을거리 질병과 약 우주 기계와 도구 자연

요구르트는 어떻게 만들까?

| 요구르트 이야기 |

요구르트는 우유에 유산균을 넣어 발효시킨 것이다.

세 가지만 알면 나도 과학자!

우유를 좀 더 오래 보존하기 위해 개발되었다

가공하지 않은 원유는 부패하기 쉽다. 우유 보존 방법의 하나로 요구르트가 발전했다는 설이 있다. 우유에 유산균을 넣고 한동안 두면 원유보다 오래 보관할 수 있는 요구르트가 완성된다. 요구르트는 매우 오랜 역사를 지닌 식품이다.

우유를 못 마시는 사람도 요구르트는 괜찮다?

우유를 마시면 배가 아픈 이유는 우유에 들어 있는 유당 때문이다. 하지만 요구르트를 만드는 유산균은 유당을 분해해 배가 아프지 않게 해준다.

다양한 종류의 요구르트

아무것도 넣지 않은 순수한 요구르트를 플레인 요구르트라 하고, 단맛이나 과즙, 한천 등을 넣어 살짝 걸쭉하게 만든 것을 하드 요구르트라고 한다. 덩어리 상태의 요구르트를 부드럽게 으깨 걸러서 만든 마시는 요구르트도 있다. 참고로, 요구르트 용기를 열었을 때 위에 보이는 말갛고 투명한 액체는 영양분이 풍부한 유청이다.

버터는 어떻게 만들까?

| 버터 이야기 |

버터는 우유에서 지방분을 모아서 굳힌 식품이다.

세 가지만 알면 나도 과학자!

우유 속 유지방분이 버터의 비밀

칼슘이 풍부한 우유에는 3퍼센트 이상의 지방분이 포함되어 있다. 차가운 우유를 계속 흔들면 우유 속 지방 입자가 서로 부딪치며 몽글몽글한 덩어리가 생기는데, 이것으로 버터를 만든다.

우유를 흔들기만 하면 버터가 되나?

우유를 흔들기만 하면 누구나 쉽게 버터를 만들 수 있을까? 참고로, 시중에서 파는 우유는 아무리 세게 흔들어도 버터가 만들어지지 않는다……. 그 이유가 뭘까? 우유를 운송할 때 생기는 진동으로 버터가 만들어지지 않도록, 출하하기 전에 지방 입자를 작게 분쇄하기 때문이다. 이 작업을 '균질화(homogenate)'라고 한다.

마가린은 무엇으로 만들까?

역사가 100년이 넘는 것으로 알려진 마가린은 어떻게 만들어질까? 버터와 비슷한 성질을 가진 마가린은 식물성 유지에 발효유와 분유, 소금 등을 첨가해 수소와 결합하는 과정을 거쳐 만들어진다.

유기물이란 뭘까?

|유기물 이야기|

간단하게 말하면, '탄소를 중심으로 한 물질'이다.

세 가지만 알면 나도 과학자!

원래는 '생물을 만드는 물질'

생물을 '유기체'라고 한다. 원래 유기물은 유기체, 다시 말해 '생물을 만드는 물질'이라는 뜻이었다. 반면 무기물은 물과 암석, 금속처럼 생물 활동을 빌리지 않고 만들어진 물질이다.

유기물의 뜻이 달라졌다

설탕, 전분, 단백질, 초산(식초의 성분), 알코올 등은 유기물이다. 그런데 플라스틱 등 생물과 무관하게(인공적으로) 만들어진 유기물도 존재한다는 사실이 밝혀져 유기물의 정의가 달라졌다.

유기물은 '탄소를 중심으로 한 물질'

유기물의 정의가 '생물을 만드는 물질'에서 '탄소를 중심으로 한 물질'로 바뀌었다. 즉 유기물은 탄소 원자와 수소 원자, 산소 원자 등이 결합해 형성되는 물질이다. 유기물에 열을 가하면 까만 숯(탄소)이 남고, 유기물을 태우면 이산화탄소가 생성된다. 탄소, 이산화탄소, 탄산칼슘 등은 무기물이다.

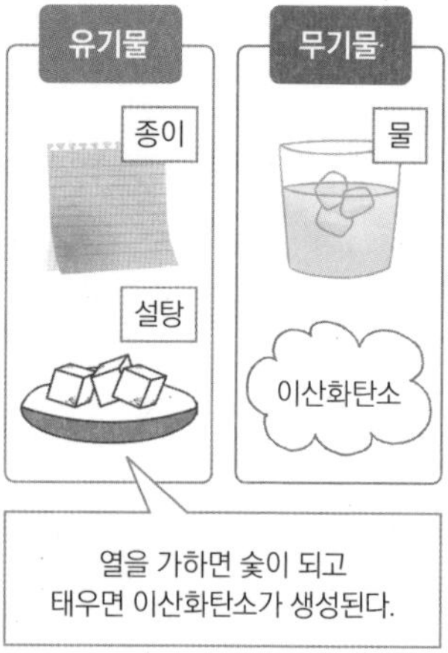

Day 205 과학 | 화학 반응

원자란 뭘까?

|원자 이야기|

우리 몸을 포함해 온갖 물질은 원자로 이루어져 있다.

세 가지만 알면 나도 과학자!

원자의 다섯 가지 성질

원자는 다음과 같은 다섯 가지 성질을 지닌다. 첫째, 매우 작다. 둘째, 매우 가볍다. 셋째, 원자보다 더 작은 단위로 쪼갤 수 없다. 넷째, 같은 종류의 원자는 모두 같은 크기여서 무게(질량)가 같다. 종류가 다르면 크기와 질량이 다르다. 즉, 원자는 종류에 따라 질량과 크기가 정해진다. 다섯째, 다른 종류의 원자로 간단히 바꾸거나, 없애거나, 새로 만들 수 없다.

원자는 전부 118종

원자의 종류(원소)는 118종이다. 모두 원소 주기율표로 정리되어 있다.

원자의 내부

원자는 본래 더 이상 쪼갤 수 없는 입자였다. 그런데 '쪼갤 수 있는 원자'가 있다는 사실이 밝혀졌다. 원자 내부의 구조도 규명되었다. 중심에 원자핵(양자와 중성자)이 있고, 주위에 전자가 있는 구조로 이루어져 있다. 원자를 만드는 양자는 플러스, 전자는 마이너스 전기를 가지고 있다.

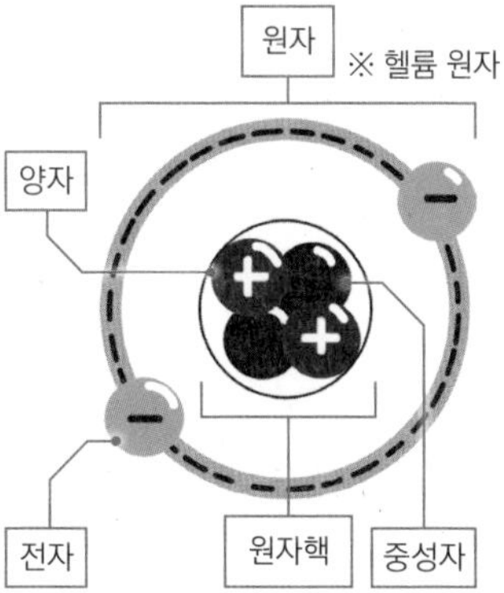

분자란 뭘까?

|분자 이야기|

분자란 원자가 결합해서 만들어진 입자를 말한다.

세 가지만 알면 나도 과학자!

원자의 결합으로 만들어진 분자

일반적으로 분자는 몇 개의 원자가 결합한 입자다. 가령 공기는 주로 질소 분자와 산소 분자로 이루어져 있다. 질소 분자는 질소 원자가 2개, 산소 분자는 산소 원자가 2개 결합해 있다. 또한 물 분자는 수소 원자 2개, 산소 원자 1개가 결합한 입자다. 이산화탄소와 메탄올, 설탕 등의 분자도 두 종류 이상의 원자가 결합한 입자다. 그리고 헬륨, 네온 등 1개의 원자로 분자를 이루는 단원자분자도 존재한다.

원소 기호로 분자 표시

원소 기호를 사용하면 분자를 만들고 있는 원자의 종류와 수를 정확하게 표시할 수 있다.

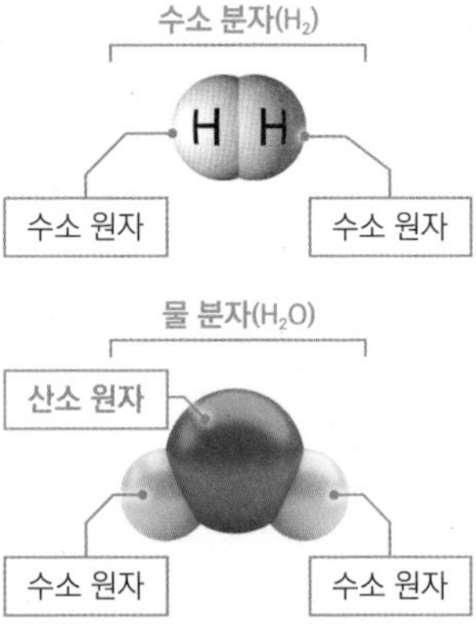

수소 분자와 물 분자

수소와 산소의 원소 기호는 각각 H와 O다. 수소 분자는 수소 원자 2개로 이루어져 있으므로 HH인데, 같은 원자를 정리해 H_2와 같이 개수를 오른쪽 아래에 쓴다. 또 물 분자는 HOH가 되지만, 같은 원자를 정리해서 H_2O라고 쓴다.

Day 207 과학 | 화학 반응

이온이란 뭘까?

|이온 이야기|

이온은 플러스나 마이너스 전기를 지닌 원자나 원자 집단이다.

세 가지만 알면 나도 과학자!

원자는 플러스 전기와 마이너스 전기가 정확하게 0을 이룬다

원자는 원자핵(양자와 중성자)과 전자로 되어 있다. 전기는 양자가 플러스이고, 중성자는 전기가 없으며, 전자는 마이너스다. 양자 수와 전자 수는 같다. 그래서 양자 한 개의 플러스와 전자 한 개의 마이너스 전기는 상쇄되어 0이 된다.

전기의 균형이 무너지면 이온이 된다

염화나트륨(소금)은 이온으로 이루어진 물질이다. 염화나트륨은 나트륨 이온과 염화물 이온으로 이루어져 있다. 나트륨 이온은 나트륨 원자가 전자 한 개를 잃어 나트륨 이온이 되고, 염화물 이온은 염소 원자가 전자 한 개를 얻은 상태다.

양이온과 음이온

나트륨 원자는 양자 11개, 전자 11개로 이루어져 있다. 나트륨 이온은 전자 1개를 내주고, 전기가 11+와 10-로 전체 1+의 전기를 가지므로 '양이온'이다. 염소 원자는 양자 17개, 전자 17개이고, 염화물 이온은 전기가 17+와 18- 로 전체 전기가 1-여서 '음이온'이다.

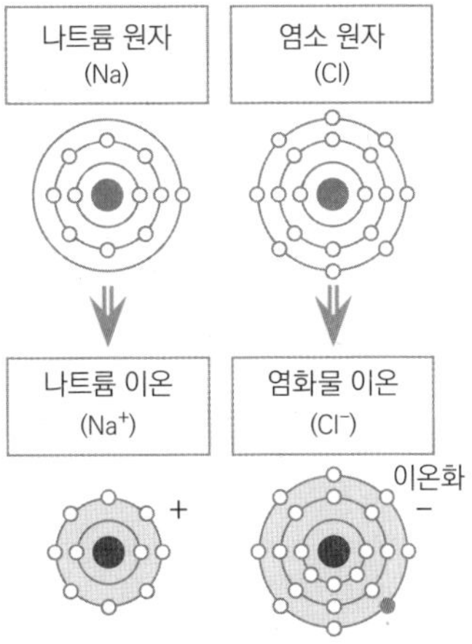

건전지 안은 어떻게 생겼을까?

| 건전지 이야기 |

건전지 안에서는 이산화망간과 아연이라는 금속이 전자를 주고받는다.

세 가지만 알면 나도 과학자!

건전지는 전자가 -극에서 +극으로 흐른다

건전지에는 전기가 저장되어 있는 것이 아니라 건전지 속에서 화학 반응이 일어나 전자를 주고받는다. 그리고 그 반응으로 전기가 흘러 가전제품을 움직인다. 건전지 안에서는 전자가 빙글빙글 일방통행으로 흐른다.

전지 속 캐치볼 게임

일반적으로 건전지에는 '망간 건전지'와 '알칼리 건전지(정식 명칭은 알칼리 망가니즈 전지)'가 있다. 둘 다 안에서 이산화망간이라는 까만 가루와 아연이라는 금속이 전자를 -극에서 +극으로 흘려보낸다. 건전지 안에서 아연이 전자를 내보내고, 이산화망간이 받는 캐치볼 게임이 이루어지고 있다.

알칼리 건전지의 내부

알칼리 건전지에는 수산화칼륨 수용액이라는 강한 알칼리성 액체를 사용한다. 이 액체가 젖으면 기기가 망가지고, 눈에 묻으면 실명 위험이 있으므로 주의해서 다뤄야 한다. 알칼리 건전지는 망간 건전지보다 힘이 세고 수명이 길다.

【망간 건전지】

핫팩은 어떻게 열을 낼까?

일회용 손난로 이야기

일회용 손난로(핫팩)는 철이 산화하며 생기는 반응으로 오랜 시간 따뜻함을 유지한다!

세 가지만 알면 나도 과학자!

핫팩 안에 들어 있는 성분

포장 성분 표시에 '철분(쇳가루), 소금, 활성탄……'이라고 적혀 있다. 브랜드에 따라 차이가 있지만, 기본 재료는 쇳가루와 소금, 물이다. 쇳가루가 핵심이다. 수명이 다한 일회용 손난로를 확인해 보면 까맣던 쇳가루가 불그스름하게 변해 있다.

어떤 반응이 일어날까?

핫팩 포장을 뜯고 제품을 꺼내면 공기 중 산소가 안에 들어 있는 성분과 화학반응을 일으킨다. 철이 녹슬며 붉게 산화하는 것처럼 쇳가루가 산소와 물과 결합해 산화한다. 소금은 산화 과정을 촉진한다. 이 과정에서 발생하는 열로 열기를 내뿜는다. 참고로, 철은 가루로 만들면 산소와 반응이 촉진되어 쇳가루를 공기 중에 꺼내놓기만 해도 발화하는 경우가 있다.

【일회용 손난로】

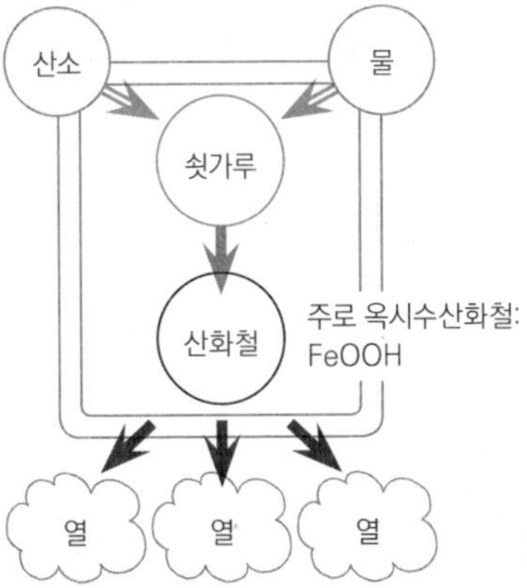

핫팩이 처음 개발된 것은 일본

1975년 일본에서 쇳가루 등을 사용한 손난로가 출시되었으나 판매가 부진했다. 그러다가 1978년에 '호카론'이라는 이름으로 재출시해 크게 성공했다. 지금은 전 세계에서 사용되고 있다.

Day 210

과학 | 화학 반응

금속은 왜 녹슬까?

| 녹 이야기 |

철 등은 공기 속의 산소와 물과 결합하는 성질이 있기 때문이다.

세 가지만 알면 나도 과학자!

공기 중의 산소·물과 결합한다

철은 다양한 용도로 쓰임새가 많은 금속이다. 그러나 철의 표면은 공기 중의 산소와 물과 결합해 산화철이 된다. 이처럼 녹이 생기면 반응성 등이 떨어진다.

철에 스는 붉은 녹은 꺼칠꺼칠하다

철에 스는 붉은 녹은 공기 중의 산소와 수분과 밀접한 관련이 있다(209일 차 참고). 특히 습기가 많은 공기 중에서는 녹이 잘 슨다. 녹은 꺼칠꺼칠하고 울퉁불퉁한 질감으로 내부까지 침투한다.

녹이 잘 슬지 않는 금속

금·백금은 산소·물과 반응하지 않는다. 이온화가 일어나지 않기 때문이다. 녹으로 녹을 방지하는 경우도 있다. 재질이 철이라도 촘촘한 질감의 검은색 녹은 내부까지 침투하지 않는다. 스테인리스 재질은 표면이 반짝거려서 녹처럼 보이지 않지만 사실은 촘촘하게 녹이 슬어 있다. 알루미늄도 이온화는 잘 일어나지 않지만, 촘촘한 형태의 녹이 슨다.

Day 211

멀미는 왜 생길까?

|멀미 이야기|

귓속 깊은 곳에 있는 세반고리관이 자극을 받아서
멀미 증상이 나타난다.

세 가지만 알면 나도 과학자!

귀는 '소리만 듣는' 기관이 아니다!

귀는 소리를 듣기 위해 존재한다. 하지만 몸의 균형을 잡는 데도 중요한 역할을 한다. 기울기를 감지하는 센서(전정기관)와 기울기 및 움직임을 감지하는 센서(반고리관)가 있는데, 그 안에 림프액이라는 액체가 들어 있다.

반고리관이 세 개라서 세반고리관

좌우상하 기울기를 감지하려면 90도 어긋난 반고리관이 세 개 필요하다. 이 반고리관은 좌우 귀 안쪽에 있는데, 세 개를 합쳐 '세반고리관'이라고 한다. 몸이 기울어지면 뒤이어 림프액이 그 방향으로 흘러 몸이 회전을 감지한다.

멀미의 원인은 다양하다

움직이는 자동차에 타면 반고리관 내부의 움직임이 격렬해진다. 귀로 들어오는 풍경 등 정보량이 지나치게 많아지거나 왜곡이 발생하면 멀미 증상이 발생하는 것으로 추정된다. 또 멀미에 대한 불안감도 원인이 될 수 있다. 한편, 최근에는 사양이 높은 게임을 하며 멀미 증상을 겪는 사람도 있다. 이것을 일명 '3D 멀미'라고 부른다.

생물
과학
인체
먹을거리
질병과 약
우주
기계와 도구
자연

Day 212

열사병은 왜 걸릴까?

|열사병 이야기|

열사병은 피로와 과격한 운동 등으로
체온 조절 기능이 작동하지 않아서 생긴다.

세 가지만 알면 나도 과학자!

날씨가 덥든 춥든 사람의 체온은 항상 일정하다

사람은 포유류에 속한다. 포유류는 외부 기온과 무관하게 일정한 체온을 유지한다. 건강할 때 사람의 체온을 '평열(平熱)'이라고 한다. 사람에 따라 약간 차이가 있지만, 평열은 대략 36~37도다.

열사병의 원리

기온이 높은 곳에 있어도 일반적으로는 체온을 조절할 수 있다. 그런데 고온에 노출되거나 더운 환경에서 운동이나 노동을 하는데 열 발산이 원활하지 않아 신체에 이상 증상이 나타나는 것을 '열사병'이라고 한다.

수분과 염분을 함께 섭취하자

열사병에 걸리면 목숨을 위협할 정도로 위험하다. 몸 상태가 이상하면 서늘한 장소에서 쉬거나, 물과 함께 염분을 섭취한다. 그런데도 머리가 계속 아프면 반드시 병원에 가야 한다. 한편, 실내에서도 지나치게 더우면 열사병에 걸릴 수 있다.

열사병의 대책으로는
'FIRST'가 중요하다!

Fluid : 수분을 보급한다.
Ice : 식힌다.
Rest : 쉰다.
Sign : 상태를 관찰한다.
Treatment : 치료한다.

딸꾹질은 왜 생길까?

|딸꾹질 이야기|

딸꾹질은 폐를 움직이는 횡격막이라는 근육이
경련을 일으키기 때문에 생긴다.

세 가지만 알면 나도 과학자!

숨을 쉬는 원리

사람은 폐로 공기를 받아들여 호흡한다. 그런데 폐는 근육이 아니라서 혼자 움직일 수 없다(76일 차 참고). 배와 가슴을 분리하는 '횡격막'이라는 근육이 위아래로 폐를 움직여준다.

횡격막 경련이 딸꾹질의 원인

팔과 다리, 눈꺼풀 근육이 저절로 경련하는 상황은 많지 않다. 딸꾹질은 횡격막이 경련을 일으키는 증상이다. 횡격막 경련으로 들이쉬는 숨이 방해를 받아 목구멍에서 이상한 소리가 나는 것이다.

딸꾹질이 일어나는 이유

찬물을 마시거나 깜짝 놀라게 하는 등 갑자기 시작된 딸꾹질을 멈추게 하는 이런저런 민간요법이 있다. 하지만 단숨에 딸꾹질을 멈추게 하는 비법은 없다. 횡격막이 왜 경련을 일으키는지 확실히 밝혀지지 않았기 때문이다. 만약 딸꾹질이 며칠씩 멈추지 않으면 병원에 가는 것이 바람직하다.

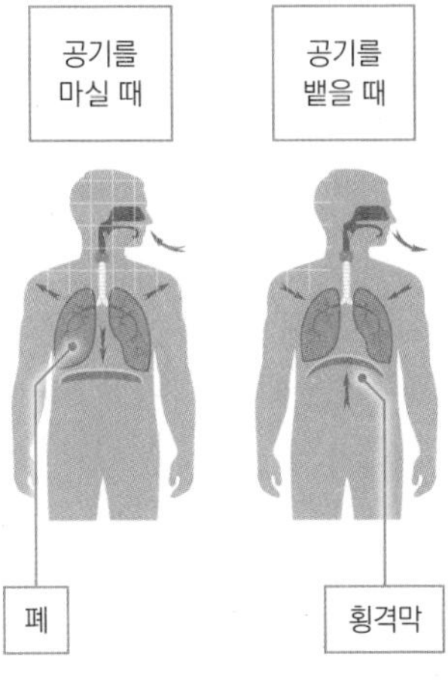

Day 214

어른은 왜 어깨가 결리고 뭉칠까?

| 어깨 결림 이야기 |

어깨 결림은 같은 자세를 오래 유지하거나
운동 부족이 주요 원인이다.

세 가지만 알면 나도 과학자!

어깨 결림은 '승모근' 뭉침이 원인

뭉뚱그려서 어깨 결림이라고 표현하지만, 어떤 상태인지 모르는 사람도 많다. 어깨 결림은 목 뒤부터 어깨와 등에 걸쳐 있는 승모근이라는 근육이 뭉치거나 무지근한 통증이 나타나는 증상이다.

머리와 팔도 천근만근

어깨에는 팔도 달려 있고, 머리도 얹혀 있다. 머리 무게는 6~7킬로그램 정도다. 동양인은 머리 크기에 비해 몸통이 작아 어깨 결림이 더 쉽게 나타난다.

앉아 있는 시간이 긴 생활과 운동 부족도 원인

머리 무게만 보면 아이도 어른과 별반 다르지 않다. 그런데 유독 어른이 어깨 결림을 호소한다. 어른은 앉아서 장시간 같은 자세로 일하거나, 운동이 부족하거나, 스트레스를 느낄 때가 많다. 이런 요인들이 어깨 결림의 원인으로 알려져 있다. 참고로, 내장 질환 등으로 어깨 결림이 나타나는 경우도 있으니, 걱정되면 병원에 가보는 것이 좋다.

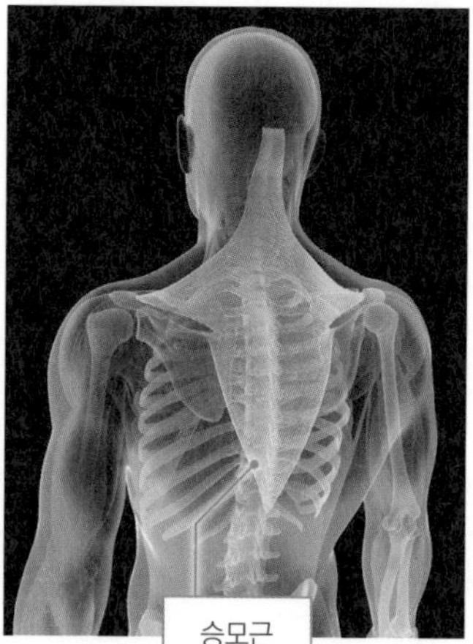

승모근

Day 215

어른은 왜 근육통이 생길까?

|근육통 이야기|

평소에 운동 습관이 없는 사람이 갑자기 운동하면 근육통이 생길 수 있다.

세 가지만 알면 나도 과학자!

근육 섬유가 찢어져 근육통 발생

근육통은 운동 후 근육에 생기는 통증이다. 평소에 거의 쓰지 않던 근육을 많이 사용하거나, 같은 동작으로 특정 근육을 계속 사용하면 근육 섬유가 찢어져 근육통의 원인이 된다고 추정된다.

운동 부족이 가장 큰 문제!

어른이 되면 몸의 움직임이 줄어든다. 운동이 부족하면 근육에 산소와 영양분을 공급하는 모세혈관이 발달하지 않는다. 이로 인해 손상된 근섬유의 회복이 늦어져 근육통을 겪게 된다. 반대로 지나치게 과격한 운동을 해도 근육통이 생긴다.

근육통을 예방하려면

근육통을 겪지 않으려면 혈액 순환 개선에 신경 써야 한다. 운동 후에는 스트레칭으로 근육을 풀어주는 것이 좋다. 준비 운동과 마찬가지로 마무리 운동이 중요하다. 따뜻한 물에 몸을 담그는 것도 근육통 예방에 효과적이다.

머리를 부딪치면 왜 혹이 날까?

| 혹 이야기 |

두개골이 피부 바로 아래 있기 때문에
내출혈이 생긴 부분이 밖으로 톡 튀어나오는 것이다.

세 가지만 알면 나도 과학자!

피부 바로 아래에 뼈가 있는 것이 원인

우리 몸의 여러 신체 부위 중 왜 유독 머리에만 혹이 생길까? 바로 머리의 구조 때문이다. 머리는 피부 바로 아래에 뼈가 있다. 한마디로 그 뼈가 혹의 원인이다.

내출혈이 발생한다

몸속 혈관이 찢어져 피가 나는 현상을 내출혈이라고 한다. 내출혈이 발생하면 주위를 압박하는 응급조치를 해야 한다. 머리 이외 부위는 내출혈이 일어나도 붓지 않는다. 그런데 머리는 충격을 받으면 몸 안쪽이 아니라 바깥쪽이 붓는다.

머리에는 두개골이 있다

머리에는 중요한 뇌가 있어, 그 뇌를 보호하기 위해 두개골이 감싸고 있다. 머리는 내출혈이 발생해도 두개골 때문에 바깥쪽으로만 붓는다. 피부 아래로 새어 나온 혈액이 피부를 압박해 바깥쪽으로 보이게 하는 증상이 혹이다. 머리를 세게 부딪치면 다양한 위험 상황이 벌어질 수 있으니 주의해야 한다.

Day 217

실신이란 어떤 상태일까?

| 실신 이야기 |

실신이란 뇌가 몸을 통제할 수 없게 된 상태다.

세 가지만 알면 나도 과학자!

뇌가 몸을 조절할 수 없는 상태

우리 몸은 뇌가 온갖 상황을 통제한다. 그런데 무슨 일이 생겨 뇌가 통제권을 상실하면 의식을 잃고 실신하게 된다. 뇌에 전달되어야 할 혈액이 일시적으로 전달되지 않아 이런 증상이 나타난다.

대개 전조 증상이 있다

대개의 경우, 실신하기 전에 전조(위험을 알리는 신호) 증상이 나타난다. 눈앞이 캄캄해지거나 구토 기미를 보이기도 한다. 안색이 창백해져 다른 사람이 먼저 알아차릴 때도 있다.

넘어지는 것이 가장 무섭다

서 있을 때 실신하는 경우가 많다. 따라서 넘어지면서 머리를 부딪히는 상황이 제일 위험하다. 일반적으로는 실신 상태가 길지 않지만, 몇 분간 의식이 돌아오지 않거나 의식이 돌아온 후 이상 증상이 느껴질 때는 반드시 바로 병원에 가야 한다.

볼펜으로 어떻게 글씨를 쓸 수 있을까?

|볼펜 이야기|

볼펜의 촉 끄트머리에 있는 볼(ball)이 회전하며
종이에 잉크가 옮겨진다.

세 가지만 알면 나도 과학자!

촉 끝의 볼이 회전하며 글씨가 써진다

볼펜은 촉 끝의 볼이 회전하며 글자가 써지는 도구다. 볼을 지탱하는 수좌(受座) 부분과 볼이 부드럽게 회전하도록 매우 정밀하게 가공되어 있다. 이 단계에서 필기감이 결정된다.

잉크가 볼을 돌리는 윤활유

수좌에는 잉크가 나오는 홈이 4~6군데 있다. 그 홈에서 잉크가 나와 볼에 묻는다. 이때 수좌와 볼 사이가 부드럽게 돌아가도록 잉크가 윤활유 역할을 한다.

볼이 잘 돌지 않으면 찌꺼기가 생긴다

글씨를 다 쓰고 나면 종이에 옮겨지지 않은 잉크는 펜촉으로 돌아온다. 이때 펜촉으로 들어오지 못한 잉크는 고여서 찌꺼기('볼펜 똥')가 된다. 종이가 얇을 때, 필압이 약할 때, 직선을 그을 때, 펜을 눕혀서 글씨를 쓸 때, 천천히 쓸 때 등의 상황에서 찌꺼기가 생기기 쉽다. 참고로, 볼펜을 처음 발명한 라즐로 바이로(Lazlo Biro)의 이름에서 따서 영어로 '바이로'라고 부르기도 한다.

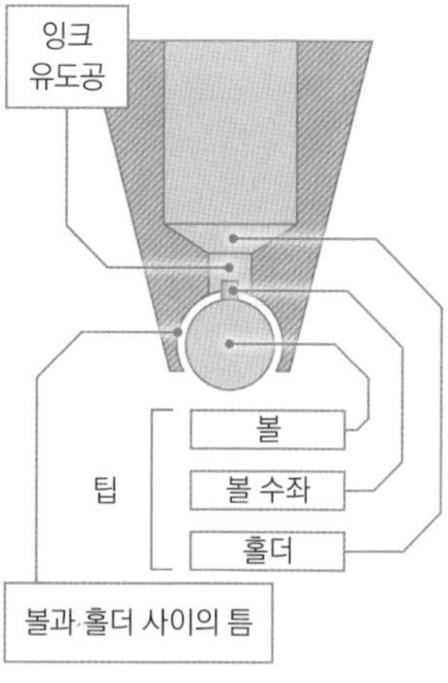

지워지는 볼펜의 원리는 뭘까?

|지워지는 볼펜 이야기|

잉크가 60도 이상 열에서 투명해지는 원리를 이용한 것이다.

세 가지만 알면 나도 과학자!

세 가지 재료가 섞인 메타모컬러 잉크

지워지는 볼펜 잉크를 메타모컬러(metamorphosis color) 잉크라고 한다. 색을 결정하는 '발색제', 색의 농도를 결정하는 '현색제', 색이 바뀌는 온도를 결정하는 '변색 온도 조정제'를 작은 캡슐에 넣어 잉크로 만든다.

전용 지우개로 문지르면 지워진다!

메타모컬러 라이닝으로 쓴 글씨를 전용 지우개(고무)로 문지르면 지워진다. 이때 생긴 마찰열로 글씨 부분 온도가 높아지면(60도 이상) 색이 지워진 것처럼 보인다. 영하 20도부터 영상 60도 사이에서 색을 자유롭게 변화시키는 기능이 있다고 한다.

지웠다가 부활시키는 방법

지워진 부분을 되살릴 수도 있다. 지워진 잉크는 영하 10도 이하에서 원래 색으로 돌아오기 시작해 영하 20도 전후에서 완전히 돌아온다. 따라서 지워진 글자가 적힌 종이를 냉동실에 넣으면 색이 부활한다. 참고로, 따뜻한 물에 넣으면 색이 변하는 장난감도 이 잉크를 이용한 것이다.

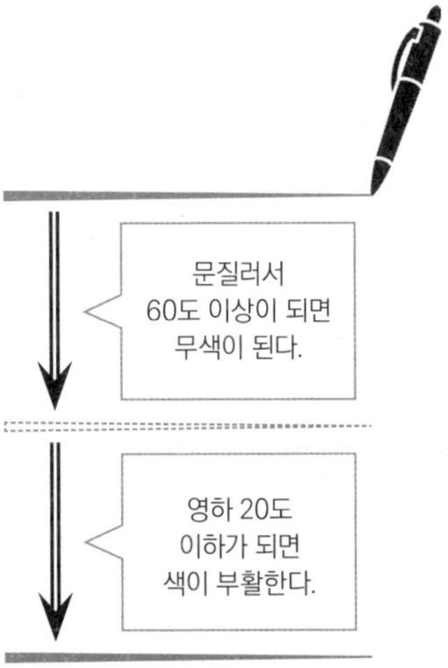

연필로 어떻게 글씨를 쓸까?

| 연필 이야기 |

연필은 한가운데 들어 있는 검은색 심 알갱이를
종이에 눌러서 글자를 쓴다.

세 가지만 알면 나도 과학자!

종이에 검은색 알갱이를 꾹꾹 누른다

연필심은 안에 흑연이 들어 있어 검은색을 띤다. 흑연은 탄소 원자가 결합한, 평면이 차곡차곡 쌓여서 생긴 물질이다. 그 평면은 벗겨지기 쉽고 종이에 대고 누르면 부스스 부서져 글자를 쓸 수 있다. 참고로, 다이아몬드도 탄소로 이루어져 있다.

연필심의 검은 알갱이는 흑연

연필은 본래 납으로 만들어 '연필(鉛筆)'이라는 이름이 붙었다. 처음에는 은색 심이라서 '은필(銀筆)'이라 부르기도 했다. 오늘날에는 연필심에 흑연을 사용해 '은필'이라는 말을 더 이상 쓰지 않게 되었다.

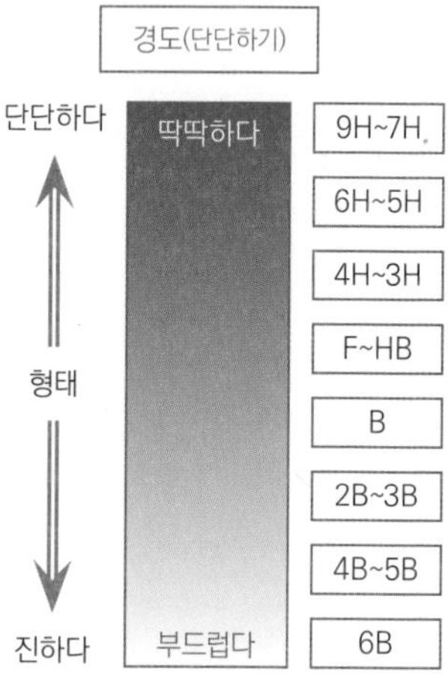

※ 제품에 따라 10H와 10B까지 있는 경우도 있다.

심의 경도에 따라 연필심의 종류는 17가지

흑연과 점토를 섞는 양에 따라 연필심의 경도가 결정된다. 부드러운 심부터 단단한 심까지 17가지가 있다. 흑연의 양이 많을수록 부드럽고 진하다. 제일 진한 6B에서 단단하고 연한 9H까지 있다.

지우개는 어떤 원리로 지워질까?

지우개 이야기

연필의 검은 알갱이를 고무로 빨아들이기 때문이다.

세 가지만 알면 나도 과학자!

검은색 알갱이를 흡수한다!

연필은 종이 표면에 검은색 알갱이를 눌러서 글씨를 쓴다. 지우개는 종이 표면의 검은색 알갱이를 문질러 없애는 방식이다. 그래서 지우개 부스러기가 거무튀튀하다. 검은색 알갱이를 없애기만 하면 되므로 예전에는 빵을 사용하기도 했다.

종이째 깎아내는 '모래 지우개'

볼펜이나 만년필로 쓴 글씨는 종이에 잉크가 스며들어 일반적인 지우개로 지워지지 않는다. 그래서 '모래 지우개'라는 까슬까슬한 질감의 지우개를 사용한다. 모래 지우개는 종이 표면을 잉크와 함께 깎아내는 원리다.

지우개의 발전

오늘날 지우개는 플라스틱으로 만들어진 제품이 많다. 몇 번이고 새로운 '모서리'로 글자를 지울 수 있는 지우개와 꼬질꼬질하게 때가 타도 신경 쓰이지 않는 까만색 지우개 등 다양한 제품이 사용되고 있다.

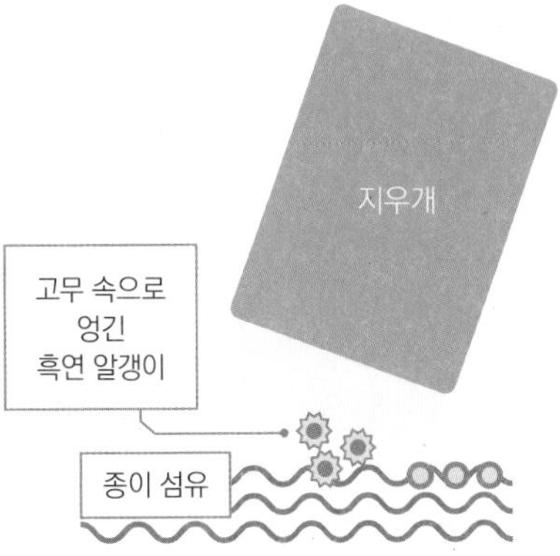

지우개로 종이를 문지르면 흑연 알갱이가 엉겨 붙으며 떨어져 나온다.

물감은 무엇으로 만들까?

|물감 이야기|

물감의 재료는 색을 내는 가루와 접착제다.

세 가지만 알면 나도 과학자!

물감의 시작은 진흙과 숯

먼 옛날 4만 년 전 사람들도 동굴에 그림을 남겼다. 그 시대에는 그림을 그릴 때 진흙 등을 사용했다고 알려져 있다. 또 나무 끝을 태운 숯을 사용하기도 했다. 이 진흙과 숯이 물감의 시초다.

색의 재료는 흙, 조개껍데기, 곤충, 보석 등

현대에는 물감에 화학약품을 사용하기도 하지만, 옛날에는 흰색은 조개껍데기, 갈색은 흙, 빨간색은 깍지벌레라는 곤충, 파란색은 라피스 라줄리(청금석)라는 보석을 재료로 사용했다. 특히 17세기 네덜란드의 화가 얀 페르메이르(Jan Vermeer)의 그림에 이 푸른색이 인상적으로 사용되었다.

물감 종류에 따라 다른 접착제 사용

물감은 색을 내는 가루를 굳히기 위해 접착제를 사용한다. 학교에서 흔히 쓰는 수채 물감은 아라비아고무, 아크릴 물감은 합성수지, 유화 물감은 건성유를 접착제로 사용한다. 물감에 접착제를 사용하기 때문에 덜 마른 그림을 겹쳐두면 그림끼리 달라붙는다.

얀 페르메이르의 대표작
〈진주 귀걸이를 한 소녀〉

풀을 바르면 왜 종이가 붙을까?

| 풀 이야기 |

울퉁불퉁한 종이 표면에 풀이 배어들어 굳으면서 달라붙는다.

세 가지만 알면 나도 과학자!

풀은 죽에서 시작되었다

옛날에는 무언가를 붙여야 할 때 밥을 으깨서 사용했다. 그리고 조금 더 발전해 쌀을 갈아 끓여서 사용했다. 이처럼 쌀을 갈아서 만든 풀을 종이에 바르거나 옷감을 빳빳하게 하는 데 사용했다.

풀의 성분은 전분과 물

풀은 전분과 물로 이루어져 있다. 그래서 '전분풀'이라는 제품도 있다. 발랐을 때는 부드러운데 점점 물이 증발하면서 전분이 단단하게 굳는다. 종이와 종이 표면의 울퉁불퉁한 틈 사이로 풀이 들어가 굳으며 접착된다. 또한 종이와 풀이 붙는 데는 풀의 분자와 종이의 분자가 서로 잡아당기는 힘도 작용한다.

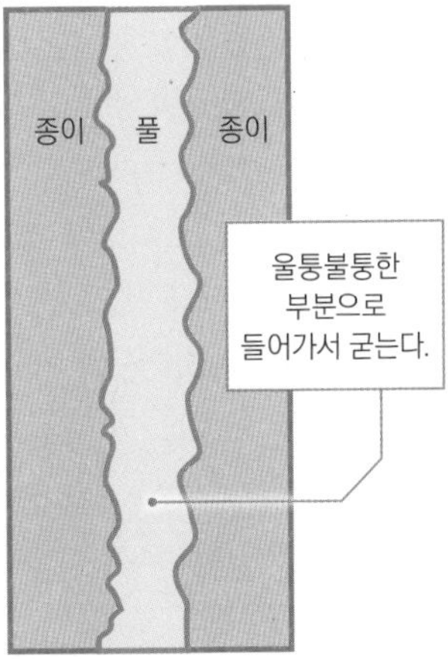

종이에도 사용하는 전분 풀

우리가 흔히 사용하는 종이를 만들 때는 종이의 원료인 '펄프'라는 섬유를 붙이기 위해 전분 풀을 주로 사용한다. 그런데 전통 종이에는 전분 풀을 잘 사용하지 않는다. 원료가 엄청나게 길어 서로 잘 얽혀 들어 전분의 접착성이 필요하지 않기 때문이다.

Day 224

분필로 어떻게 칠판에 글씨를 쓸까?

|칠판 이야기|

분필을 칠판에 대고 문지르면
가루가 부스러지면서 칠판 표면에 들러붙는다.

세 가지만 알면 나도 과학자!

분필과 칠판의 마찰로 글씨가 써진다

칠판은 매끈해 보이지만 자세히 보면 거칠다. 그래서 분필로 글씨를 쓰면 칠판과 분필 사이에 마찰이 생긴다. 이때 깎인 분필 가루가 칠판에 붙어 글씨가 된다.

분필 원료는 석회석

분필은 19세기 초 영국에서 건축 재료인 석회석으로 선을 그으면서 발명되었다. 석회석의 하얀색 때문에 '하얀 먹'이라는 의미로 '백묵(白墨)'이라 부르기도 했다. 분필이 흰색이어서 옛날에는 검은색 칠판을 사용했으나, 요즘에는 눈이 덜 피로한 초록색을 주로 사용한다.

형광 분필도 있다

탄산칼슘(석회암에 포함)으로 만들어 먼지가 적게 날리는 분필도 있다. 이 분필은 종류도 많고 형광과 굵은 글씨용, 내수성 분필, 그러데이션 분필 등 다양한 제품이 있다. 황산칼슘(석고에 포함)으로 만든 분필도 있다.

공부하면 뇌의 주름이 늘어난다는 말이 사실일까?

| 뇌의 주름 이야기 |

공부해서 머리가 좋아져도 뇌의 주름은 늘어나지 않는다.

세 가지만 알면 나도 과학자!

뇌의 주름은 왜 생겼을까?

뇌는 수많은 신경 세포로 이루어진 시트 구조로 되어 있다. 그 표면은 신문지 한 장 분량(약 2.2제곱미터)이나 된다. 이렇게 큰 뇌를 조그마한 두개골에 집어넣기 위해 접다 보니 주름이 생겼다. 뇌의 주름은 대체로 같아 이를 바탕으로 뇌 지도를 그릴 수 있다.

어머니 배 속에서 생긴다

뇌의 주름은 태어나기 전, 어머니 배 속에서 만들어진다. 그래서 일단 완성된 주름은 평생 늘어나지 않는다.

공부하면 왜 머리가 좋아질까?

뇌의 신경 세포는 어떤 구조로 되어 있을까? 쉽게 말해, 그물망 구조로 서로 연결되어 있어 매우 복잡한 방식으로 정보를 주고받는다. 무언가 새로운 정보를 배우거나 새로운 일을 하게 되면 그 그물망이 더욱 촘촘해지고 튼튼해진다.

기억은 어떤 원리로 보존될까?

|기억 이야기|

기억의 종류에 따라 구조는 다르지만 뇌 속에 '신경 회로'로 남는다.

세 가지만 알면 나도 과학자!

'단기 기억'과 '장기 기억'

엊저녁에 무엇을 먹었는지 떠올려보자. 이런 기억은 길어야 며칠이면 사라지는 '단기 기억'이다. 하지만 소중한 추억처럼 평생 잊을 수 없는 '장기 기억'도 있다.

'단기 기억'이란 뭘까?

본인은 깨닫지 못해도 무언가 보거나 들을 때마다 뇌의 신경 회로는 일하고 있다. 의식적으로 보고 들으려 애쓰면 일하는 신경 회로가 강해지며 '단기 기억'으로 저장된다.

거듭해서 떠올리면 '장기 기억'이 된다

일단 기억한 일을 떠올리면 다시 같은 신경 회로가 작동한다. 그 과정을 몇 차례 반복하면 회로가 강해지며 지름길이 생겨 기억을 좀 더 쉽게 떠올릴 수 있다. 이것이 '장기 기억'이 만들어지는 원리다. 자전거 타는 법처럼 언어가 아니라 몸으로 하는 기억도 있다.

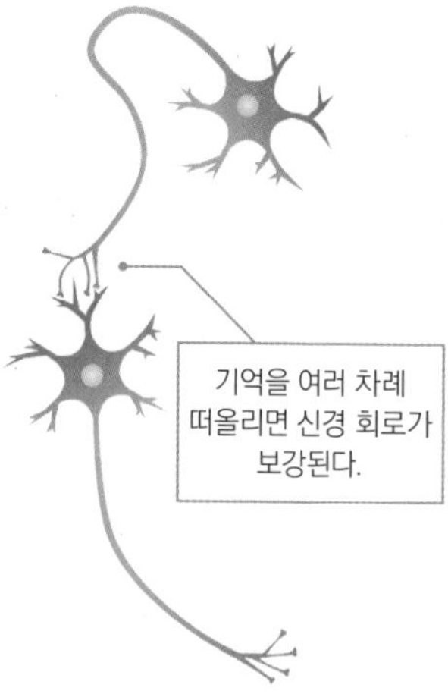

Day **227** 인체 | 몸의 엄청난 힘

호르몬이란 뭘까?

| 호르몬 이야기 |

**호르몬은 피에 조금씩 포함되어 있어
저절로 장기의 활동을 조정해주는 기특한 성분이다!**

세 가지만 알면 나도 과학자!

호르몬은 어디에서 만들어질까?

'내분비샘'이라는 호르몬 공장이 온몸에 흩어져 있다. 그곳에서 만들어진 호르몬이 혈관으로 방출된다. 그 밖에 뇌와 신경에서 만들어지는 호르몬, 혈관에서 만들어지는 호르몬도 있다.

호르몬의 종류

'성장 호르몬', '성호르몬' 등 다양한 종류가 있다. 현재까지 인간의 호르몬은 100종류 이상 발견되었다. 하지만 아직 모든 호르몬을 발견하지는 못했다.

호르몬은 어떻게 작용할까?

우리 몸은 각각의 장기에 필요한 호르몬만 받아들인다. 호르몬이 필요한 장기에 도달하면 명령이 전달되는 구조다. 그래서 멀리 있는 장기에도 정보를 보낼 수 있다. 도파민, 세로토닌 등 감정과 관련된 호르몬도 있다.

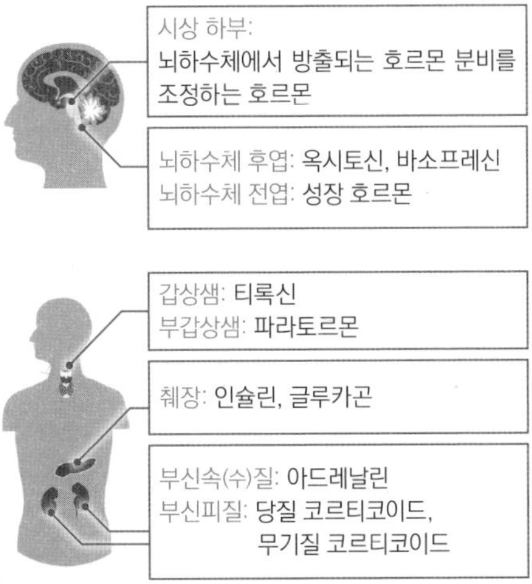

Day 228 인체 | 몸의 엄청난 힘

눈물은 왜 날까?

|눈물 이야기|

눈물은 눈이 오염되지 않도록 지킬 뿐 아니라
마음을 지키기 위해서도 분비된다.

세 가지만 알면 나도 과학자!

눈물은 언제나 조금씩 나온다

눈 표면이 탁해지거나 마르면 물체가 잘 보이지 않는다. 이럴 때는 눈물을 분비해 눈을 깜빡이게 만들어 지저분해지지 않도록 씻어낸다. 눈물은 언제나 조금씩 나오고 있다.

눈물은 감정 변화를 나타내는 지표

울어서 눈물이 나면 감정이 격정적으로 움직이는 것을 알 수 있다. 이 눈물은 마음을 진정시켜주는 효과도 있다. 또 누군가 울면 옆에 있는 사람은 눈물을 보고 그 사람의 기분을 알아차릴 수 있다.

눈물은 어디서 나올까?

눈물은 윗눈꺼풀 안쪽에 있는 눈물샘에서 만들어진다. 눈물샘은 눈꼬리 쪽에 있는데, 여기서 배어 나온 눈물이 미간 쪽으로 흐른다. 그래서 미간 쪽을 아무리 눌러도 흐르는 눈물이 멈추지 않는다. 그리고 미간 쪽에 있는 가느다란 관을 통해 눈물이 코로 흘러들어간다.

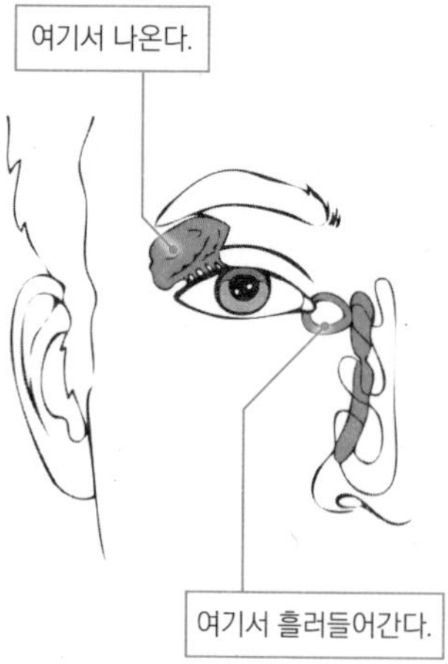

Day 229

지문은 왜 생길까?

| 지문 이야기 |

지문은 물건을 쥘 때 미끄러짐 방지 기능을 한다.

세 가지만 알면 나도 과학자!

어떻게 미끄러짐을 방지할까?

매끈매끈하게 가공된 물체는 미끄러지기 쉽고, 표면이 거칠거칠하면 잘 미끄러지지 않는다. 지문도 마찬가지 원리다. 손가락 끝과 손바닥 전체에 자잘한 요철을 만들어 마찰을 크게 해서 미끄러짐을 방지한다.

왜 미끄러짐 방지 기능이 필요할까?

인류의 먼 조상은 나무 위에서 생활해, 나무에 매달리거나 가지 사이를 펄쩍 날아서 이동했다. 이때 손으로 꽉 잡지 않으면 나무에서 떨어져, 미끄러짐 방지 기능이 필요했다.

왜 지문을 분석할까?

손가락 끝에서는 항상 땀과 기름이 조금씩 나와 미끄러짐 방지 기능에 도움을 준다. 그래서 손을 씻자마자 물건을 만져도 지문이 남는다. 지문은 모양에 따라 소용돌이형, 말발굽형, 궁상형으로 나누는데, 사람마다 지문 모양이 달라 지문을 보고 누가 만졌는지 판별할 수 있다.

Day 230 인체 | 몸의 엄청난 힘

콧물은 왜 날까?

|콧물 이야기|

콧물은 세균이 콧속으로 들어가지 못하도록 씻어내는 역할을 한다.

세 가지만 알면 나도 과학자!

콧물은 세균을 밖으로 내보낸다

콧물은 건강할 때도 약간씩 나와 콧속을 촉촉하게 유지해준다. 콧물은 숨을 들이마실 때 콧속으로 들어온 세균에 붙어 있다가 재채기를 할 때나 코를 풀 때 밖으로 나온다. 콧속이 콧물로 충분히 젖어 있지 않으면 냄새를 제대로 맡을 수 없다.

감기에 걸리면 왜 콧물이 날까?

감기에 걸렸을 때 열이 오르거나 콧물이 많아지는 것은 감기의 원인이 되는 세균이 우리 몸과 치열하게 싸운다는 증거다. 그렇다면 콧물이 탁하고 희멀건 이유는 뭘까? 그 싸움에서 제 역할을 마친 세포와 처리된 세균이 가득 들어 있기 때문이다.

왜 코가 막힐까?

코가 막혀 답답한 느낌이 드는 것은 콧속의 공기 통로가 좁아졌기 때문이다. 건강할 때도 두 개의 콧구멍 중 하나는 막혀 있다. 교대로 휴식을 취하는 것이다.

Day 231

목소리는 어떻게 날까?

| 성대 이야기 |

뇌·폐·입·코·성대가 협력해서 생각한 대로 목소리를 낼 수 있다.

세 가지만 알면 나도 과학자!

성대가 떨리며 소리가 난다

목의 울대뼈에는 성대라는 두 장의 막이 있다. 이 막은 평소에 열려 있다가, 목소리를 낼 때면 닫혀 틈을 만든다. 폐에서 배출되는 공기가 이곳을 지나갈 때 막이 떨리면서 목소리가 나온다. 성장해서 울대뼈가 커지면 성대도 길고 얇아져 목소리가 낮아진다.

어떻게 다양한 목소리를 낼 수 있을까?

성대의 틈이 좁아져 성대를 얇게 늘릴수록 높은 목소리가 난다. 폐에서 배출된 공기의 양으로 목소리의 크기가 결정된다. 그리고 혀와 입속의 모양을 바꾸면서 자유롭게 말한다. 이 모든 것을 뇌가 관장한다.

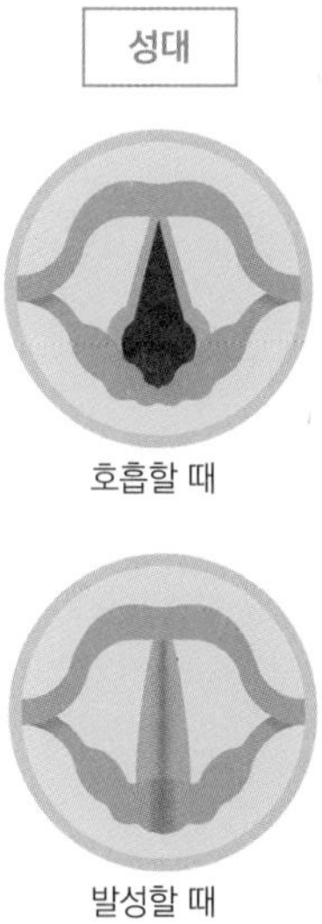

감기에 걸리면 왜 목소리가 변할까?

감기에 걸리면 코가 막힌다. 그러면 콧속의 공동(空洞)이 조금씩 찌그러지며 목소리가 울리는 방식이 달라져 콧소리가 난다. 목이 부으면 성대가 청명하게 떨리지 않아 쉰 소리가 난다.

이불을 덮으면 왜 따뜻해질까?

|깃털 이야기|

이불 속에 많은 공기를 가두고 체온으로 데우기 때문이다.

세 가지만 알면 나도 과학자!

공기는 열을 잘 전달하지 못한다

물질에는 열이 잘 전달되는 물질과 잘 전달되지 않는 물질이 있다. 금속은 열이 잘 전달돼 요리 냄비 등에 사용된다. 반대로 플라스틱과 목재, 공기는 열이 잘 전달되지 않는다.

이불 속에는 무엇이 채워져 있을까?

이불 속에는 솜을 채우는데, 그 솜이 공기를 머금고 있다. 이불솜 재료로는 목화솜, 화학섬유(폴리에스터계 솜 등), 비단, 양모, 깃털 등 다양한 물질이 사용된다. 이불솜의 공기가 체온으로 데워져 밖으로 빠져나가지 않는 원리로 보온성을 유지한다.

깃털을 많이 쓰는 이유

이불솜으로 깃털을 많이 사용하는 이유는 공기를 잘 머금고 가벼우며 보습성이 있기 때문이다. 깃털 이불에는 주로 거위와 오리의 깃털을 사용한다. 특히 거위털 이불은 보송보송한 거위의 가슴 솜털과 일반 깃털을 사용한다.

콘크리트는 어떻게 만들까?

|콘크리트 이야기|

모래, 자갈, 물 등을 시멘트로 굳혀서 만든다.

세 가지만 알면 나도 과학자!

콘크리트에 필요한 것

자갈, 모래 등의 알갱이 재료(골재)에 시멘트와 물을 섞어서 만든다. 주로 붙이는 재료(결합제)로 사용된다. 콘크리트는 현대적 재료라는 선입관이 있는데, 고대 로마 신전에도 사용되었다.

시멘트 페이스트, 모르타르, 콘크리트의 차이

세 가지 재료는 서로 비슷하다. 시멘트 페이스트(cement paste)는 시멘트와 물을 섞어서 만들고, 모르타르는 시멘트 페이스트에 자잘한 알갱이 재료(모래)를 섞어서 만든다. 콘크리트는 모르타르에 굵은 골재(자갈)를 섞어서 만든다.

콘크리트는 굳는다

시멘트에 물을 섞으면 유리질 물질이 된다. 이 유리질 물질이 모래와 자갈을 결합시킨다. 콘크리트는 물과 시멘트가 만나 일어나는 화학 반응인데, 유리질 물질이 생기는 현상을 이용한 것이다. 시멘트와 물이 섞이면 반응하면서 열이 발생한다. 19세기에는 철근 콘크리트가 개발되어 건물, 도로, 다리 등에 사용되었다.

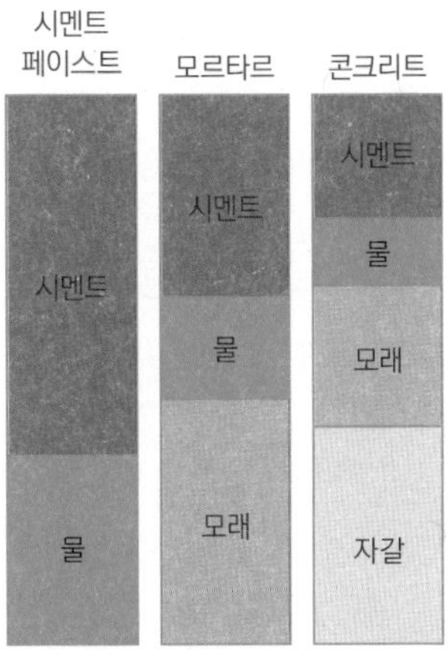

Day 234 자연 | 다양한 소재

아스팔트는 어떻게 만들까?

|아스팔트 이야기|

원유에서 휘발유와 등유를 뽑고 남은 물질(잔유)을 이용해서 만든다.

세 가지만 알면 나도 과학자!

천연 아스팔트는 기원전부터 사용되었다

도로 포장 등에 사용되는 아스팔트는 어디에서 나올까? 주로 석유에서 얻는다. 석유 산지 근처에 보면 연못처럼 아스팔트 웅덩이가 나타나기도 한다. 기원전부터 천연 아스팔트는 미라 방부제와 토기 제작, 토우 수리 등 다양한 용도로 이용되었다.

빠르고 저렴한 아스팔트 포장

아스팔트 포장은 높은 열로 녹인 아스팔트를 흘려 부은 뒤 식기만 기다리면 공사가 끝나는 단순한 작업이다. 공사에 걸리는 시간도 짧고, 비용도 콘크리트의 절반 수준으로 저렴하다.

다양한 분야에서 활약하는 소재

아스팔트는 어디에 이용될까? 주로 다리와 도로, 제방, 건물 방수 등에 이용된다. 철로에 자갈(ballast) 대신 아스팔트를 깔기도 한다. 상대적으로 공사 기간이 짧아 공항 활주로에도 이용된다.

고무는 어떻게 쭉쭉 늘어날까?

| 고무 이야기 |

작은 입자가 사슬처럼 연결되어 있어,
잡아당기면 사슬이 늘어났다가 원래대로 돌아오기 때문이다.

세 가지만 알면 나도 과학자!

고무의 재료는 나무 수액

천연고무는 고무나무 줄기에 상처를 내고 얻은 수액(라텍스)을 굳힌 것이다. 탄성이 좋은데 시간이 지나면 끈적끈적하게 손에 묻어 오랫동안 쓸모를 찾지 못했다. 이후 크리스토퍼 콜럼버스(Christopher Columbus)가 유럽에 소개했다.

타이어 등 대부분 고무 제품은 석유로 만든다

19세기 말, 고무에 유황을 더하면 탄력이 증가한다는 사실이 발견되었다. 이후 고무를 활용한 공업 제품이 확대되었다. 1888년부터 타이어에 고무를 활용하면서 자동차 제조가 활발해졌다.

고무줄은 수축할 때 차가워진다

고무줄을 잡아당기면 힘을 받아 쪼그라들며 가늘어진다. 물질은 압력을 가하면 뜨거워지는 성질이 있어 고무줄도 잡아당기면 뜨거워진다. 반대로 원래대로 돌아오면 차가워진다. 고무를 입술에 대고 잡아당겼다 줄어드는 과정을 반복하면 고무가 차가워지는 현상을 느낄 수 있다.

나무에서 추출한 천연고무

Day 236 자연 | 다양한 소재

유리는 어떻게 만들까?

|유리 이야기|

> 유리의 주원료는 '규소'라는 모래와 탄산나트륨, 석회암 등이다.

세 가지만 알면 나도 과학자!

다양한 분야에서 사용되는 유리

창문의 판유리, 병, 컵, 거울, 식기 등 유리로 만든 물건은 정말 많다. 유리는 투명하고 습기와 물과 약품에 강하며, 열에도 비교적 강하다. 다만, 강한 힘을 가하면 깨지거나, 갑자기 뜨거워졌다가 식으면 갈라질 수 있다.

유리는 백사장에 있는 모래로 만든다

유리의 주요 원료는 규소다. 규소는 이산화규소로 이루어진 석영 모래다. 유리에는 여러 가지 종류가 있다. 창유리와 병에 사용되는 유리는 규소에 탄산나트륨과 탄산칼슘을 섞은 물질을 녹여서 만든다.

엿처럼 물렁물렁하게 녹였다가 굳힌다

유리 원료를 1,500~1,600도 고열로 물렁물렁하게 녹였다가 식히면 우리가 아는 투명한 유리가 된다. 유리에 색을 입히려면 푸른색은 산화코발트와 산화구리, 초록색은 산화크롬, 노란색은 산화철 등을 첨가한다. 참고로, 기원전 3000년 무렵 이집트에서는 유리가 다양한 모양의 장식으로 사용되었다.

플라스틱은 어떻게 만들까?

| 플라스틱 이야기 |

현재 사용하는 플라스틱은 대부분 석유로 만든다.

세 가지만 알면 나도 과학자!

석유로 만들어지는 나프타가 재료

식기, 문구류, 장난감, 가전제품, 자동차 등 플라스틱은 사용되지 않는 곳이 없을 정도로 다양한 분야에서 쓰인다. 대부분 석유로 만들어지는 나프타(naphtha)라는 물질을 화학적으로 분해해서 결합한다. 세계 최초로 석유를 이용해 플라스틱을 만든 사람은 벨기에 태생의 미국 화학자 리오 베이클랜드(Leo Baekeland)다.

열을 가해 제품을 만드는 플라스틱

플라스틱은 열을 가하면 부드러워지고, 틀에 넣어 식히면 굳는다. 이 성질을 이용해 다양한 제품을 만들 수 있다.

플라스틱을 재활용!

다양한 분야에서 사용돼 폐플라스틱 쓰레기 문제가 심각해지면서 재활용 방법도 모색되고 있다. 쓸모없어진 플라스틱을 소각해 그 열을 난방에 사용하거나, 녹여서 말뚝이나 공원 벤치 등의 재료로 재활용하기도 한다. 또 흙으로 돌아가는 플라스틱과 식물을 원료로 한 플라스틱 등도 개발되었다.

리오 베이클랜드

도자기는 무엇으로 만들까?

| 도자기 이야기 |

가정이나 음식점 등에서 많이 사용하는 식기류는
대부분 얇고 튼튼한 자기류다.

세 가지만 알면 나도 과학자!

조몬시대에 사용된 토기

토기의 역사는 매우 오래되어 일본에서는 조몬시대에 이미 토기를 만들어 사용했다. 토기는 흙으로 빚은 형상을 800~900도에서 구워 만드는데, 가장 오래된 조몬 토기는 약 1만 6,000년 전에 만들어졌다. 토기는 물이 잘 배어 나오고 깨지기 쉽다.

토기에서 도자기로 발전했다

이후 고령토라는 점토를 사용해 토기보다 높은 1,100~1,300도에서 유약을 발라 구운 도기(陶器)가 제작되었다. 도기를 사용하면서 물이 배어 나오지 않게 되었다. 도기보다 더 높은 1,300도 이상에서 도석(陶石) 가루와 고령토를 추가해 구운 토기가 자기(磁器)다.

뛰어난 자기의 성질

자기는 고온에서 구워 원료인 도석 가루가 유리질로 변해 조직이 치밀하고 단단하다. 또한 물을 빨아들이거나 통과시키지 않는다. 게다가 도기보다 훨씬 얇고 튼튼해 식기류로 사용된다.

육식동물과 초식동물은 무엇이 다를까?

|동물 분류법 이야기|

식물을 주로 먹고 살면 초식동물,
동물의 고기를 주로 먹고 살면 육식동물이다.

세 가지만 알면 나도 과학자!

생물은 살아가기 위해 외부에서 에너지를 공급받는다

식물은 살아가기 위해 광합성으로 전분 등을 생성한다. 광합성을 하려면 태양의 빛에너지가 필요하다. 그러나 동물은 광합성을 할 수 없어 다른 생물을 먹고 필요한 에너지를 얻는다.

식물은 소화와 흡수가 힘들다

식물은 온도와 물, 빛만 있으면 성장할 수 있어 지구상에 널리 퍼져 있다. 이 식물만 먹고 살면 식량 걱정이 없겠지만, 대부분 식물 세포에는 단단한 세포벽이 있어 소화와 흡수가 힘들다. 세포벽이 없는 식물을 먹어야 소화와 흡수가 원활하게 이루어진다. 한편, 소를 비롯한 초식동물은 위 속에서 미생물로 식물을 분해해 이 분해물과 미생물을 섭취한다.

사슴(초식동물)의 두개골

먹이의 차이로 몸 구조가 달라진다

식물을 먹고 육식동물에게서 도망쳐야 하는 초식동물과 다른 동물을 추격해서 잡아먹는 육식동물은 이빨 구조, 위장의 크기와 길이, 발굽의 유무, 발톱의 날카로움 정도, 무리 또는 단독생활 등에서 차이가 있다.

개(육식동물)의 두개골

Day 240

생물 | 다양한 동물

공룡은 왜 사라졌을까?

|공룡 이야기|

여러 가지 학설이 있지만,
지구에 거대 운석이 충돌했기 때문이라는 설이 가장 유력하다.

세 가지만 알면 나도 과학자!

6,600만 년 전, 거대 운석이 지구에 충돌!

약 2억 5,000만 년 전부터 시작된 중생대에 공룡과 익룡, 어룡, 장경룡 등 거대한 파충류가 지구에서 대거 서식했다. 그리고 쥐라기에 이어진 백악기 말기에 지름 10~15킬로미터의 거대 운석이 멕시코의 유카탄반도에 떨어졌다(185일 차 참고).

운석 충돌 이후 기후 변동으로 멸종했다?

운석 충돌로 인한 영향은 상상을 초월할 정도로 엄청났다. 강력한 열풍과 열파, 거대 지진, 거대 쓰나미 등이 먼저 지상을 덮쳤다. 그리고 수없이 흩어진 먼지가 햇빛을 가려 지구 전체 기온이 대폭 하강하며 공룡을 포함한 많은 생물이 멸종했다. 물론 공룡이 멸종한 원인은 그 밖에도 여러 가지가 있다고 추정된다.

공룡은 조류로 살아남았다

공룡의 다리는 몸통을 지탱하기 위해 아래로 똑바로 뻗어 비스듬하게 옆으로 나온 다른 파충류와 약간 다른 모습이다. 더욱이 깃털이 자란 공룡 화석이 여럿 발견되고 있어, '공룡에서 새가 진화했다'는 가설이 힘을 얻었다.

깃털이 돋은 오비랍토르

알에서 태어나는 생물은 어떤 것이 있을까?

|알 이야기|

암수 구별이 있는 생물은 모두 알에서 태어난다.

세 가지만 알면 나도 과학자!

인간도 알에서 시작된다!

암수 구별이 없는 생물은 세포가 분열해서 증식한다. 그러나 암수 구별이 있는 생물은 모두 수정란에서 탄생한다. 그러므로 알에서 태어나는 것은 특별한 현상이 아니다. 알을 체내에서 기르느냐, 밖으로 내보내느냐의 차이일 뿐이다.

물고기는 몸 밖에서 수정한다

어류, 양서류 등 수중에서 서식하는 많은 생물은 정자와 알을 몸 밖으로 내보내 수정한다. 육상에 사는 파충류와 조류는 암컷의 체내에서 수정하고 껍데기가 있는 알을 몸 밖에 낳는다. 식물도 간단히 표현하면, 정자·정세포와 난세포가 수정한 수정란에서 시작된다.

몸속에서 알을 기르는 동물도 많다

어류는 알을 따뜻하게 기르지만, 알을 낳고도 돌보지 않는 동물이 많다. 이런 동물은 작은 알을 많이 낳는다. 하지만 일부 동물과 포유류는 수정란이 부화하고 새끼가 될 때까지 몸 안에서 소중하게 길러, 어느 정도 성장한 뒤에 낳는다. 한편, 포유류인 오리너구리와 가시두더지는 알을 낳아서 품고 새끼가 부화하면 젖을 먹여 기른다.

문어와 오징어는 왜 흐물흐물할까?

|연체동물 이야기|

문어와 오징어는
진화 과정에서 패각(조개껍데기)이 없어진 연체동물이다.

세 가지만 알면 나도 과학자!

일정한 형태를 유지하는 동물은 몸 안팎에 골격이 있다

동물은 대체로 몸이 단단하고 일정한 형태를 유지한다. 이런 동물로는 곤충, 새우, 게 등의 절지동물과 조개껍데기를 지닌 연체동물처럼 외골격이 있는 생물, 그리고 몸 안쪽에 골격이 있는 척추동물이 있다. 하지만 몸을 지키거나 지탱하는 골격이 없는 동물도 많다.

문어와 오징어는 조개껍데기가 퇴화했다

연체동물에는 모시조개나 소라처럼 몸을 지키는 패각을 지닌 생물이 많다. 그러나 군소나 민달팽이처럼 패각이 없어진 생물도 있다. 문어와 오징어는 조개껍데기가 있는 앵무조개, 멸종한 암모나이트와 친척으로, 조개껍데기가 퇴화한 것이다.

근육이 발달해 멀리까지 헤엄칠 수 있다

문어와 오징어는 근육이 발달해 멀리까지 헤엄칠 수 있다. 먹물을 뿜어 적의 시야를 교란시키고 도망칠 수도 있다. 조개껍데기가 있으면 잽싸게 헤엄치는 데 걸리적거려 퇴화한 것으로 추정된다. 문어는 패각이 완전히 퇴화했으나, 오징어는 몸속에 뼈처럼 남아 있다.

멸종한 암모나이트

Day **243** 생물 | 다양한 동물

게 껍데기는 무엇으로 만들어졌을까?

| 갑각류 이야기 |

게는 케라틴으로 이루어진, 두껍고 튼튼한 외골격으로 덮여 있다.

세 가지만 알면 나도 과학자!

외골격은 케라틴이 주성분!

게와 곤충 등은 절족동물이다. 절족동물은 모두 키틴질과 단백질 등으로 이루어진 케라틴 성분의 외골격으로 몸을 지킨다. 사람의 머리카락 표면의 큐티클과 반들반들 윤이 나는 동백나무 잎 표면에도 케라틴 성분이 있다.

게는 절족동물 중에서 '갑각류'

갑각류에는 게와 새우, 크릴새우 등 바다에서 생활하는 동물이 많다. 겉모습은 조금 달라도 자기 집을 이고 다니는 소라게나 따개비도 갑각류다. 그 밖에도 담수에서 생활하는 참게와 물벼룩, 육지에서 생활하는 쥐며느리 등 여러 종류가 있다.

새우의 몸이 착착 접혀서 게가 되었다?

게는 두흉부에 있는 사각형의 두툼한 등딱지가 특징이다. 적의 공격을 받으면 이 등딱지로 몸을 지킨다. 새우의 머리와 가슴 부근이 가로로 길쭉해지고, 배가 두흉부 아래로 접혀 들어가고, 꼬리가 없어지며 게가 되었다. 배 쪽에 뚜껑처럼 젖혀지는 부분을 '배 딱지'라고 부른다.

게의 배 딱지

생물 과학 인체 먹을거리 질병과 약 우주 기계와 도구 자연

조개는 물고기일까 아닐까?

| 조개 이야기 |

조개는 등뼈가 있는 물고기가 아니라,
등뼈가 없는 무척추동물 중 연체동물에 속한다.

세 가지만 알면 나도 과학자!

물고기는 몸 안쪽에, 조개는 몸 바깥에 골격이 있다

물고기는 등뼈에 붙은 근육으로 꼬리지느러미와 몸통을 좌우로 움직이며 물속을 헤엄친다. 하지만 조개는 무척추동물이라서 몸속에 골격이 없다. 그 대신 몸 바깥에 조개껍데기가 있어 적으로부터 몸을 지켜준다.

조개껍데기 장수와 모양으로 분류

연체동물은 본래 조개껍데기를 가지고 있었다. 조개류는 모시조개와 가리비 등의 이매패류(二枚貝類), 소라와 달팽이 등의 복족류(腹足類, 바다에 살면 고둥, 육지에 살면 달팽이), 딱지조개 등의 다판류(多板類) 등이 있다.

조개껍데기에도 나이테가 있다!

조개껍데기는 탄산칼슘으로 이루어져 있다. 몸속에서 만들어져 몸 밖의 가장자리에 덧붙는다. 수온과 염분 농도 등 조건에 따라 성분과 성장 속도가 달라진다. 나무 나이테처럼 조개껍데기에도 줄무늬가 있다. '어패류'라고 하면 조개껍데기가 있는 생물만 떠올리는데, 물고기와 조개뿐 아니라 물속에 사는 대다수 동물을 가리킨다.

이매패류
- 모시조개와 가리비 등

복족류
- 소라와 달팽이 등

다판류
- 딱지조개 등

Day 245 생물 | 다양한 동물

돌고래는 물고기일까 아닐까?

|바다의 포유동물 이야기|

돌고래는 몸은 물고기와 비슷하지만 포유류다.

세 가지만 알면 나도 과학자!

물고기와 돌고래는 몸통이 유선형이어서 물의 저항을 덜 받는다

수영장이나 바다에서 헤엄칠 때 팔다리를 움직이려면 엄청난 힘이 필요하다. 물은 공기보다 저항력이 커서 팔다리가 있으면 거추장스러워 움직이는 데 불편하다. 물속을 빠르게 헤엄치는 물고기와 돌고래는 물의 저항을 줄이기 위해 몸이 유선형으로 발달했다.

고래와 하마는 친척?

고래의 조상은 하마와 가까운 친척으로 알려져 있다. 하마에서 고래로 진화한 것은 아니고, 같은 조상에서 갈라져 나왔다. 고래의 먼 조상 동물이 수중에서 생활하며 모습이 달라졌다. 참고로, 돌고래와 고래는 명확하게 구별하지 않고 주로 몸 크기 차이로 구분한다.

고래는 폐로 호흡하고 새끼에게 젖을 먹인다

고래는 분수처럼 물을 내뿜는다. 머리 위에 있는 콧구멍에서 폐 속의 공기를 내보낼 때, 코 주위에 있던 바닷물이 안개처럼 뿜어져 나오며 장관을 연출한다. 고래는 물속에 살지만, 알이 아니라 새끼를 낳아 젖을 먹여 기른다.

생물 과학 인체 먹을거리 질병과 약 우주 기계와 도구 자연

물체는 어떨 때 잘 탈까?

|연소 이야기|

물질이 연소하는 데 필요한 세 가지 조건은
'타는 물질(가연물)', '산소', '점화원'!

세 가지만 알면 나도 과학자!

물질이 연소하는 조건

물질이 연소하려면 '타는 물질'과 산소가 필요하다. 성냥이나 라이터 등의 점화원이 있으면 발화 온도(발화점)나 인화 온도(인화점)가 되어 연소가 시작된다.

발화점과 인화점

물질에 불을 붙일 수 있는 최저 온도를 '발화 온도(발화점)'라고 한다. 물질의 온도를 점점 높여 발화 온도가 되면 저절로 불이 붙는다. 불을 가져다 댔을 때 물질에 불이 붙는 현상을 '인화'라 하고, 인화가 발생하는 최저 온도를 '인화 온도'라고 한다. 참고로, 모닥불을 피운 뒤에는 점화원을 없애고 발화 온도나 인화 온도가 되지 않도록 뒷정리를 말끔히 해야 한다!

【연소의 3요소】

세 가지 요소가 갖추어졌을 때
연소가 일어난다.

튀김 기름의 인화

주방에서 튀김 기름을 불에 올려놓고 한눈팔면 화재가 일어날 수 있다. 튀김을 하는 온도는 180도 정도여서, 인화 온도를 넘지 않는다. 하지만 한눈팔다가 식용유 온도가 너무 높아져 연기 날 정도가 되면 인화한다.

철도 불에 탈까?

|금속의 연소 이야기|

철도 가늘게 만들거나 잘게 부수면 탈 수 있다.

세 가지만 알면 나도 과학자!

철은 일반적으로 타지 않는다

주위에서 철로 이루어진 물질이 저절로 타는 광경을 본 적이 있는가? 아마도 없을 것이다. 실제로 철로 만든 가위, 칼, 철 파이프, 스테인리스 깡통, 못, 클립, 철사 등은 아무리 불을 붙여도 타지 않는다.

철도 가늘게 만들어 불을 붙이면 탄다

녹을 제거하거나, 금속을 연마하거나, 바닥에 눌어붙은 때를 청소할 때 주로 무엇을 사용하는가? 대다수 사람이 철 수세미(정확한 용어는 스틸 울)를 사용한다. 그럼 철 수세미는 어떻게 만들까? 강철(steel)을 머리카락보다 얇게 양모(wool)처럼 가공해서 만든다. 이 철 수세미를 풀어서 불을 붙이면 불꽃이 일면서 타오른다.

알루미늄도 탈 수 있다

알루미늄도 불에 탈까? 뜻밖이라고 생각하겠지만, 물론이다. 알루미늄을 가늘게 만들거나 잘게 부수면 불에 잘 탄다. 또한 알루미늄 포일을 얇게 펴서 불을 붙이면 격렬하게 타오른다.

불을 끄려면 어떻게 해야 할까?

|소화 이야기|

연소의 3요소(246일 차 참고)에서 한 가지 조건만 빼도
불을 끌 수 있다.

생물 과학 인체 먹을거리 질병과 약 우주 기계와 도구 자연

세 가지만 알면 나도 과학자!

물을 뿌리면 불이 꺼지는 이유

일반적으로 불을 끌 때 물을 뿌린다. 타고 있는 물질에서 열을 빼앗아 발화 온도 이하로 낮추거나, 수증기로 덮어 산소 공급을 차단하기 위해서다.

소화기로 다양한 종류의 불을 끌 수 있는 이유

가장 많이 사용되고, 시중에서 대체로 판매되는 소화기는 ABC 분말 소화기다. A는 일반 화재, B는 가연성 물질로 인한 화재, C는 전기로 인한 화재를 나타낸다. 따라서 ABC 분말 소화기는 어떤 화재에나 사용할 수 있는 만능 소화기인 셈이다. 소화기 안에는 하얀색 가루(탄산수소나트륨 또는 인산암모늄이 주요 성분)가 들어 있다. ABC 분말 소화기 10형 축압식은 18초면 분말을 분사해, 양동이 아홉 개 분량의 물과 맞먹는 소화력을 갖추고 있다.

소화기 사용법

1. 안전핀을 뽑는다.
2. 호스를 화구 방향으로 조정한다.
3. 손잡이를 꽉 쥔다.

기름으로 인한 화재에 물은 절대 금지!

발화한 기름은 380도가 넘는다. 이때 물을 뿌리면 수증기가 되어 발화한 기름이 흩날리며 불기둥이 솟아오른다. 기름으로 인해 불이 났을 때는 물을 뿌리지 말고 소화기 등으로 대처해야 한다.

Day 249 과학 | 불과 물

국물이 끓어 넘치면 왜 불꽃이 노래질까?

| 불꽃 반응 이야기 |

국물에 들어 있는 염화나트륨이 불로 가열되기 때문이다.

세 가지만 알면 나도 과학자!

국물 속의 소금 성분, 나트륨

부엌에서 가스레인지를 이용해 국을 끓일 때 잠시만 한눈팔면 냄비 안의 국물이 끓어 넘친다. 그러면 가스레인지의 불꽃이 노란색으로 변한다. 국물 속에 들어 있는 소금의 나트륨이 불꽃 속에서 고온으로 가열되어 특유의 노란빛을 내기 때문이다.

나트륨 성분 화합물은 노란색 불꽃을 낸다

염화나트륨뿐 아니라 나트륨 성분이 있는 화합물을 무색에 가까운 불꽃에 넣으면 불꽃이 노랗게 변한다. 수산화나트륨, 황산나트륨, 아세트산나트륨도 노란색 불꽃을 만든다. 이를 불꽃 반응(flame test)이라고 한다.

금속의 종류에 따라 불꽃 색이 달라진다

불꽃 반응을 이용하면 어떤 성분이 포함되어 있는지 확인할 수 있다. 몇 가지 금속의 종류와 색을 예로 들면 다음과 같다. 리튬은 심홍색, 나트륨은 노란색, 칼륨은 연자주색, 칼슘은 주황색, 스트론튬은 심홍색, 바륨은 황록색, 구리는 청록색…….

불꽃놀이는 어떻게 다채로운 색을 낼까?

| 불꽃놀이 이야기 |

밤하늘을 수놓는 불꽃의 알록달록한 색은
불꽃 반응(249일 차 참고)을 응용한 것이다.

세 가지만 알면 나도 과학자!

불꽃 발사의 원리

우선, 종이로 만든 구체에 화약 구슬을 채워 탄환처럼 만든다. 이것을 화약을 사용해 발사하면 불꽃놀이가 완성된다. 쏘아 올릴 때 도화선에 불이 붙고, 높이 올라갔을 때 도화선에서 할화약(割火藥)에 점화되어 파열하면 '별'이 흩날린다.

반짝반짝 빛나는 하얀빛

불꽃놀이 화약에는 주로 알루미늄, 마그네슘 등의 금속 가루가 들어 있다. 이것이 혼합된 산화제와 반응해 불타오르면서 대량의 열을 발생한다. 그리고 매우 높은 온도(3,000도)에 도달하면 찬란하게 하얀빛을 내뿜는다.

금속 화합물의 여러 가지 색 불꽃 반응

'별'이 흩날릴 때 금속 원소 화합물의 불꽃 반응으로 색깔이 달라진다. 빨간색은 스트론튬 화합물(아세트산 스트론튬, 탄산스트론튬 등), 초록색은 아세트산 발륨과 염소산 발륨 등, 노란색은 나트륨 화합물, 파란색은 주로 탄산구리과 황산구리 등의 화합물이 들어 있을 때 나타난다. 다양한 화합물이 섞여 있을 때는 빨강, 초록, 파랑 이외의 색이 나타난다.

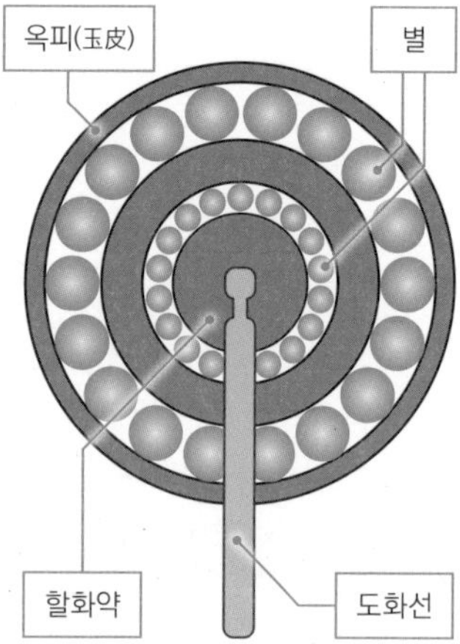

Day 251 과학 | 불과 물

해열 시트를 이마에 붙이면 왜 시원해질까?

| 기화열 이야기 |

열이 날 때 이마에 붙이는 해열 시트의 주요 성분은 물과 젤이다.

세 가지만 알면 나도 과학자!

젤은 '친수성 고분자 물질'

해열 시트에 들어 있는 젤은 '친수성 고분자 물질'이다. 그래서 해열 시트를 이마에 붙이면 처음에 시원한 느낌이 드는 것이다. 자기 무게의 열 배 이상이나 되는 물을 빨아들일 수 있어 일회용 기저귀 등에 사용된다.

시원해지는 이유는 물의 기화열 때문

해열 시트를 사용하면 열을 내리는 데 효과적이다. 물이 증발할 때 체온에서 기화열(증발열)로 열을 빼앗아가기 때문이다. 열을 빼앗긴 지점은 온도가 내려가며 식는다. 주사를 맞기 전에 알코올 솜으로 소독할 때 시원한 느낌이 드는 것도 이와 마찬가지다.

젖으면 몸이 점점 차가워진다

기화열이란 액체인 물질이 기체가 될 때 주위에서 흡수하는 열이다. 목욕탕 다녀오는 길에 찬 바람을 쐬면 감기에 걸린다는 말도 그래서 나왔다. 젖은 상태에서는 몸이 점점 차가워진다(85일 차 참고). 오전 서늘한 시간에 물뿌리개나 살수차로 도로에 물을 뿌리면 낮에 시원해지는 현상도 '기화열'을 이용해 더위를 식히려는 지혜에서 비롯되었다.

100도 넘는 수증기가 존재할까?

|과열 수증기 이야기|

과열 수증기를 활용해 '물로 굽는' 조리기구도 있다.

세 가지만 알면 나도 과학자!

물의 상태 변화

물은 1기압(일반적인 장소의 기압)일 때 0도에서 얼음이 녹고, 100도에서 끓어 수증기가 된다. 그런데 끓이지 않아도 물의 표면에서는 수증기가 조금씩 형성되고 있다.

100도 넘는 고온의 '과열 수증기'

끓는 물에서 나오는 수증기를 다시 끓이면 100도가 아니라, 예컨대 300도 넘는 높은 온도가 된다. 이를 '과열 수증기'라고 한다. 수증기인데도 축축하지 않고 뜨겁고 건조한 느낌이 든다.

과열 수증기를 활용한 조리기구

식품에 300도 넘는 과열 수증기를 쬐어 조리하는 주방용 조리도구도 있다. 300도 넘는 수증기가 식품에 닿으면 식품이 데워지고, 식품 내부의 기름과 물이 부글부글 끓어오른다. 그러면 겉은 바삭하고 속은 촉촉한 요리가 완성된다. 참고로, 성냥과 종이에 과열 수증기를 쬐면 성냥에 불이 붙거나 종이가 눌어버린다.

【과열 수증기란?】

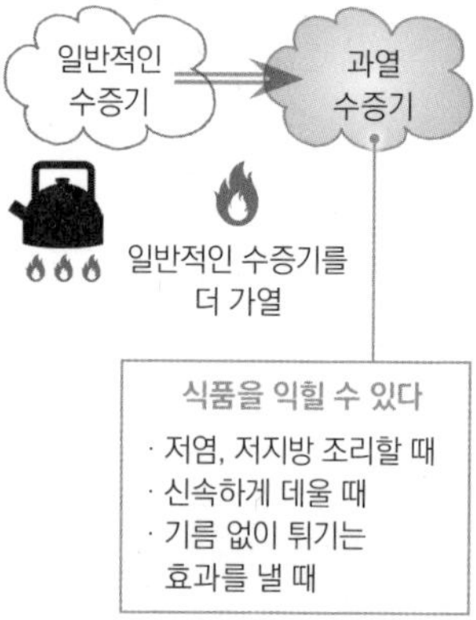

Day 253

인공지능은 어떻게 만들까?

|인공지능 이야기|

인공지능은 많은 정보(빅데이터)를 모아
스스로 학습(딥 러닝)한다.

세 가지만 알면 나도 과학자!

빅데이터는 뭘까?

쉬운 예로, 스마트폰에 말을 걸면 질문에 대답해주는 음성 인식 기능도 AI다. 많은 사람의 목소리가 발음과 목소리의 강약, 사투리 등의 정보(빅데이터)로 차곡차곡 쌓여 기억된다.

딥러닝이란 뭘까?

스마트폰은 질문을 받으면 빅데이터를 기반으로 '무엇을 물었는지' 분석하고, 인터넷을 활용해 최적의 답을 검색한다. 이것이 '딥 러닝(Deep Learning)' 시스템이다.

AI가 활약하는 분야는 다양하다

AI는 음성 인식 외에도 많이 활용되고 있다. 딥 러닝을 반복해 점점 똑똑해진 AI는 우리 생활에 큰 변화를 일으키고 있다. 가령 자율주행 자동차와 무인 편의점 등도 AI로 실현되는 것이다. 언젠가는 AI의 지능이 인간을 뛰어넘는 '특이점(Singularity)'을 맞을지도 모른다.

【딥 러닝】

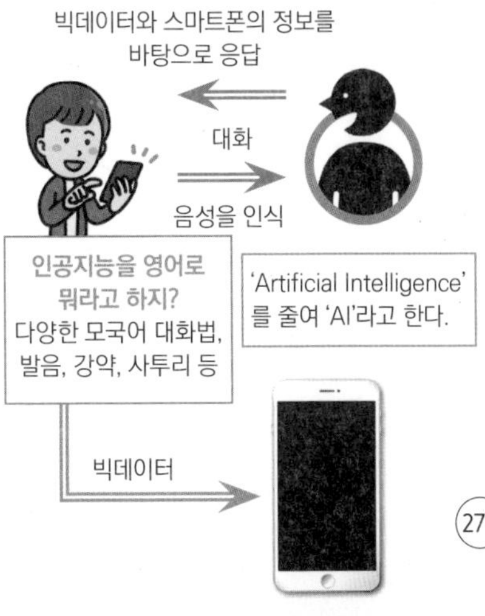

레이저는 뭐가 다를까?

| 레이저 이야기 |

레이저는 태양 빛이나 전등 빛과 달리 한 가지 색으로 똑바로 나가는 인공 빛이다.

세 가지만 알면 나도 과학자!

일상 속으로 들어온 레이저

레이저는 다양한 분야에 응용되고 있다. 레이저 포인터, 가수의 무대를 연출할 때 날아다니는 광선, 바코드를 읽는 스캐너의 빨간빛, 수술에 사용하는 레이저 메스 등 여러 분야에서 쓰인다.

태양 빛, 전등 빛과 레이저의 차이

태양 빛과 전등 빛은 파란색과 빨간색 등 다양한 파장이 포함되어 넓게 나아간다. 반면 레이저는 파장이 같은 색만 인공적으로 모은 것이어서 한 가지 색으로 똑바로 나아간다.

레이저의 위험성

레이저 중에는 잠깐이라도 눈에 들어오면 특히 해로운 종류가 있다. 또한 피부에 닿으면 화상을 입거나, 물건에 닿으면 화재를 일으킬 위험이 있는 종류도 있다. 참고로, 레이저 포인터의 빨간색을 식별하는 데 어려움을 겪는 사람도 있으므로, 초록색을 추천한다.

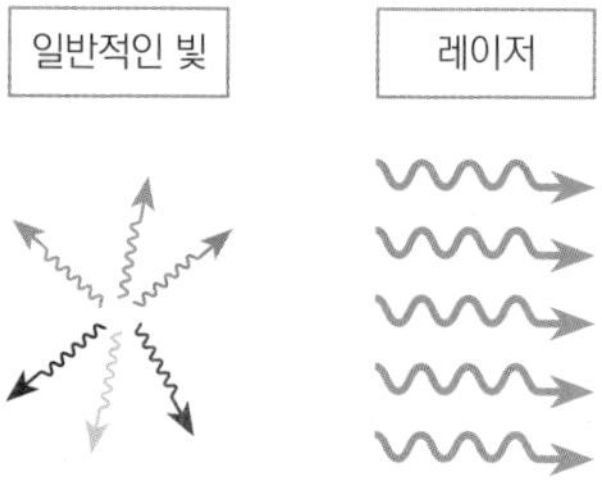

섞여 있다	색 (파장)	같다
제각각	방향	고르다

Day 255

LED는 어떻게 빛을 낼까?

LED 이야기

발광 다이오드(LED)는 두 개의 반도체를 연결해서 전기를 흘려 빛을 낸다.

세 가지만 알면 나도 과학자!

LED는 일상의 다양한 곳에서 이용된다

LED는 전구·형광등에 비해 수명이 길고 전기요금이 저렴한 편이다. 따라서 조명, 스마트폰과 텔레비전 화면에도 사용된다. 그런데 신호기에서는 열이 발생하지 않는다는 장점이 오히려 단점으로 작용해 겨울철 적설과 동결 문제가 지적된다.

반도체란 뭘까?

구리 등 전기 전도율이 좋은 물질을 도체, 고무처럼 전기가 잘 통하지 않는 물질을 절연체라고 한다(129일 차 참고). 반도체는 도체와 절연체의 중간 물질로, LED는 두 종류의 반도체를 연결해서 만든다.

LED는 어떻게 빛을 낼까?

정공이라는 '구멍'이 많은 p형과 전자라는 '입자'가 많은 n형 반도체를 연결해 전기를 흘린다. 그러면 정공과 전자가 마주 보고 나아가 '전자가 정공에 떨어질 때(결합)' 빛을 내뿜는다. LED 색은 어떤 반도체를 사용하느냐에 따라 빨강, 노랑, 파랑 등이 있다.

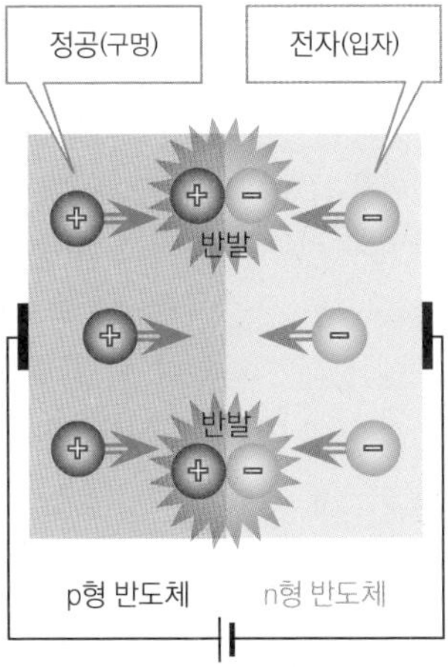

생체 인식이란 뭘까?

|생체 인식 이야기|

스마트폰 버튼을 손가락으로 누르면
소유자만 잠금을 해제할 수 있는 기술이다.

세 가지만 알면 나도 과학자!

본인 인증에 사용할 수 있는 신체 부위

인간에게는 그 사람만 가지고 있는 고유한 신체 부위가 있다. 예를 들어 얼굴 형태와 눈코의 위치, 지문 모양(229일 차 참고), 검은자위에 있는 홍채라는 근육의 주름, 손가락 끝의 혈관(정맥) 형태, 목소리 등이다. 이를 활용해 본인임을 확인하는 기술이 생체 인식이다.

어떻게 본인 인증이 가능할까?

지문은 터치한 버튼의 센서로 감지한다. 얼굴은 카메라로 촬영한다. 이처럼 사전에 등록된 지문이나 얼굴과 같은지 확인한다. 겉으로 보이지 않는 손가락 끝의 정맥 모양 등은 적외선으로 판독한다.

편리한 생체 인식에도 주의할 점이 있다

타인의 지문과 홍채를 모방해 그 사람 행세를 하는 사기 사건이 발생하고 있다. 또 손끝이나 눈에 상처가 나거나, 얼굴 대부분을 마스크로 가려 본인 인식이 불가능한 상황도 있다. 속이기 어려운 정맥 인식은 본인 인증이 생명인 공공기관이나 금융 기관 등에서 사용되고 있다.

Day 257

광섬유는 뭘까?

|광섬유 이야기|

빛이 통해, 전기통신보다 빠르게 정보를 전달할 수 있는 섬유다.

세 가지만 알면 나도 과학자!

광섬유는 어디서 사용될까?

가정에서 전기를 사용하고자 한다면 어떻게 해야 할까? 가장 쉬운 방법은 외부 전신주에서 전선을 끌어오는 것이다. 마찬가지로 가정에서 인터넷을 사용하려면 광섬유를 끌어와 컴퓨터와 와이파이에 연결해야 한다. 이를 '광회선'이라고 한다.

광섬유 속은 어떻게 생겼을까?

광섬유 속에서는 빛이 힘차게 튀며 전진한다. 이를 '전반사'라고 한다. 빛이 몇십 킬로미터까지 전반사를 반복할 수 있도록 광섬유는 특수한 유리와 플라스틱으로 만든다.

대량 정보를 어떻게 고속으로 전송할까?

인터넷의 정보는 '0'과 '1'의 신호를 조합한다. 광섬유를 사용한 광회선은 빛의 점멸로 '0'과 '1'을 표시해 1초 동안 약 1조 개의 신호를 전송한다. 이는 구리선을 사용하는 전기 회선의 100배 이상인 대단한 위력이다. 오늘날에는 광섬유 해저 케이블 덕분에 해외와도 통신이 편리해졌다.

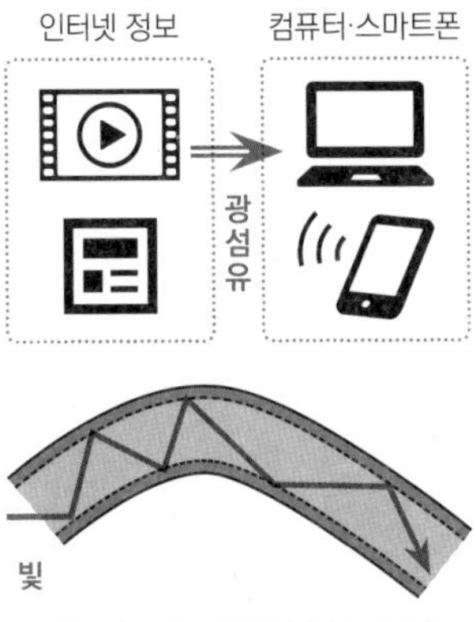

빛은 전반사를 반복하며 나아간다.

리니어 모터는 어떤 원리로 만들까?

|리니어 모터 이야기|

리니어 모터는 N극과 S극이 붙거나 밀어내는 자석의 성질을 이용해 부상하며 전진한다.

세 가지만 알면 나도 과학자!

'리니어 모터'란 뭘까?

빙글빙글 회전하는 모터의 바깥쪽을 열고 직선(linear, 리니어)으로 움직이는 모터를 말한다. 이 방식으로 차량을 부상시키면 선로와 바퀴의 마찰(11일 차 참고)이 없어져 고속으로 달릴 수 있다.

차량이 공중에 어떻게 뜰까?

차량의 '초전도 자석'이 고속으로 통과하면 가이드웨이(리니어 모터 카의 선로)의 코일에 전류가 흘러 전자석이 된다. 이때 차량을 밀어 올리는 힘(반발력)과 끌어 올리는 힘(흡인력)이 발생해 차량이 부상한다.

어떻게 전진할까?

차량의 '초전도자석'은 S극과 N극이 교대로 늘어서 있다. 그런데 차량이 고속으로 통과할 때 가이드웨이의 전자석 사이에서 서로 가까워지거나 밀어내며 앞으로 나간다. 참고로, 일본의 리니어 모터는 공중으로 10센티미터나 부상해 시속 500킬로미터라는 엄청난 속도로 달린다.

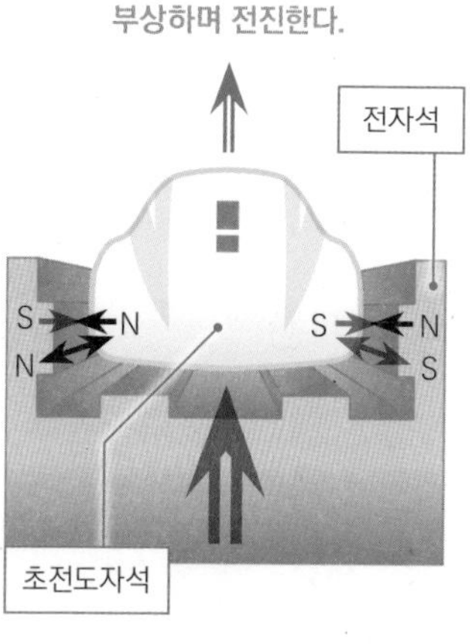

4K 텔레비전이나 8K 텔레비전이 왜 대단할까?

| 4K, 8K 이야기 |

풀 HD 영상보다 해상도가 4배 우수한 것이 4K, 16배 우수한 것이 8K다.

세 가지만 알면 나도 과학자!

화질은 해상도에 달렸다

텔레비전 화면에는 화소(혹은 픽셀)라는 작은 점이 수없이 모여 있다(87일 차 참고). 화소의 수가 많을수록 화면의 자잘한 부분까지 또렷하게 비친다. 즉, 화소 수가 많을수록 해상도가 좋다.

4K와 8K는 화소의 수

2K(풀 HD, 1080p)의 가로 방향 화소 수는 약 2,000개다. 그리고 4K는 약 4,000개, 8K는 약 8,000개다. 화면 전체의 화소 수를 계산하면 4K는 2K보다 4배, 8K는 16배나 해상도가 우수하다. 참고로, K(킬로)는 1,000이라는 뜻으로, 킬로그램(㎏), 킬로미터(㎞) 등의 'K'와 같다.

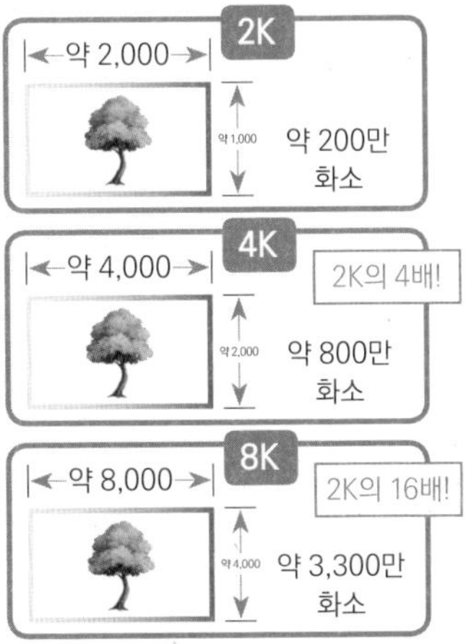

8K보다 해상도가 더 높아지면?

인간이 눈으로 대상을 인식할 수 있는 원리와 시야 너비, 텔레비전과의 최적 거리를 고려하면 8K를 넘어도 8K와 차이를 느끼기 어렵다. 그래서 8K를 최대치로 여긴다.

양파를 썰면 왜 눈물이 날까?

|양파 이야기|

양파를 썰면 황화알릴이라는 성분이 나와 눈물과 콧물이 나온다.

세 가지만 알면 나도 과학자!

양파의 황화알릴 성분 때문

양파를 썰면 양파의 세포 구조가 무너지면서 세포에 들어 있던 황화알릴이라는 물질이 공기 중으로 퍼져 나온다. 이 물질이 눈과 코로 들어가면 어김없이 눈물과 콧물이 나온다.

눈물이 나오지 않게 써는 방법

양파를 찬물에 담갔다가 썰면 황화알릴의 분비량을 줄일 수 있다. 또 세포가 무너지지 않도록 잘 드는 칼을 사용해도 효과적이다. 또 한 가지 효과적인 방법을 소개하자면, 양파를 썰 때 선풍기를 회전 기능으로 해놓으면 황화알릴이 얼굴 쪽으로 덜 날아와 눈물이 덜 난다.

파와 마늘에도 황화알릴이 들어 있다

양파뿐 아니라 파, 부추, 마늘도 썰면 황화알릴이 나온다. 황화알릴은 눈을 강하게 자극해서 눈물이 나게 하는 단점이 있지만, 식욕을 돋우고 비타민B1의 흡수를 돕는 장점도 있다. 황화알릴은 물에 닿으면 씻겨 나간다. 그러니 되도록 자르고 나서 물에 씻은 후 바로 요리하자.

Day 261 먹을거리 | 요리

달걀을 삶으면 왜 단단해질까?

| 삶은 달걀 이야기 |

열에 의해 달걀의 단백질이 변화하기 때문이다.

세 가지만 알면 나도 과학자!

단백질의 열변성

달걀뿐 아니라 단백질로 이루어진 고기와 생선은 가열하면 응고한다. 응고한 뒤에는 식혀도 원래대로 돌아오지 않는다. 이를 단백질의 '열변성'이라고 한다. 단백질이 풍부한 달걀도 열변성으로 응고하는 것이다.

노른자만 단단하게 삶을 수 있을까?

삶는 시간이 짧으면 노른자까지 열이 전달되지 않아 반숙 상태가 된다. 그런데 알고 보면 노른자를 만드는 단백질은 낮은 온도(약 65도)에서 응고한다. 따라서 70도의 물로 12분 정도 삶으면 노른자만 단단한 달걀이 완성된다.

삶은 달걀과 날달걀을 어떻게 구분할까?

달걀은 삶아도 티가 나지 않지만 평평한 곳에서 돌리면 바로 알 수 있다. 껍데기와 알맹이가 하나로 된 삶은 달걀은 돌리면 관성(9일 차 참고) 때문에 뱅글뱅글 도는데, 껍데기와 알맹이가 따로인 날달걀은 잘 돌지 않는다. 삶은 달걀은 날달걀보다 깨지기 쉽다. 깨지면 변질되기도 쉽다.

팝콘은 왜 부풀까?

|팝콘 이야기|

옥수수 안에 들어 있는 수분이 수증기가 되어
부피가 늘어나기 때문이다.

세 가지만 알면 나도 과학자!

옥수수에서 팝콘으로

팝콘용 옥수수를 프라이팬 등에서 가열하면 팝콘이 만들어진다. 열을 가하면 옥수수 안의 수분이 수증기가 되어 부피가 늘어나 딱딱한 껍질이 터지며 예쁘고 맛있는 팝콘이 된다. 물은 수증기가 될 때 부피가 1,700배까지 증가한다.

폭렬종이라는 옥수수

팝콘을 만들려면 폭렬종이라는 옥수수가 필요하다. 원래 딱딱한 종피를 지닌 종자를 바짝 말려 외피를 더 딱딱하게 만든다. 그래서 폭발할 때 엄청난 힘이 가해진다.

흠집이 나면 부풀지 않는다

일반적인 옥수수를 말려 가열하면 팝콘이 될까? 그렇지 않다. 그냥 타기만 한다. 그리고 폭렬종도 겉에 흠집이 있으면 안의 수분이 그 흠집으로 빠져나와 팝콘이 제대로 만들어지지 않는다.

생물 과학 인체 먹을거리 질병과 약 우주 기계와 도구 자연

Day 263

두부는 정말 대두로 만들까?

|두부 이야기|

두부는 삶은 대두를 갈아서 체에 걸러 응고시킨 것이다.

세 가지만 알면 나도 과학자!

간수(염화마그네슘)로 응고시킨다

두부는 물에 불린 콩을 갈아서 짠 콩물로 만든다. 콩물을 끓인 뒤 '간수'를 넣으면 단백질이 몽글몽글 엉긴다. 몽글몽글한 상태일 때 구멍 있는 네모난 틀에 넣고 무거운 것으로 눌러 물기를 뺀 뒤 굳히면 두부가 된다. 콩을 갈아서 콩물을 짜고 남은 찌꺼기를 '비지'라고 한다.

풋콩과 대두는 같은 콩

두부와 청국장, 낫토에 사용하는 콩은 모두 같은 종류다. 그렇다면 풋콩은 어떨까? 보통 콩은 완전히 성장한 후에 수확하는데, 덜 여문 콩을 풋콩이라고 한다.

두부에서 유부로

유부는 얇게 자른 두부를 기름에 튀긴 것이다. 얇게 썰어서 튀겨 기름 유(油)자를 사용해 '유부'라고 한다. 또 두부를 얼려서 수분을 빼면 얼린 두부가 된다.

튀김은 왜 바삭바삭할까?

| 튀김 이야기 |

튀기면 튀김옷에 들어 있는 수분이 단숨에 증발해 바삭바삭하다.

세 가지만 알면 나도 과학자!

튀김옷의 수분은 튀기는 순간 증발한다

튀김옷에는 수분이 잔뜩 들어 있다. 그 상태에서 약 180도 기름에 넣으면 100도에서 끓는 물은 단숨에 수증기가 된다. 그 순간 튀김옷에 생기는 자잘한 구멍이 바삭바삭한 식감을 낸다.

두께로 식감이 달라진다

두꺼운 재료를 튀길 때 '겉바속촉', 즉 겉은 바삭하고 속은 촉촉한 식감은 어떻게 만들어질까? 재료 안쪽의 수분은 그대로 남아 있고 표면의 수분만 증발하기 때문이다. 반면 감자튀김처럼 얇은 재료를 튀기면 전체가 바삭바삭한 식감으로 완성된다. 튀김 요리를 하면 갈색으로 변하는 현상을 '메일라드 반응(maillard reaction)'이라고 한다.

라면의 면도 튀김이다!

많은 사람이 좋아하는 라면은 어떻게 만들까? 생면을 튀겨서 만든다. 생면을 고온의 기름에 넣으면 수증기가 천천히 빠져나가면서 작은 구멍이 많이 생긴다. 그 작은 구멍으로 기름이 스며들어 조리 시간이 단축된다.

곰팡이는 왜 생길까?

|곰팡이 이야기|

눈에 보이지 않는 미세한 포자가 곳곳에 존재해 곰팡이가 생긴다.

세 가지만 알면 나도 과학자!

곰팡이도 음식물을 분해해서 증식한다

곰팡이는 '균류'로, 버섯과 같은 무리에 속한다. 균류는 몸이 실처럼 생긴 균사(菌絲)라는 물질로 이루어져 있다. 스스로 영양을 만들지 못해 음식물 속으로 균사를 뻗어 분해해서 얻은 영양분으로 살아간다. 눈에 보이는 크기로 성장한 개체가 곰팡이다. 곰팡이는 따뜻하고 축축한 장소를 무척 좋아한다.

포자로 증식하는 균류

곰팡이는 일정한 양의 영양분을 흡수하면 몸 일부를 포자로 만든다. 대부분 균사는 투명한데, 포자는 종류에 따라 알록달록한 색을 내거나 다양한 모양으로 존재하며, 엄청 작아 공기 중에 둥실둥실 떠다닌다.

쓸모 있는 곰팡이

곰팡이를 보면 불쾌한 느낌이 든다. 그런데 우리 생활에 보탬이 되는 쓸모 있는 곰팡이도 있다. 간장과 된장을 만드는 누룩은 이로운 곰팡이다. 곰팡이를 이용해 치즈를 만들기도 하고, 약품 제조에 활용하기도 한다.

현미경으로 관찰한 곰팡이

흰살생선과 붉은살생선은 어떻게 다를까?

|회 이야기|

회는 대부분 생선의 근육인데,
근육 속의 색소 차이가 횟감의 색을 결정한다.

세 가지만 알면 나도 과학자!

한시도 가만있지 않고 움직이는 물고기의 근육은 붉다

참치와 가다랑어 등의 회는 불그스름하다. 횟감의 붉은색은 근육 속 '미오글로빈'이라는 색소의 양이 많기 때문이다. 미오글로빈은 근육을 움직이는 데 필요한 산소를 저장하는 단백질이다. 한시도 가만있지 않고 움직이는 회유어는 이 단백질이 풍부해 근육이 붉은색을 띤다.

활동량이 적은 생선의 근육은 하얗다

도미와 광어 등의 회는 흰색이다. 흰살생선은 상대적으로 활동량이 적은 편이다. 폭발적으로 힘을 낼 필요는 있어도 많은 산소가 필요하지는 않아 미오글로빈이 적다.

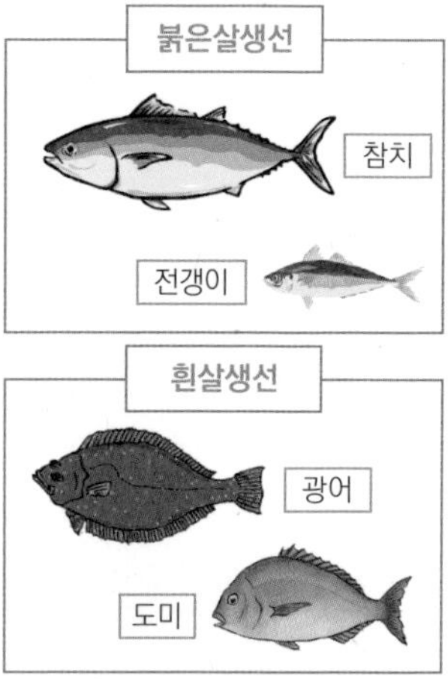

연어의 선홍빛은 먹이의 색

연어는 주로 선홍빛 횟감 상태로 만난다. 언뜻 붉은살생선처럼 보여도, 연어의 색은 미오글로빈이 아니다. 작은 크릴새우를 주식으로 하는 연어는 먹이에 들어 있는 아스타크산틴 때문에 선홍색을 낸다. 한편, 전갱이와 고등어는 등 푸른 생선으로 분류하는데, 살이 아니라 등이 푸른 것이다.

지구는 어떻게 탄생했을까?

|지구의 탄생 이야기|

태양과 함께 우주에 떠도는 가스와 먼지에서 지구가 탄생했다.

세 가지만 알면 나도 과학자!

초신성 폭발로 원시 태양이 탄생

별의 최후인 초신성 폭발로 우주 공간으로 날아간 가스와 먼지를 '성간 물질'이라고 한다. 약 46억 년 전, 성간 물질이 모여 원시 태양계의 성운이 형성되었다. 그리고 그 중심에서 원시 태양이 탄생했다.

가스와 먼지가 모인 미행성이 대거 태어났다

원시 태양이 탄생한 뒤 남은 가스와 먼지는 원시 태양 주위를 돌며 충돌과 합체를 반복했다. 그러면서 지름이 수 킬로미터에 이르는 미행성(Planetesimal)이 대거 태어났다.

미행성에서 원시 태양으로!

미행성은 다시 충돌과 합체를 되풀이하면서 커지고 원시 행성이 생성되었다. 지구는 이 원시 행성에서 다시 몇 번의 충돌을 반복한 뒤 탄생한 것으로 추정된다. 또 화성과 목성 사이에는 목성과 토성의 인력 관계로 원시 행성으로 성장하지 못한 미행성이 많이 남아 있다. 이것을 소행성대라고 한다. 소행성 표본에서 태양계의 기원과 진화를 규명할 수 있다.

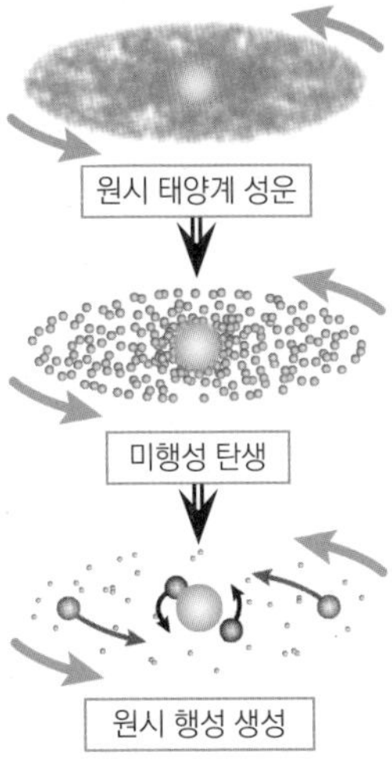

지구 중심에는 무엇이 있을까?

| 지구 내부 이야기 |

지구 중심에는 무거운 금속 핵이 존재하는 것으로 추정된다.

세 가지만 알면 나도 과학자!

갓 태어난 지구는 불덩어리였다!

지구는 원시 행성의 충돌로 고온이 되었고, 암석이 끈적끈적하게 녹은 마그마 덩어리였다고 추정된다. 그리고 무거운 철은 점점 중심으로 가라앉아 지구의 핵이 되었다.

핵 바깥은 지금도 액체

핵은 주로 철로 이루어져 있다. 두께는 지구 반지름의 절반이 넘는 약 3,500킬로미터에 이른다. 그리고 액체로 이루어진 외핵과 그 안쪽의 고체 상태 핵으로 나뉘어 있다. 외핵의 철이 전류를 형성해 지자기를 탄생시켰다고 여겨진다.

지구는 삶은 달걀과 같은 구조다

핵 바깥은 암석으로 이루어진 맨틀이 둘러싸고 있다. 가장 바깥쪽 지각은 장소에 따라 두께가 다르다. 해저에서는 약 5~10킬로미터, 대륙에서는 약 30~50킬로미터다. 지구는 핵이 노른자, 맨틀이 흰자, 지각이 껍데기인 삶은 달걀과 같다고 생각하면 이해하기 쉽다. 참고로, 지구 내부는 지진의 진동이 전달되는 상태를 관찰해서 분석할 수 있다.

【지구 내부의 구조】

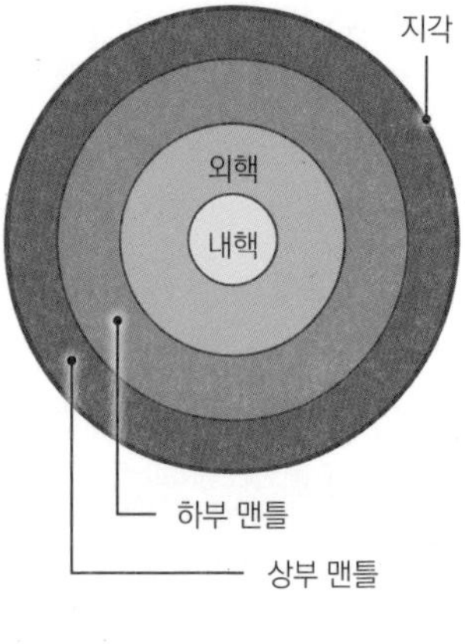

달은 어떻게 생겨났을까?

| 달 탄생 이야기 |

지구에 화성 크기의 행성이 충돌해 달이 탄생한 것으로 추정된다.

세 가지만 알면 나도 과학자!

달의 시작은 대충돌!?

달의 탄생을 두고 여러 학설이 제기되었다. 가장 유력한 주장은 '자이언트 임팩트(Giant Impact)'설이다. 암석이 끈적끈적하게 녹은 마그마 덩어리의 원시 지구에 화성 크기의 원시 행성이 충돌해 달이 탄생했다는 주장이다.

달의 암석 성분은 지구와 비슷하다

지구의 마그마와 충돌한 행성의 파편은 우주 공간으로 날아갔다. 흩날린 물질은 중력으로 인해 지구로 떨어지고, 나머지 일부는 지구 주위를 돌면서 서로 충돌하고 모여 달이 탄생했다. 그래서 달의 암석 성분은 지구 내부의 성분을 쏙 빼닮았다.

달 표면이 희끄무레하게 보이는 이유

고온 상태의 마그마가 식으며 굳을 때, 가벼운 사장석 등의 성분은 표면으로 이동하고, 무거운 성분은 땅 아래로 가라앉았다. 그래서 달 표면에 하얀 사장석이 대량 분포해 희끄무레하게 보인다. 또한 토끼처럼 보이는 형상은 달의 화산 활동으로 검은 용암이 흘러나와 만들어진 것이다.

원시 행성 충돌 상상도

달 모양은 왜 달라질까?

|달 위상 변화 이야기|

달이 태양 빛을 받으며 지구 주위를 돌기 때문이다.

세 가지만 알면 나도 과학자!

공에 햇빛을 비춰보자

야구공이나 축구공 등 동그란 물체에 햇빛을 비춰보자. 절반 정도는 계속 빛나는데, 보는 각도를 바꾸면 빛나는 부분이 커졌다가 작아진다. 구형 물체에 빛이 닿으면 보는 각도에 따라 꽉 차기도 하고 이지러지기도 한다.

달이 지구를 공전해 각도에 따라 모양이 조금씩 다르게 보인다

마찬가지로, 구형인 달에 태양 빛이 닿으면 빛이 닿는 절반은 항상 빛난다. 달이 지구 주위를 돌고 있어 보이는 각도가 매일 조금씩 달라진다. 그래서 규칙적으로 변화하는 달의 위상을 볼 수 있다.

달이 줄어들 때는 크레이터가 또렷이 보인다

옆에서 햇빛이 닿는 아침과 저녁의 그림자는 낮 그림자보다 길다. 달이 줄어들 때는 크레이터에 햇빛이 닿는다. 그래서 크레이터의 그림자가 길어지고, 그림자로 인해 크레이터가 떠올라 또렷이 보인다. 달 표면에 보이는 움푹 파인 구덩이 모양의 크레이터는 운석의 충돌로 생긴 것이다.

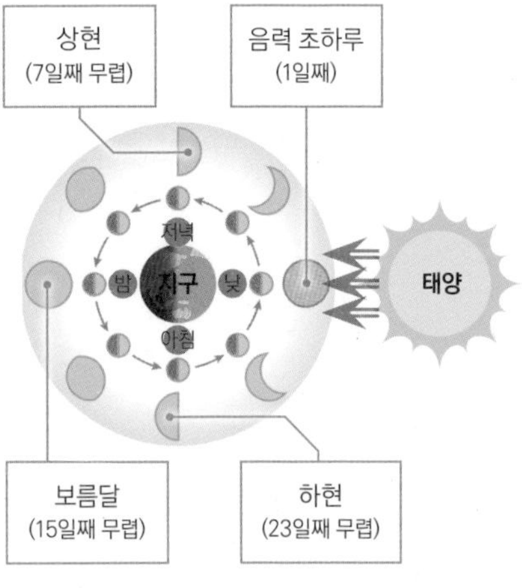

태양은 정말 움직이지 않을까?

|천동설과 지동설 이야기|

태양도 자전과 공전을 한다.

세 가지만 알면 나도 과학자!

지구가 우주의 중심이라는 믿음

태양과 밤하늘에 빛나는 별은 모두 동쪽 하늘에서 떠올라 서쪽 하늘로 지는 것처럼 보인다. 고대 그리스 시대부터 인류는 오랫동안 지구가 우주의 중심에 있고 다른 모든 천체가 지구 주위를 끊임없이 돈다고 믿었다. 이것을 '천동설'이라고 한다.

천동설에서 지동설로

16세기에 들어서면서 천체 관측 정밀도가 개선되었다. 그 결과 지구를 포함한 행성이 태양을 중심으로 돈다는 '지동설'이 떠올랐다. 이후 다양한 관측을 통해 지동설이 옳다는 사실이 확인되었다.

태양도 은하계 안에서 움직인다

태양 표면에 보이는 흑점 등을 관측한 결과, 태양도 자전한다는 사실이 밝혀졌다. 또 태양은 은하계라는 수많은 항성 중 하나로, 은하 중심 주위를 공전한다. 참고로, 태양계는 은하 중심 주위를 초속 227킬로미터로 엄청 빠르게 움직인다.

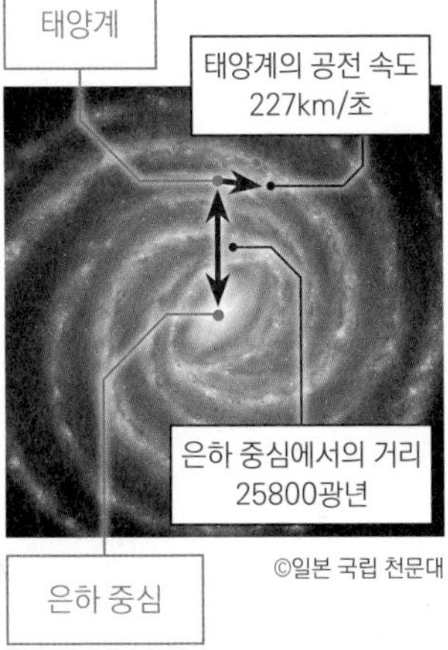

©일본 국립 천문대

태양은 왜 밝을까?

|태양 이야기|

지구에서 가장 가까운 항성이라서 밝게 보인다.

세 가지만 알면 나도 과학자!

태양계 안에 존재하는 단 하나의 항성

스스로 빛을 내는 별을 항성이라고 한다. 태양의 표면 온도는 약 6,000도, 태양 상공의 코로나는 100만 도 이상, 중심 온도는 대략 1,600만 도의 고온 상태다. 태양은 엄청난 양의 에너지를 생성해 우주 공간으로 방출한다. 코로나의 온도가 태양 표면보다 훨씬 높은 이유는 아직도 수수께끼다. 코로나는 태양 대기의 가장 바깥 층에 있는 얇은 가스 층을 말한다.

태양이 우주에서 가장 밝을까?

항성의 밝기가 같아도 먼 곳의 항성은 어둡고, 가까운 곳의 항성은 밝다. 태양은 지구 바로 옆에 있어 실제보다 훨씬 밝아 보인다.

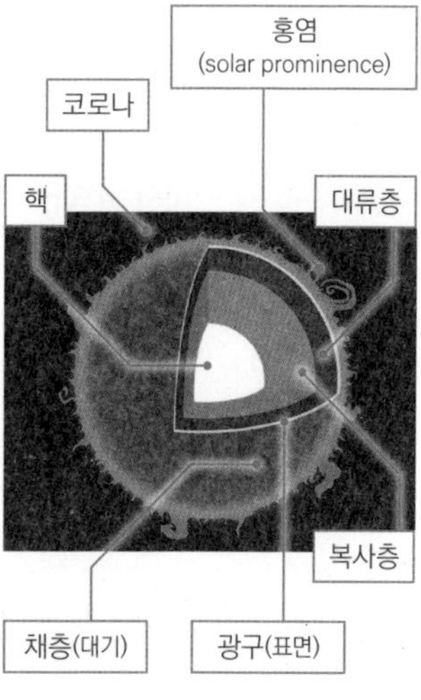

태양의 밝기 비밀

태양의 밝기에 대한 비밀은 핵융합 반응이다. 태양의 중심부는 중력 때문에 강하게 압축되어 고온·고압 상태가 유지된다. 이 상태에서는 네 개의 수소 원자가 결합해 한 개의 헬륨 원자로 계속 변한다. 이를 핵융합 반응이라고 하는데, 이때 엄청난 에너지가 만들어진다.

일식은 왜 생길까?

|일식 이야기|

일식은 달이 지구와 태양 사이에 들어가 태양을 숨기는 현상이다.

세 가지만 알면 나도 과학자!

달이 태양의 빛을 가린다

물체에 햇빛이 비치면 그림자가 생긴다. 그 그림자 안으로 들어가면 태양이 보이지 않는다. 달이 지구와 태양 사이에 들어가, 달그림자 안으로 들어간 지역에서는 태양이 줄어들거나(부분 일식) 전혀 보이지 않는다(개기 일식). 이것이 일식이다.

태양과 달, 어느 쪽이 더 커 보일까?

태양은 달보다 400배 크다. 태양은 지구와 달의 거리보다 400배 멀리 있다. 그래서 지구에서는 태양과 달이 같은 크기로 보인다. 달과 지구의 거리는 매일 달라져 달이 커 보이기도 하고, 작아 보이기도 한다. 달이 작아 보일 때 일식이 일어나면, 달 주위에 태양이 튀어나와 '금환 일식'이 된다.

일식은 왜 매달 일어나지 않을까?

달이 지구를 공전하며 지나는 길이 지구가 태양을 공전하며 지나는 길과 약 5도 기울어져 있다. 그래서 태양, 달, 지구 순서로 늘어서도 달그림자가 어긋나면 일식이 일어나지 않는다. 일식은 1년에 2~4번, 많은 경우에는 5번, 지구상 어딘가에서 일어난다.

©일본 국립 천문대

소리는 어떻게 날까?

|소리 이야기|

소리는 물질이 떨리는(진동) 공기를 매개로 전달되는 현상이다.

세 가지만 알면 나도 과학자!

주위 공기의 진동으로 소리가 난다

소리를 내는 물질을 '음원' 또는 '발음체'라고 한다. 가령 소리굽쇠를 두드려 금속에 갖다 대면 떨림을 느낄 수 있다. 이때 소리굽쇠가 음원이다. 떨림(진동)이 주위 공기를 진동시켜 소리가 난다.

소리는 공기 속에서 전달된다

음원에서 나온 진동은 주위 공기를 떨게 만든다. 그 공기가 다음 공기를 떨게 만들고, 그 과정이 반복되어 떨어진 지점까지 소리가 전달된다. 다만 진동은 음원과 떨어진 거리에 따라 조금씩 약해진다.

소리는 물과 철에서도 전달된다

소리가 공기를 통해 전달되는 속도는 1초 동안 대략 340미터다. 물속에서는 더 빨라 1초에 약 1,500미터를 가고, 철은 그보다 훨씬 빨라 1초에 5,950미터나 간다. 소리는 온도에 따라 나아가는 속도가 달라지며, 진공 상태(우주)에서는 진동이 일어나지 않아 소리가 전달되지 않는다.

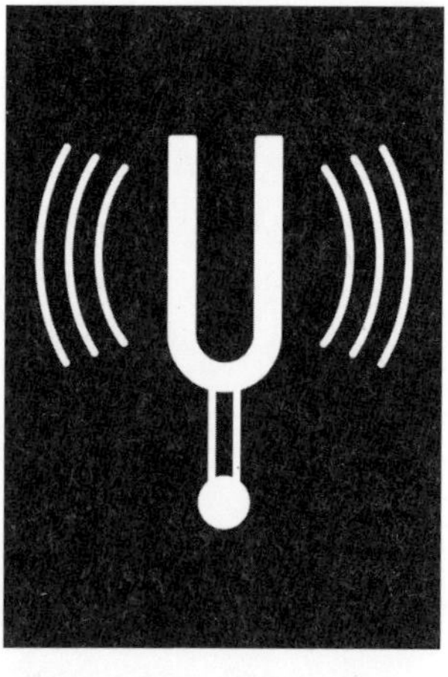

Day **275** 과학 | 소리와 빛

구급차의 사이렌 소리는 왜 바뀌는 걸까?

|음정 이야기|

달리는 구급차와 사이렌 소리의 방향으로 음파의 길이가 달라지기 때문이다.

세 가지만 알면 나도 과학자!

'삐'는 솔, '뽀'는 시?

구급차 사이렌은 '삐뽀삐뽀'로 들린다. 음정으로 표현하면 '삐'는 '솔'에 가깝고, '뽀'는 '시'에 가깝다. 절대 음감을 가진 사람에게는 '솔시솔시'라고 들린다고 한다.

구급차가 가까워지면 소리가 높아진다

소리의 속도는 1초에 340미터다. 구급차가 시속 60킬로미터(1초에 약 17미터)로 다가온다면, 17미터 짧은 가운데 같은 수의 파동이 들어옴으로써 음파(소리 파동)가 치밀해져 높은 소리가 된다. 반대로 구급차가 멀어질 때는 17미터 길어지며 음파가 늘어져 낮은 소리가 된다. 이를 '도플러 효과'라고 한다.

음파를 감지해 사냥감을 잡는 박쥐

박쥐는 깜깜한 곳에서 곤충 등 사냥감에게 음파를 쏜다. 발사한 음파로 대상물이 어느 방향에서 어느 정도 속도로 나는지, 자신이 내보낸 소리와 대상물에서 돌아온 소리를 비교해 위치를 감지한다. 야구장의 속도 측정용 스피드건도 소리 대신 전파를 사용해 도플러 효과로 공의 속도를 측정한다.

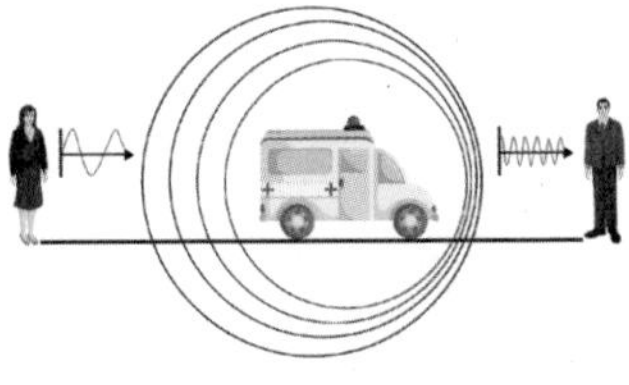

Day 276 과학 | 소리와 빛

방음벽에는 왜 구멍이 뚫려 있을까?

|방음 이야기|

음을 열에너지로 전환해 소리가 반사되어
튕겨 나가지 않도록 차단한다.

세 가지만 알면 나도 과학자!

방음벽이 설치된 음악실은 왜 후끈거리지 않을까?

방음벽에는 구멍이 숭숭 뚫려 있다. 구멍으로 들어오는 소리를 열에너지로 전환하기 때문이다. 하지만 이 열에너지는 엄청 작아 방이 후끈 달아오르지 않는다. 전철 가드레일 아래 정도의 큰 소리(100데시벨)로도 꼬마전구를 켤 수 없을 만큼 미미한 수준이다.

튕겨 나간 소리가 섞이지 않도록 설계되어 있다

음악실은 피아노 소리와 노랫소리가 벽에서 튕겨 나가고, 다양한 소리가 뒤섞이는 사태를 막기 위해 방음이 필요하다. 콘서트홀 등의 공간에는 방음 시설이 갖춰져 있어 아주 작은 소리도 멀리까지 울린다. 참고로, 욕실은 방음 처리가 되어 있지 않아 튕겨 나온 자신의 목소리를 확인할 수 있다.

다양한 방음재

큰 구멍이 뚫린 유공 보드 외에 작은 구멍이 잔뜩 뚫린 다공질 재료는 벽과 천장 등에 사용된다. 다공질 재료는 글라스 울(Glass Wool) 등이 원료이고 유리섬유를 사용해 단열재나 불연재로도 활용된다.

자외선이란 뭘까?

|자외선 이야기|

자외선은 비타민D 합성에 사용되며, 피부암의 원인이 된다.

세 가지만 알면 나도 과학자!

눈에 보이지 않는 빛이 발견되었다!

태양 빛의 여러 빛 중에는 눈에 보이지 않는 빛도 있다. 그 중 하나가 자외선이다. 독일 물리학자 요한 빌헬름 리터(Johann Wilhelm Ritter)가 염화은을 바른 종이로 자외선을 발견했다. 염화은은 빛과 반응하면 검게 변한다.

자외선은 일광 화상과 피부암의 원인이 된다

자외선은 인체에 피부암을 일으키는 원인이 된다. 이 해로운 자외선을 오존이라는 기체층이 차단해준다. 하지만 일부는 오존층을 통과해 지상에 도달하고 일광 화상을 일으킨다. 몸을 자외선으로부터 보호하려는 피부 변색 현상이 흔히 '피부가 탔다'고 표현하는 일광 화상이다.

자외선은 이로울까, 해로울까?

자외선에 너무 많이 노출되면 일광 화상과 주름, 백내장의 원인이 될 수 있다. 따라서 햇살이 강할 때는 자외선 차단제와 선글라스를 사용하는 것이 현명하다. 그러나 자외선은 사람의 피부에서 비타민D(뼈를 만드는 데 필요한 성분)를 합성하기 때문에 인간에게 필요하다.

요한 빌헬름 리터

Day 278 과학 | 소리와 빛

눈에 보이는 빛은 뭘까?

|빛 이야기|

눈에 보이는 빛을 가시광선이라고 한다.
가시광선이 눈에 들어오면 사물을 볼 수 있다.

세 가지만 알면 나도 과학자!

보이지 않는 빛도 있다

빛은 태양에서 우주 공간을 지나 지구에 도달하거나 조명 기구에서 나온다. 옛날에는 가시광선만 빛이라고 생각했다. 그러나 지금은 가시광선과 함께 눈에 보이지 않는 적외선과 자외선까지 포함해 '빛'이라고 일컫는다.

눈에 보이는 빛은 몇 가지 색?

사실 빛에는 색이 없다. 종이 등을 대고 봐야 비로소 색이 보인다. 빨간 종이에서는 빨갛게 보인다. 프리즘을 통과시켜서 보면 태양 빛은 일곱 가지 색으로 나누어진다. 빨간 종이는 빨간색 이외의 빛은 흡수하고 튕겨 나간 빨간색 빛만 보여준다.

눈과 뇌로 색을 감지한다

사람의 눈은 여러 가지 색을 볼 수 있다. 우리 눈에는 빨간빛, 초록빛, 파란빛을 느끼는 세포가 각각 존재한다. 그 강도를 신호로 바꾼 뒤 각 세포에서 신경을 통해 뇌로 보내 색을 감지한다. 뇌에 빛의 신호를 전달하는 기관은 신경계인데, 신경계는 뇌 신경의 하나다.

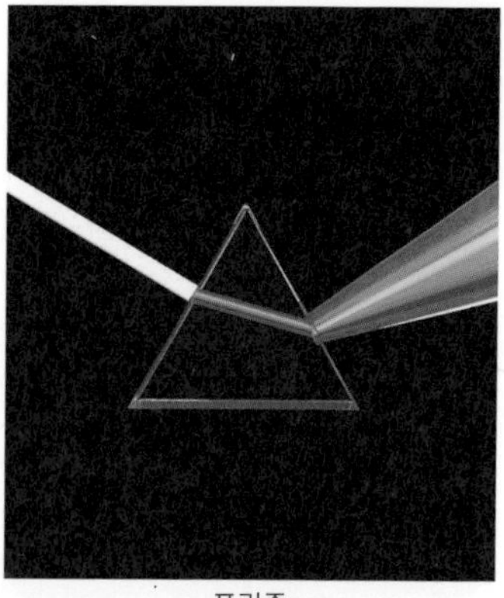

프리즘

연필을 물속에 넣으면 왜 휘어져 보일까?

|굴절 이야기|

물속과 공기 속에서 빛의 진행 방향이 다르기 때문이다.

세 가지만 알면 나도 과학자!

빛은 똑바로 나간다?

커튼 틈 사이로 비쳐 드는 햇빛을 관찰하면 빛이 똑바로 나간다는 사실을 알 수 있다. 그런데 빛이 진행 방향을 바꿀 때가 있다. 그중 하나가 거울이다. 거울을 사용하면 실내가 넓어 보인다. 이를 '반사'라고 한다.

빛을 통과시키는 물질의 경계에서 굴절된다

물과 공기도 빛을 통과시킨다. 그런데 빛의 진행 방향은 물질의 종류에 따라 약간씩 달라진다. 공기와 물처럼 빛을 통과시키는 물질의 경계에서 빛의 진행 방향이 달라지는 현상을 '굴절'이라고 한다.

그림처럼 공기 속에서 물속을 보면, 실제 위치와 다르게 보인다.

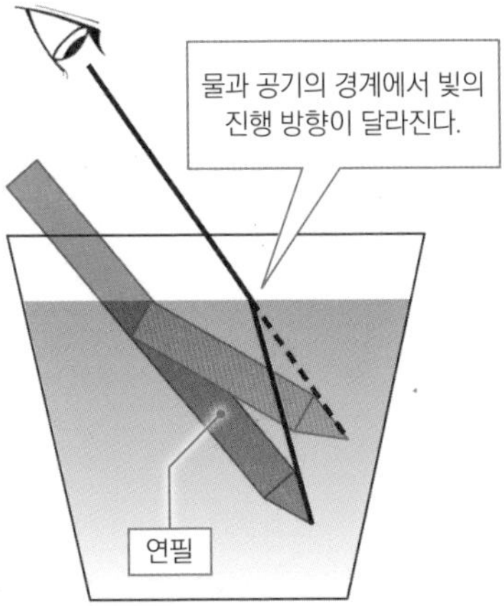

돋보기(확대경)는 굴절을 이용한 도구

돋보기는 유리와 공기의 굴절을 이용해 물체를 커 보이게 만든 도구다. 이렇게 만들어진 유리가 '볼록 렌즈'다. 현미경과 망원경도 이 굴절을 이용한 렌즈를 조합해서 만든 것이다. 물이 담긴 컵에 꽂힌 빨대가 굵어 보이는 것도 빛의 굴절 때문이다.

색은 왜 여러 가지가 있을까?

| 색 이야기 |

여러 색이 포함된 빛이 물체에 닿아 반사되거나
흡수되어 색의 차이를 연출한다.

세 가지만 알면 나도 과학자!

빨강·초록·파랑, 세 가지 색의 비율이 핵심!

빨간 사과는 빨간색 이외의 빛을 모두 흡수하고 빨간 빛만 반사해 우리 눈에 빨갛게 보이고, 이것을 뇌에서 '빨강'으로 인식한다. 우리 눈에는 빨강·초록·파랑, 세 가지 색을 감지하는 세포가 있는데, 이 세 가지 색의 비율로 다양한 빛을 볼 수 있다.

텔레비전도 빨강·초록·파랑으로 표현

텔레비전 화면도 이 원리를 이용한다. 텔레비전 화면을 돋보기로 관찰하면 온갖 색이 빨간색(Red), 초록색(Green), 파란색(Blue) 점의 집합임을 알 수 있다. 이 세 가지 색(RGB)을 빛의 삼원색이라고 한다(87일 차 참고). 참고로, 색의 삼원색은 CMY(Cyan, Magenta, Yellow)로, 프린터 잉크의 색과 같다.

빨간빛만 튕겨 나가
물체가 빨갛게 보인다.

모든 빛이 튕겨 나가
물체가 하얗게 보인다.

모든 빛을 흡수한 물체는
검게 보인다.

잎사귀는 초록색 빛이 필요 없다

식물의 잎사귀는 왜 초록색일까? 초록색 잎이 초록색 이외 색을 흡수하기 때문이다. 다른 색의 빛은 광합성에 사용되고, 불필요한 초록색만 반사한다. 잎사귀는 초록색이 필요 없어 초록색으로 보인다.

형광등은 어떻게 빛을 낼까?

|형광등 이야기|

눈에 보이지 않는 자외선을 내보내 눈에 보이는 빛으로 바꾼다.

세 가지만 알면 나도 과학자!

형광등의 내부는 어떻게 생겼을까?

형광등은 원통형 유리관 양 끝에 전극이 붙어 있다. 전극에는 전자를 방출하는 물질이 묻어 있다. 또 관 안에는 '아르곤'이라는 비활성 기체와 증기가 된 미량의 '수은'이 들어 있고, 유리관 내벽에는 형광 물질이 칠해져 있다.

자외선이 방출된다

스위치를 켜면 전극에 높은 전압이 가해져 전극에서 전자가 튀쳐나온다. 튀쳐나온 전자는 뿔뿔이 흩어져 관 안을 날아다니는 수은 원자에 고속으로 충돌한다. 그러면 충돌 지점에서 자외선이 방출된다.

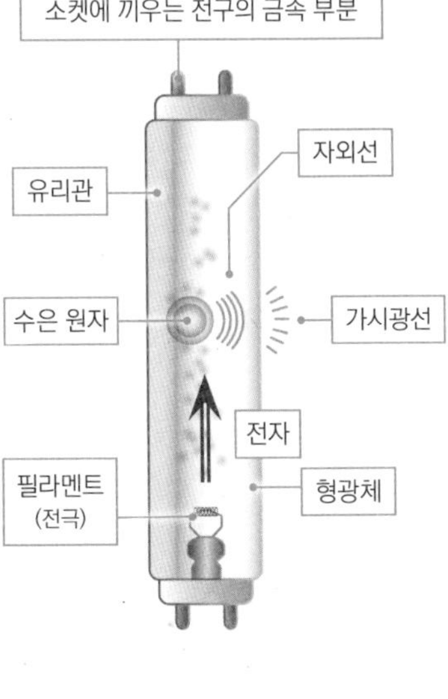

자외선이 형광 물질에 닿으면 가시광선으로

자외선이 관 내벽에 칠해진 형광 물질과 충돌하면 가시광선(눈에 보이는 빛)이 된다. 가시광선은 형광등 외부에 빛을 내뿜어 밝게 비춘다. 요즘에는 형광등보다 수명이 긴 LED 전구로 세대교체가 이루어지고 있다. LED는 값이 비싸고 열에 약하다는 단점이 있지만, 전기료가 적게 들어 인기가 많다.

바이러스는 왜 생길까?

|바이러스 이야기|

바이러스는 다른 생물 세포에 기생해서 증식하는,
생물과 물질의 중간적 존재다.

세 가지만 알면 나도 과학자!

바이러스는 스스로 증식할 수 없다

생물은 다른 생물에 기생하지 않아도 증식할 수 있지만, 바이러스는 다른 생물에 기생하지 않으면 증식할 수 없다. 그러나 바이러스는 유전자를 가지고 있어 다른 생물의 세포 안에서 기생해 증식한다.

바이러스는 매우 작다!

세균 크기는 1밀리미터의 100분의 2에서 100분의 3 정도다. 바이러스는 세균 크기의 10분의 1 수준이다. 바이러스가 탁구공 크기만 하려면 1밀리미터가 약 80만 밀리미터가 되어야 한다. 즉, 바이러스를 80만 배 확대해야 탁구공 크기만 해진다.

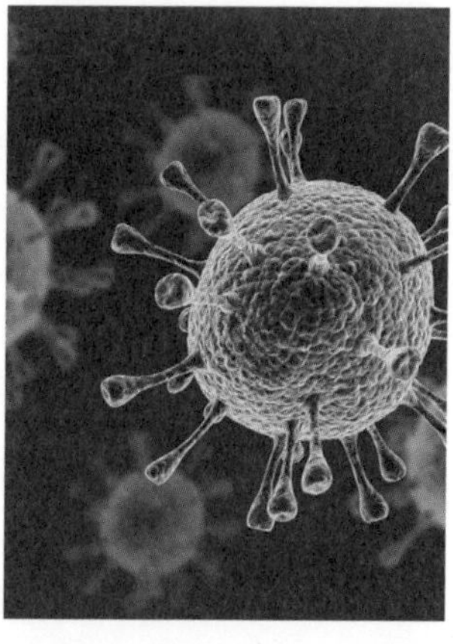

질병을 일으키는 바이러스도 있다

바이러스가 우리 몸 세포 속으로 침투하는 것을 '감염'이라고 한다. 감염되면 침투한 바이러스가 세포를 죽이거나, 바이러스를 해치워야 할 면역 세포가 자기 몸까지 공격해 갖가지 질병이 발생한다. 바이러스는 홍역, 풍진, 독감 등 온갖 질병을 일으킨다.

세균과 바이러스는 어떤 차이가 있을까?

|세균 이야기|

바이러스는 다른 생물에 기생해야 하지만,
세균은 스스로 증식할 수 있다.

세 가지만 알면 나도 과학자!

세균은 엄연한 생물!

바이러스는 다른 생물의 세포에 침투해서 그 생물의 생명 작용을 이용해 증식한다. 그러나 세균은 바이러스와 달리 스스로 증식할 수 있다. 세균은 엄연한 생물이다.

세균도 세포로 이루어져 있다

세균도 우리 몸과 마찬가지로 세포로 이루어져 있다. 인간과 비교하면 단순한 구조지만, 세균은 움직이거나 먹거나 살아가는 데 필요한 요소를 모두 갖추고 있다. 인간의 세포는 약 37조 개인데, 사람의 몸에 서식하는 세균은 약 100조 마리에 이른다.

세균의 크기와 양은?

세균은 1밀리미터의 100분의 2에서 100분의 3 정도로 아주 작은 크기여서 눈에 보이지 않는다. 하지만 지구상의 세균을 전부 모으면 지구에 사는 모든 식물과 맞먹는 무게라고 한다.

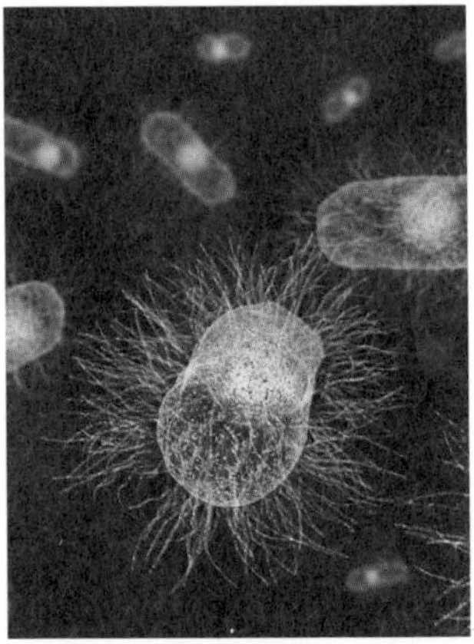

대장균

감기란 어떤 질병일까?

|감기 이야기|

감기란 목 등의 세포 바이러스에 감염되어
목이나 코에 염증을 일으키는 상태다.

세 가지만 알면 나도 과학자!

바이러스가 유발한 염증 때문에 감기에 걸린다

세포가 바이러스에 감염되면 감염 부분이 발갛게 붓고 열이 난다. 이러한 몸의 반응을 '염증'이라고 한다. 그리고 바이러스가 목이나 코에 염증을 일으킨 상태를 '감기'라고 한다.

감기를 일으키는 갖가지 바이러스

감기의 원인이 되는 바이러스에는 여러 종류가 있다. 계절성 코로나바이러스, 라이노바이러스 등이 주를 이루며, 200종 이상 존재한다고 추정된다. 같은 바이러스에 노출되어도 몸 상태에 따라 발병할 수도 있고 무사히 넘어갈 수도 있다.

대부분 감기에는 항생제가 효과 없다

감기의 원인은 바이러스다. 항생제는 '세균' 증식을 억제하는 약물이라서 감기에 효과가 없다. 다만, 염증 부위에 세균이 증식한 경우에는 병원에서 항생제를 처방하기도 한다.

재채기와 기침은 왜 나올까?

|재채기와 기침 이야기|

재채기와 기침은 몸에 들어온 바이러스와 세균을
퇴치하기 위한 방어 작용이다.

세 가지만 알면 나도 과학자!

몸 밖으로 날려 보낸다!

우리 몸에 바이러스나 세균 등 이물질이 들어오면 재채기나 기침이 난다. 바이러스와 세균이 가래 등에 엉겨 붙으려고 해 재채기와 기침을 통해 몸 밖으로 내보내려는 방어 작용이다. 콧물과 눈물도 이런 방어 작용을 한다.

재채기와 기침의 진화

우리 몸은 수시로 감기 바이러스의 공격을 받는다. 진화 과정에서 몸에 들어온 바이러스를 외부로 내보내는 능력을 갖춘 동물이 살아남았다.

감기에 걸리면 무조건 약을 먹어야 할까?

감기에 걸리면 재채기와 기침처럼 뒤따르는 불쾌한 증상을 억제하기 위해 약을 먹는다. 하지만 약을 먹으면 오히려 감기가 낫는 데 오래 걸릴 수도 있다. 증상이 너무 심하면 체력이 떨어져 치료 기간이 길어질 수 있으므로 의사의 지시에 따라 적절한 약물을 사용해야 한다.

감기가 심하면 왜 열이 날까?

|발열 이야기|

열이 나면 바이러스와 세균이 활력을 잃고,
면역 세포가 활동을 개시한다.

세 가지만 알면 나도 과학자!

바이러스와 세균을 먹어 치우는 면역 세포

혈액 속에는 백혈구라는 세균이 있다. 백혈구 속에는 우리 몸에 들어온 바이러스와 세균을 먹어 치우는 세포도 존재한다. 이 세포들은 병원체를 발견하면 뇌에 체온을 올리라는 명령을 전달한다.

몸이 떨리는 증상은 체온을 올리기 위한 것이다

체온을 올리라는 명령을 전달받으면 뇌는 체온 설정 온도를 높인다. 그러면 몸이 떨리며 열이 나고, 몸 표면의 혈관을 수축시켜 열이 밖으로 잘 빠져나가지 않는다. 이렇게 되면 춥고 떨리는 오한 증상이 나타난다. 열이 바로 내려갈 때는 열을 억지로 내리지 않는 게 낫다. 하지만 열이 장시간 이어지면 해열제 등으로 내려주는 것이 바람직하다.

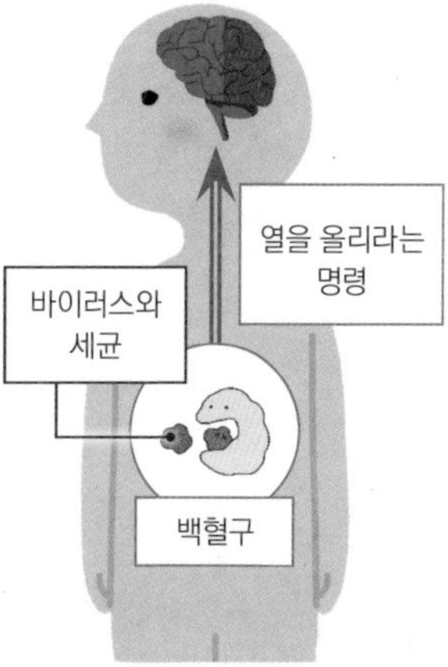

체온이 올라가면 병원체는 활기를 잃는다

열이 나고 몸이 뜨거워지면 세균과 바이러스 등의 병원체는 눈에 띄게 활기를 잃기 시작한다. 그와 반대로 백혈구는 생생하게 활력을 되찾아 우리 몸에 들어온 바이러스와 세균에 맞서싸워 물리친다.

인플루엔자는 어떤 병일까?

|인플루엔자 이야기|

인플루엔자는 인플루엔자 바이러스로 인해
고열, 관절 및 근육의 통증이 나타나는 질병이다.

세 가지만 알면 나도 과학자!

인플루엔자는 감기와 다르다?

인플루엔자는 흔히 '계절성 독감'이라고 부른다. 인플루엔자에 걸리면 감기에서 볼 수 있는 인후통, 기침, 콧물 외에 갑자기 38도가 넘는 고열, 심한 권태감, 식욕 부진 등의 증상이 나타난다. 게다가 관절과 근육 통증 등 심한 전신 증상이 나타난다. 인플루엔자에 걸리면 중증으로 발전하는 사례가 감기보다 많다.

인플루엔자도 위중증이 될 수 있다?

인플루엔자로 중증이 되면 두 살 이하 유아의 경우 인플루엔자 뇌수막염으로 발전할 위험성이 있다. 또 노년층은 폐렴을 일으키는 세균에 노출되는 등 위독한 상태로 발전할 위험이 있다.

인플루엔자 예방과 치료

인플루엔자 바이러스는 모양이 수시로 변이해 유행이 끊이지 않는다. 그래서 매년 새로운 백신이 만들어진다. 유행할 때 사람이 많은 곳에서 마스크를 착용하고, 외출 후 손을 깨끗이 씻고 목을 헹구면 예방 효과가 크다. 요즘에는 효과적인 약물이 개발되어 있으니, 인플루엔자에 걸리면 병원 진료를 받는 것이 좋다.

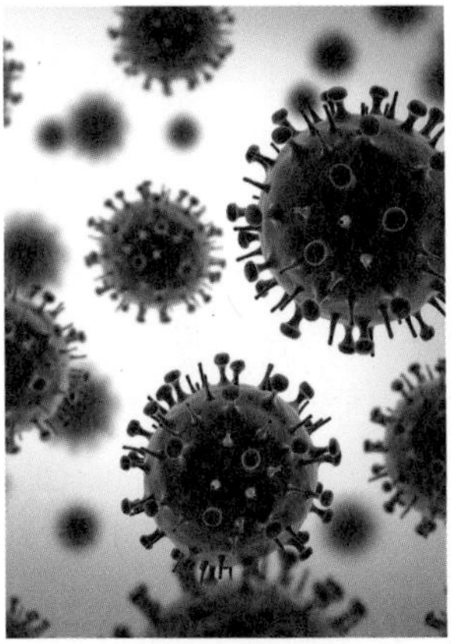

생물 과학 인체 먹을거리 질병과 약 우주 기계와 도구 자연

코로나19란 뭘까?

코로나19 이야기

코로나19 바이러스는 동물에게서 인간 세계로 새로 침입한 바이러스다.

세 가지만 알면 나도 과학자!

코로나19 바이러스는 어디에서 왔을까?

2020년에 세계적 대유행을 일으킨 코로나19 바이러스는 원래 박쥐 등의 동물에 서식하는데, 인간 세계로 침투해 온 것이다. 유입 경로에 대해서는 다양한 설이 있지만, 야생동물 경유설이 유력하다.

인간에게서 질병을 일으킨다

코로나19 바이러스는 사람 몸에 들어오면 폐렴을 일으키거나 혈관이 막히게 만든다. 이런 증상으로 많은 사람이 사망했다. 특히 고혈압이나 당뇨병 등 지병이 있는 나이 많은 사람의 사망 사례가 많다.

인간의 면역을 폭주시킨다

코로나19에 감염되면 면역계가 폭주한다. 면역계가 폭주하면 몸속에 온갖 증상이 나타난다. 폐렴으로 사망하는 사람도 많고, 머리가 멍해지거나 운동할 때 호흡 곤란을 겪는 등 후유증이 몇 개월씩 지속되는 사람도 있다. 전 세계에서 백신이 만들어졌으나 백신이 듣지 않는 변이 바이러스가 계속해서 출몰하고 있다.

【코로나19 예방을 위해 지켜야 할 규칙】

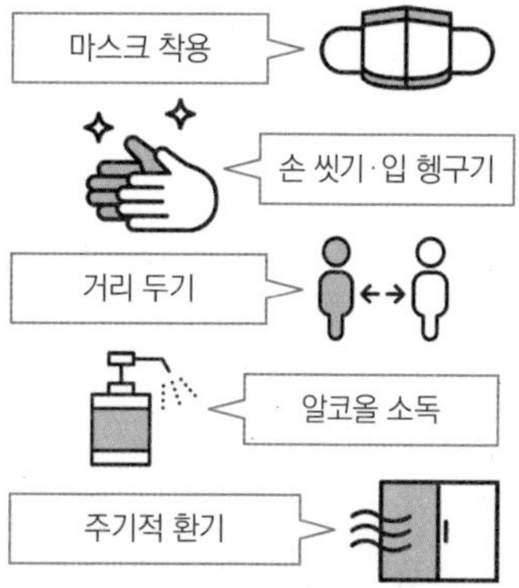

엘리베이터를 타면 왜 귀가 먹먹하고 울릴까?

|고막 이야기|

높이가 변하면서 고막 안쪽과 바깥쪽 공기 압력의 균형이 달라져 고막이 눌리기 때문이다.

세 가지만 알면 나도 과학자!

압력의 힘겨루기

귀는 평소에 고막 안쪽(중이)과 바깥쪽(외이)에서 공기의 압력이 균형을 이룬다. 그런데 엘리베이터를 타고 급상승하거나 급하강하면 대기압이 급격히 변한다. 이때 고막 안쪽에서 공기의 압력으로 차이가 생겨 강하게 눌리면 귀가 먹먹해진다.

물속에서는 수압과도 연관 있다

지상에서는 높을수록 대기압이 하강하고, 물속에서는 깊을수록 수압이 상승한다. 다이빙으로 단숨에 깊이 잠수하면 엘리베이터보다 귀에 더 큰 부담을 준다. 심하면 고막이 손상될 수도 있다.

'이퀄라이징'으로 시원하게 해결

고막에 가해지는 압력의 균형을 맞추려면 입을 다물고 코를 막은 상태에서 귀로 공기를 내보내는 '이퀄라이징(equalizing)'을 한다. 입을 크게 벌리거나 코로 강하게 숨을 내뱉으면 중이와 코안을 연결하는 이관이 열리며 한결 편안해진다. 물속에서는 코를 쥐고 천천히 숨 쉬거나, 침을 꿀꺽 삼키면 효과적이다. 참고로, 코를 막는 방법을 '발살바 호흡법'이라고 한다.

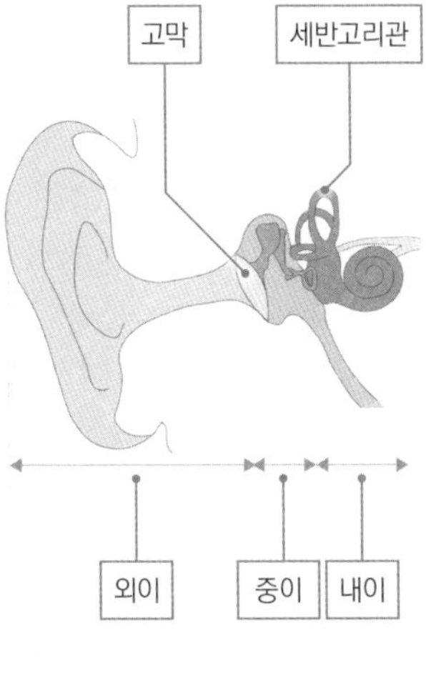

빙글빙글 돌고 나면 왜 똑바로 걸을 수 없을까?

| 세반고리관 이야기 |

돌다가 동작을 멈춰도 귀의 세반고리관 안에 있는 림프액은 아직 돌고 있기 때문이다.

세 가지만 알면 나도 과학자!

귀 안에 있는 평형감각 센서 '세반고리관'

몸의 회전과 기울기를 감지해 균형을 잡는 작용을 '평형감각'이라고 한다. 세반고리관은 귀 안의 내이에 있는 평형감각 센서다. 세 개의 고리 모양 튜브 안에 흐르는 림프액의 움직임으로 회전과 기울기를 감지한다(211일 차 참고).

림프액이 빙글빙글 돌면 어지럽다

몸이 빙글빙글 돌면 세반고리관의 림프액 흐름이 뇌에 신호를 보낸다. 그러나 동작을 멈춰도 림프액의 회전은 바로 멈추지 않는다. 그래서 잘못된 신호가 뇌에 전송되어 어지러운 상태가 이어지며, 똑바로 걷지 못하고 비틀거린다.

세반고리관은 단련할 수 있다?

세반고리관을 단련하면 멀미와 현기증에 강해진다. 그네와 트램펄린, 매트 운동을 하면 세반고리관 기능을 강화해 평형감각을 단련할 수 있다. '눈 가리고 걷기', '뒤로 걷기'도 세반고리관을 단련하는 간단하고 효과적인 훈련이다. 발레를 할 때나 스케이트를 탈 때는 훈련을 거듭하면 어지럼증을 느끼지 않게 된다.

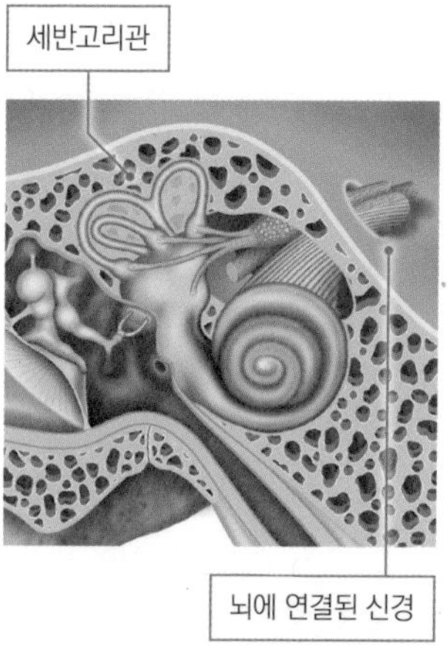

간지럼을 태우면 왜 웃음이 터질까?

|뇌 이야기|

신경과 뇌가 반응해 무의식적으로 간지러운 기분이 든다.

세 가지만 알면 나도 과학자!

피부 → 신경 → 뇌로 전해지는 자극 신호

갑자기 간지럼을 태우면 피부 아래에 있는 신경을 통해 뇌에 신호가 전달된다. 그러면 신호를 받은 뇌는 아프지 않을 정도의 자극에 어떤 반응이 필요할지 분석한다.

'웃음'은 자율신경의 과잉 반응

'생명에 위험한 정도인지', '기분이 좋은지' 뇌가 신호 정보를 분석한다. 분석을 마치면, 몸을 배배 꼬며 웃도록 지시를 내린다. 간지럼을 태울 때 계속해서 웃음이 터져 나오는 것은 신체 활동을 조정하는 자율신경의 과잉 반응이라고 할 수 있다.

간지럼에 태연하려면?

다른 사람이 간지럼을 태울 경우 '간지럽지 않다'고 아무리 암시를 걸어도 웃지 않을 수가 없다. 이때 간지러운 부분은 몸의 약점이고, 접촉으로 몸을 비트는 동작은 자신을 지키는 반응이다. 견디기 힘들 때는 거부 의사를 확실히 밝힌다. 참고로, 쥐도 간지럼을 태우면 웃는 반응을 보일 때가 있다.

뜨거운 물건을 만지면 왜 손을 움츠릴까?

| 척수반사 이야기 |

몸의 안전을 지키기 위해 반사적으로 일어나는 행동이다.

세 가지만 알면 나도 과학자!

긴급 상황에서 나타나는 '척수반사'

뜨거운 물건에 무심코 손을 대면 화상을 입을 수 있다. 이와 같이 긴급한 상황에서는 뇌까지 정보를 전달하지 않고, 신경의 집합인 척수가 손 떼라고 지령을 내린다. 이처럼 뇌를 거치지 않는 무의식적 반사는 '무조건 반사'에 속한다.

무조건 반사에도 다양한 종류가 있다!

넘어지기 직전에 손이 나가거나, 눈에 먼지가 들어가면 눈물이 나오는 반응도 무조건 반사다. 모두 몸의 안전을 지키기 위한 무의식적 행동이다.

'파블로프의 개'는 조건 반사

특정 조건을 기억해서 반응하는 반사 작용을 '조건 반사'라고 한다. 러시아인 최초로 노벨상을 받은 이반 파블로프(Ivan Pavlov)는 개를 대상으로 조건 반사 실험을 했다. 실험에서 개에게 특정한 소리를 들려주고 나서 먹이를 주는 행동을 반복했더니, 나중에 그 소리를 듣기만 해도 개는 침을 흘렸다. '파블로프의 개'는 한 마리가 아니라 수백 마리를 몇 차례에 걸쳐 실험을 반복해서 얻은 연구 결과다.

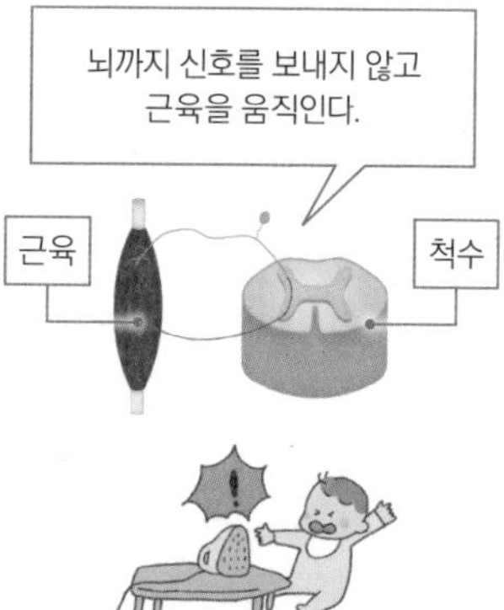

졸리면 왜 하품이 나올까?

| 하품 이야기 |

졸음과 싸우거나 뜨거워진 뇌의 온도를 내리기 위해서다.

세 가지만 알면 나도 과학자!

하품은 졸음과 싸우는 심호흡

졸리거나, 피곤하거나, 따분하면 뇌의 활동이 둔해지며 멍한 상태가 된다. 그러면 저절로 심호흡과 함께 하품이 나온다. 졸음과 열심히 싸우는 현상이니 억지로 참을 필요는 없다.

뇌의 과열을 방지한다

뇌의 적정 온도는 약 37도다. 그런데 너무 뜨거워지면 활동이 둔해져, 하품으로 입을 크게 벌려 혈액의 흐름을 늘린다. 이런 방식으로 뇌의 온도를 내려 조정한다는 연구 결과가 발표되었다.

하품이 전염된다?

다른 사람이 하품하는 것을 보면 무심코 하품이 나온다. 하품이 전염되는 현상은 상대방의 행동과 기분 등을 이해하는 뇌의 특정 부분과 연관 있을 가능성도 있다. 하품이 아기에게는 전염되지 않는데, 원숭이와 개 등의 동물에게는 전염된다는 사실도 밝혀졌다. 특이하게, 고양이의 하품은 스스로 긴장을 이완하기 위한 '전위 행동'일 때도 있다.

꿈은 왜 꿀까?

|꿈 이야기|

자는 동안에도 뇌는 살짝 깨어 있을 때가 있기 때문이다.

세 가지만 알면 나도 과학자!

눈동자가 움찔움찔, 얕은 렘수면

꿈을 꿀 때는 뇌 일부분이 약간 깨어 활동한다. 잠을 자는 하룻밤 사이 얕은 잠인 '렘수면'과 깊은 잠인 '논렘수면'이 3~4회 반복된다. 또렷한 꿈은 눈동자가 움찔움찔 빠르게 움직이는 렘수면 동안에 꾼다. 대다수 포유류는 꿈을 꾼다고 알려져 있다.

꿈은 대부분 잊어버린다

인간은 렘수면 동안 꿈을 꾼다. 하룻밤에 서너 개의 꿈을 꾸는데 대부분 잊어버리지만 렘수면 중에 깨어나면 또렷하게 기억한다.

통제할 수 있는 꿈

가위눌림은 피곤하거나 스트레스가 쌓였을 때 깊이 잠들지 않은 상태에서 일어난다. 규칙적으로 생활하고 충분히 쉬면 가위눌림을 예방할 수 있다. 또 꿈인 줄 알면서도 스스로 통제할 수 있는 '자각몽(自覺夢, Lucid Dream)'을 꿀 때도 있다.

햇볕을 쬐면 왜 피부가 탈까?

|일광 화상 이야기|

자외선으로 인한 세포 손상을 방지하기 위해
멜라닌 색소를 만들어내기 때문이다.

세 가지만 알면 나도 과학자!

햇볕에 타는 증상도 화상!?

햇볕에 피부가 타는 것은 자외선으로 피부에 염증 반응이 일어나기 때문이다. 발갛게 달아올랐다가 연한 갈색이나 짙은 갈색으로 변한다. 멜라닌 세포가 해로운 자외선을 흡수하기 위해 검은 멜라닌 색소를 생성하기 때문이다.

멜라닌 색소의 막으로 DNA를 지킨다

멜라닌 세포는 층층이 겹쳐진 피부 세포 아래 있다. 자외선이 닿으면 멜라닌 색소가 활발하게 합성되어 피부 위쪽 세포로 건네준다. 멜라닌 색소가 늘어나 검은 막을 만들고 소중한 DNA(유전자)가 들어 있는 핵을 자외선으로부터 지킨다.

살결이 흰 사람일수록 자외선 차단제가 중요하다

살결이 흰 사람은 멜라닌 색소에 의한 피부 보호력이 약해 까무잡잡하게 타지 않는다. 붉게 달아오른 피부가 따끔거리거나 화끈거리다가 기미나 주름 등이 생길 수 있다. 태양뿐 아니라 물, 눈, 모래에 반사된 자외선으로도 탈 수 있다. 눈이 많이 쌓인 벌판이나 스키장에서도 반사된 자외선으로 화상을 입을 수 있다.

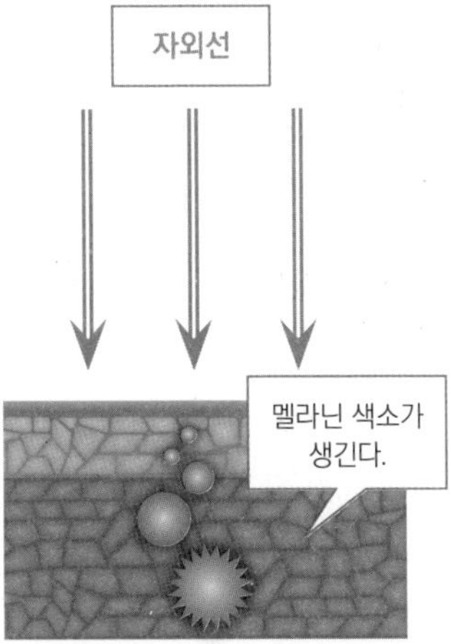

왜 매일 잠을 자야 할까?

|잠 이야기|

잠은 몸과 마음의 건강에 중요하다.

세 가지만 알면 나도 과학자!

잠을 자지 않으면 죽는다!

사람을 대상으로 잠을 재우지 않는 실험(단면 실험)을 실시했다. 그 결과, 이틀 동안 자기 힘으로 깨어 있을 수 있지만, 사흘이 되면 판단력이 저하되고 민첩하게 행동할 수 없다는 사실이 밝혀졌다. 사흘 이후에는 환시(환각)를 보는 등 정신적 문제가 생긴다. 쥐 실험에서 1~2주일 동안 잠을 재우지 않았더니 폐사했다.

잘 자야 쑥쑥 큰다

잠은 몸과 뇌가 쉬는 시간이다. 수면 중에 성장 호르몬이 분비되어 뼈 등을 성장시키고 손상된 신체 기관을 수리한다. 또 깨어 있는 동안 외운 것을 기억으로 고정한다.

몇 시간 자면 괜찮을까?

수면을 연구하는 미국 한 재단의 주장에 따르면 성인(26~64세)의 경우 7~9시간 자야 한다. 필요한 수면 시간은 사람마다 차이가 있지만, 수면이 부족하거나 과다하지 않도록 주의해야 한다. 수면 부족으로 호르몬 균형이 무너지면 체중이 비정상적으로 증가할 수 있다.

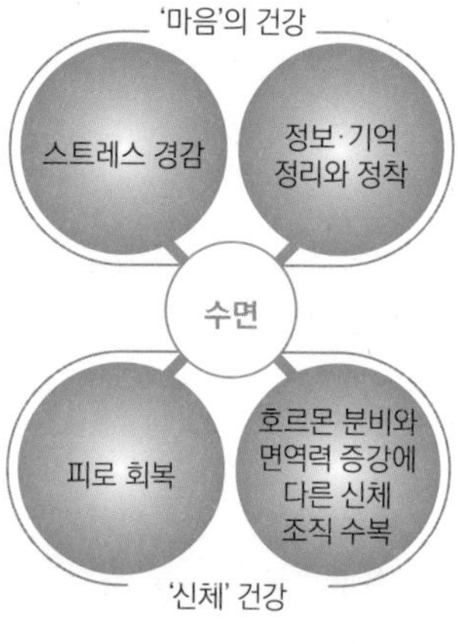

미라는 어떻게 만들까?

|미라 이야기|

미라는 시신을 바짝 말려 방부제를 바르고 부패하지 않도록 처리한 것이다.

세 가지만 알면 나도 과학자!

사체는 왜 부패할까?

동물이 죽으면 세균 등의 미생물이 사체를 썩게 만들어 따로따로 분해된다. 부패로 인한 분해 과정은 미생물들이 사체를 먹이로 삼아 영양을 얻는 자연 현상이다.

건조 과정을 거치면 왜 잘 썩지 않을까?

미생물이 활발하게 살아서 증식하려면 물이 필요하다. 햇볕에 말리거나 약품을 사용해 바짝 말린 미라는 미생물의 활동이 약해져 증식이 더뎌진다. 미생물이 증식하지 못하면 미생물이 주도하는 부패 작용에도 지장이 생겨 잘 썩지 않는다. 저온에서도 미생물의 활동이 둔해져 눈이나 얼음 속에서 미라가 만들어지는 사례도 있다.

무엇을 위해 미라를 만들까?

인류는 옛날부터 죽은 사람을 공양하기 위해 미라를 제작했다. 이집트의 미라가 특히 유명하다. 그리고 세계 각지에서 비슷한 장례 풍습을 찾아볼 수 있다.

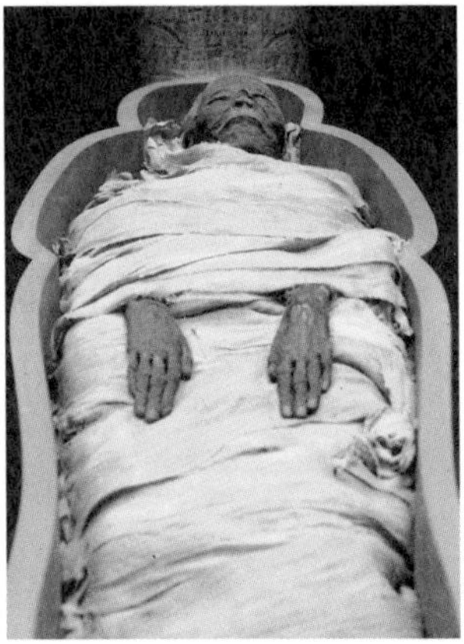

이집트의 미라

종이는 어떻게 만들까?

|종이 이야기|

나무에서 뽑아낸 섬유(펄프) 액을 얇게 펴서 만든다.

세 가지만 알면 나도 과학자!

나무를 끓인 뒤 이물질을 제거하고 말린다

나무를 잘게 잘라 걸쭉해질 때까지 끓인다. 이 상태에서 먼지와 이물질을 제거하고 말리면 폭신폭신한 펄프가 완성된다. 펄프 상태에서는 나무 색이 남아 있어 말리기 전에 표백제를 첨가하기도 한다.

손으로 얇게 펴서 막을 만든다

펄프를 물에 불려 펄프 액을 만든다. 펄프 액을 전용 체에 거르면 그 위에 얇은 펄프 막이 생긴다. 물기를 제거하고 막을 꺼내 말린다. 충분히 마르면 종이가 완성된다.

공장에서는 어떻게 만들까?

제지 공장에서는 우선 펄프 액을 스프레이로 골고루 망에 뿌린다. 망째로 큰 롤러에 끼워 평평하게 편다. 그런 다음 건식 사우나처럼 뜨겁고 건조한 방에 널어 말리면 종이가 만들어진다. 소나 판다의 배설물을 펄프로 만들어 이색적인 종이를 생산하는 공장도 있다.

소금은 어떻게 만들까?

| 소금 이야기 |

바닷물을 말리거나, 소금 호수나 지하에서 채굴한다.

세 가지만 알면 나도 과학자!

바닷물을 끓여서 말린다

바닷물을 퍼 올려 먼지와 해로운 성분을 모두 제거한다. 그런 다음 전기의 힘으로 소금 성분만 모아 농도가 진한 소금물을 만든다. 진한 소금물을 가마에서 끓이면 바닥에 소금 결정이 천천히 가라앉는다. 이 결정을 퍼서 말리면 소금이 완성된다.

소금 호수란 뭘까?

긴 세월에 걸쳐 옛날에 바다였다가 육지가 된 곳이 있다. 바닷물이 육지에 갇히면 바닷물 호수인 '염호(소금 호수)'가 만들어지는데, 이 호수의 물을 말려 소금을 얻는다.

지하에서 어떻게 소금을 캘까?

물이 마른 소금 호수가 땅에 묻히면 소금이 바위처럼 단단해진 상태로 남는다. 이런 지역에서는 땅을 파고 소금 덩어리를 캐내거나, 구멍에 물을 부어 녹여서 뽑아내 소금을 얻는다.

볼리비아의 우유니 소금 호수

수돗물은 어떻게 만들까?

|수돗물 이야기|

강 상류와 댐에서 취수한 물을 정수장에서 깨끗이 거르고 약품으로 소독한다.

세 가지만 알면 나도 과학자!

깨끗한 물은 어떻게 만들까?

강이나 저수지에서 끌어온 물을 커다란 수영장처럼 생긴 공간에 넣는다. 기다리면 모래와 큼직한 이물질은 바닥에 가라앉는다. 가라앉지 않은 자잘한 이물질은 입자가 고운 모래로 만든 두툼한 필터로 걸러 물을 깨끗하게 만든다.

물은 어떻게 소독할까?

걸레를 소독하거나 하얗게 표백하려면 염소가 들어간 표백제를 사용한다. 수돗물도 필터로 걸러 깨끗해진 물에 이 표백제와 같은 성분의 약품을 소량 넣고 섞어서 소독한다.

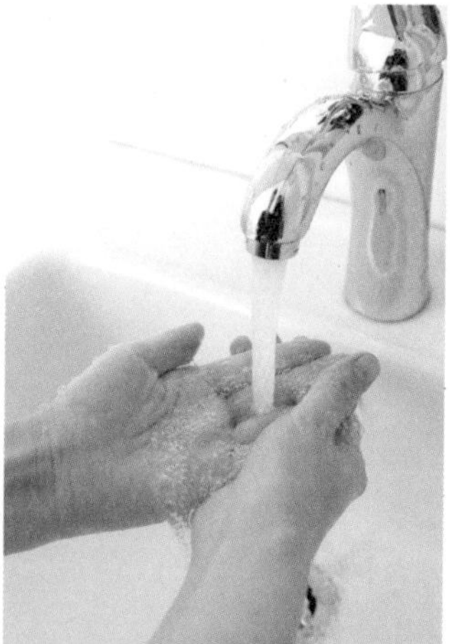

바닷물로도 수돗물을 만들 수 있을까?

물이 부족한 지역에서는 바닷물로 수돗물을 만들기도 한다. 하지만 방법이 다르다. 쉽게 설명하면, 바닷물을 끓여서 수증기만 모으는 방법이다. 물은 통과하지만, 소금은 통과하지 못하는 필터를 사용해 바닷물에서 염분을 걸러내는 방법도 있다. 또 지하수를 퍼 올려 수돗물로 사용하기도 한다.

Day 301

진주는 어떻게 생겨날까?

| 진주 이야기 |

조개에서 나오는 미네랄과 단백질이
조개 속살에서 굳어 만들어진다.

세 가지만 알면 나도 과학자!

바깥에 만들어지면 조개껍데기, 안에 만들어지면 진주

조개 안에 들어 있는 속살 부분이 진주를 만든다. 속살 부분에서는 미네랄과 단백질이 배어 나오는데, 그 성분이 바깥에서 굳으면 조개껍데기가 되고 안에서 굳으면 진주가 된다. 조개가 조개껍데기와 진주를 만드는 원리는 사람이 뼈와 치아를 만드는 원리와 매우 비슷하다.

속살에서 어떻게 진주가 만들어질까?

조개가 모래 알갱이 등을 먹이로 착각해 삼키는 경우가 있다. 그러면 몸에서 나온 미네랄이 모래 알갱이에 들러붙어 진주가 만들어진다. 이 원리를 적절히 이용하면 진주를 양식할 수 있다.

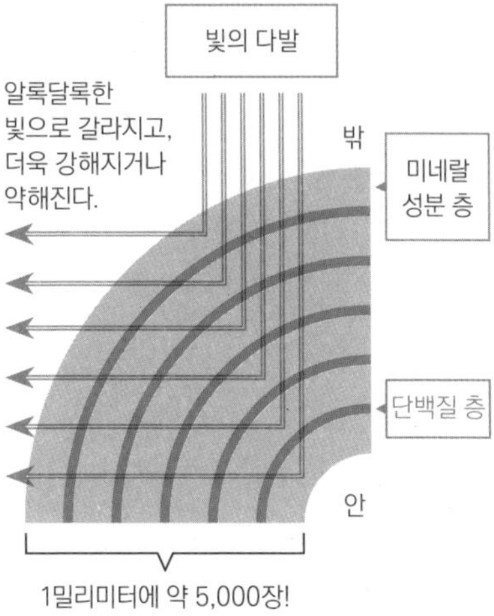

진주의 영롱한 무지갯빛은?

진주의 가장 바깥쪽은 미네랄 성분이 몇천 겹 겹쳐 있다. 이 층에 빛이 닿으면 색에 따라 반사되는 깊이가 다르거나, 빛끼리 간섭해서 강해지거나 약해진다. 이 과정에서 영롱한 무지갯빛이 만들어진다.

Day 302

석유는 어떻게 만들까?

|석유 이야기|

여러 이야기가 있으나
플랑크톤 사체에서 생성되었다는 설이 가장 유력하다.

세 가지만 알면 나도 과학자!

플랑크톤 사체에서 어떻게 기름이 스며 나올까?

깊은 해저에는 플랑크톤 사체가 대량 쌓여 있다. 여기에 모래와 펄이 눈처럼 내려 쌓이고, 이것들의 무게와 지각에 눌려 화석처럼 변한다. 거기서 조금씩 석유와 가스가 스며 나온다. 참고로, 석탄은 먼 옛날 식물질이 땅속 깊이 묻혀 오랫동안 지압과 지열을 받아 차츰 분해하여 생긴 퇴적암이다.

배어 나온 석유를 어떻게 채굴할까?

석유는 가벼워서 조금씩 지각 쪽으로 올라간다. 그러나 석유가 올라가는 길목에 단단하고 두꺼운 암석층이 있으면 막혀서 올라가지 못한다. 이렇게 되어 지층 속에 정체된 석유 덩어리가 모여 있는 유전을 발견하면 유정을 설치하고 석유를 시추한다.

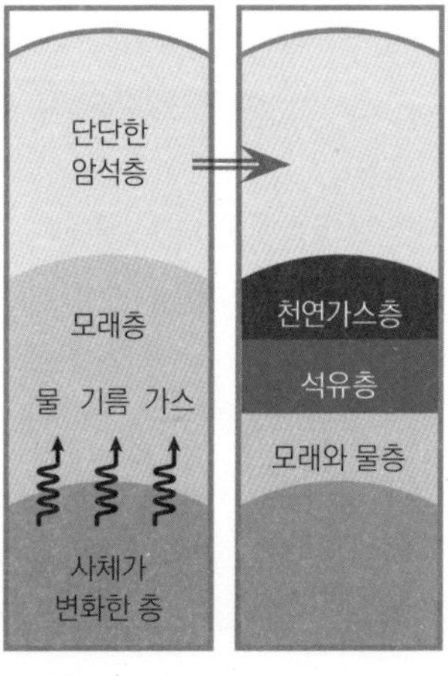

등유와 휘발유도 석유일까?

채굴한 석유를 '원유'라고 한다. 이 원유는 증발하는 온도에 따라 몇 가지 연료로 분류된다. 높은 온도에서도 잘 증발하지 않는 순서대로 중유, 경유, 등유, 휘발유, 가스 등이 있다 (164일 차 참고).

호박은 어떻게 생겨날까?

|호박 이야기|

아주 먼 옛날 나무의 수지가 몇천만 년에 걸쳐 화석이 된 것이다.

세 가지만 알면 나도 과학자!

수지란 뭘까?

몸에 상처가 나서 피가 나와 굳으면 딱지가 생긴다. 마찬가지로 나무도 상처가 나면 수액이 나와 딱지처럼 굳는다. 이 '나무의 딱지'가 수지다. 송진과 옻, 천연 고무 등의 형태로 일상에서 접할 수 있다.

수지가 어떻게 화석이 될까?

새로운 수지는 부드럽지만, 땅에 묻히면 무게와 열로 성분이 점점 변한다. 그대로 몇백만 년, 몇천만 년 지나면 내부 성분끼리 똘똘 뭉쳐 돌처럼 단단해진다.

곤충이 들어간 호박도 있다!

끈적끈적한 수액에 곤충이 들어갔다가 갇혀 그대로 호박(琥珀)이 되기도 한다. 동물의 털과 깃털, 식물의 잎이 들어간 호박도 있다. 호박은 당시 생물을 지금까지 전해주는 '타임캡슐'이라고 할 수 있다. 참고로, 호박을 마른 천으로 문지르면 먼지를 끌어당기는데, 이 현상에서 정전기를 발견했다.

Day 304

체온계로 어떻게 온도를 잴까?

|체온계 이야기|

전자 체온계는 온도가 변하면 전기 저항이 변하는 소재를 사용한다.

세 가지만 알면 나도 과학자!

전자 체온계는 전기 저항으로 온도를 측정한다!

옛날에는 체온계에 수은을 사용했다. 따뜻해지면 부피가 늘어나는 수은의 원리를 이용한 것이다. 현재 흔히 사용되는 전자 체온계에는 '서미스터(thermistor)'라는 소재를 사용한다. 서미스터는 온도가 올라가면 전기 저항이 작아지는데(전기가 잘 흐른다), 이 전기 저항을 측정해서 온도를 잰다.

단시간에 체온을 알아내는 비밀

'서미스터'를 사용해 정확한 체온을 측정하려면 10분가량 필요하다. 단시간에 측정할 수 있는 체온계는 온도의 상승 패턴에서 최종 체온을 예측하도록 프로그래밍되어 있다.

접촉 없이 어떻게 온도를 알아낼까?

코로나19 유행으로 여러 가지 체온 측정 방법이 등장했다. 이마에 대는 체온계는 이마 온도로 체온을 측정한다. 사람이 많이 드나드는 건물 입구 등에서는 얼굴을 화면에 비춰 체온을 측정하는 장치가 많이 활용되었다. 그런데 얼굴을 화면에 비추기만 해도 체온이 측정될까? 이 장치는 열원에서 나오는 적외선 에너지로 온도를 측정한다.

일회용 기저귀는 어떤 원리로 만들까?

| 일회용 기저귀 이야기 |

흡수성 고분자라는 특수한 플라스틱 분말이 효율적으로 흡수한다.

세 가지만 알면 나도 과학자!

보송보송한 표면을 유지하는 비결

일회용 기저귀에는 물을 잘 빨아들이지 않는 화학섬유로 만든 '부직포'를 사용한다. 부직포는 가느다란 섬유의 결이 각기 다른 방향으로 짜여 있어 감촉이 부드럽다. 또 구멍이 송송 뚫려 있어 통기성도 우수하다.

'흡수성 고분자'가 주인공

면, 종이, 스펀지 등의 소재도 물을 흡수한다. 하지만 빨아들이는 양이 적거나, 물을 흡수한 뒤 누르면 다시 토해내는 단점이 있다. '흡수성 고분자'는 자기 무게의 30배 이상 빨아들이고, 눌러도 물이 배어 나오지 않는다.

'흡수성 고분자'가 도대체 뭐지?

흡수성 고분자는 고분자 자체의 질량에 비해 많은 양의 물을 흡수할 수 있는 고분자다. 흡수성 고분자는 주로 물과의 수소 결합을 통해 수화젤(hydrogel)을 형성해 물을 흡수한다. 또 거대한 분자가 복잡하게 얽혀 있어 흡수한 물 분자를 단단히 감싸준다. 이런 점 때문에 사막에서 식물을 재배할 때도 활용된다.

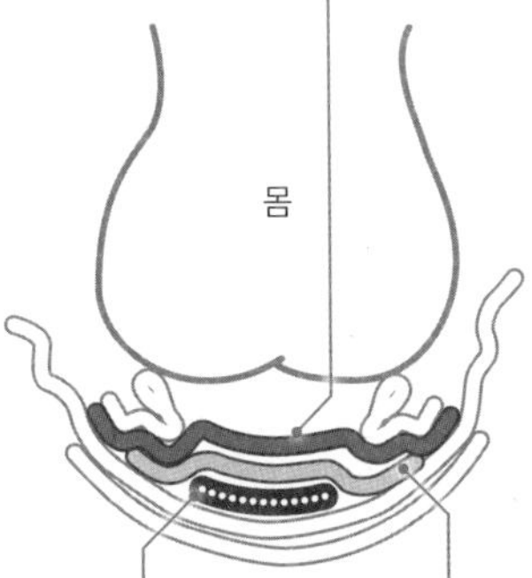

돌보기는 어떻게 사물을 커 보이게 할까?

|돋보기 이야기|

볼록 렌즈를 통해 굴절된 빛을 뇌가 똑바로 들어온 빛과 착각하기 때문이다.

세 가지만 알면 나도 과학자!

굴절과 초점

빛은 공기와 렌즈 사이에서 진행하는 방향이 굴절된다(279일 차 참고). 볼록 렌즈를 사용하면 굴절에 의해 빛이 한곳에 모이는 '초점'이 만들어진다. 돋보기로 초점을 맞추면 태양의 빛을 모아 까만 종이를 태울 수도 있다. 하지만 햇빛을 돋보기(확대경)로 관찰하면 위험할 수 있으니, 함부로 하면 안 된다!

초점보다 가까운 물체가 크게 보인다

초점보다 가까운 곳에 물체를 두면, 빛은 렌즈를 통과한 뒤 퍼지는 것처럼 진행한다. 그러나 뇌는 '빛이 똑바로 왔다'고 착각해 물체가 커 보인다.

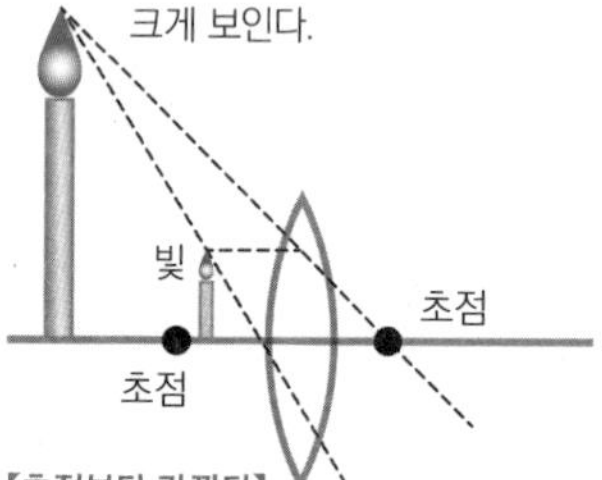

【초점보다 가깝다】

초점보다 먼 물체는 거꾸로 보인다

초점보다 먼 곳에 물체를 두면, 빛은 렌즈를 통과한 뒤 일정한 장소에 모인다. 그럴 경우에는 상하좌우가 거꾸로 보여, 스크린에 투영할 수도 있다.

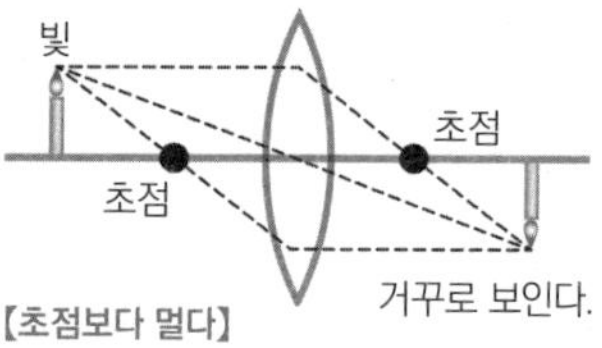

【초점보다 멀다】

지퍼는 어떻게 잠길까?

|지퍼 이야기|

톱니처럼 생긴 '엘리먼트'가 서로 엇갈려 있기 때문이다.

세 가지만 알면 나도 과학자!

지퍼는 어떻게 구성되어 있을까?

지퍼는 다음의 세 가지로 구성되어 있다. 열 때 움직이는 '슬라이더(slider)', 엇갈려서 닫히는 '엘리먼트(element)', 그리고 엘리먼트가 여러 개 붙어 있는 '테이프(tape)'.

톱니바퀴처럼 맞물린다

먼저, '슬라이더'에 대해 살펴보자. 슬라이더는 Y자 터널 구조로 되어 있다. 슬라이더를 움직이면 터널 안을 통과한 '엘리먼트'가 톱니바퀴처럼 서로 맞물려 지퍼를 닫는다.

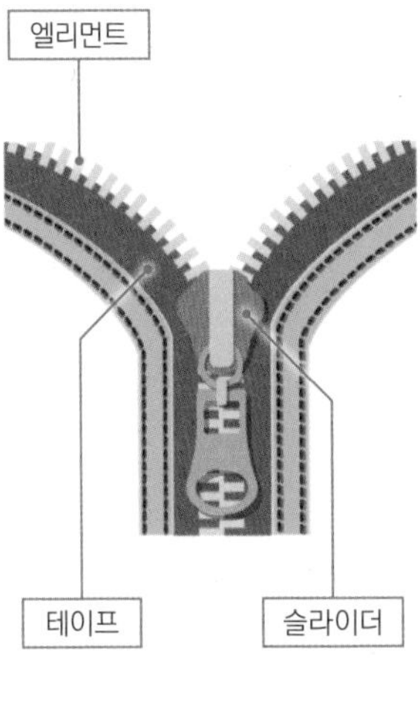

엘리먼트의 형태가 핵심

엘리먼트는 요철 구조다. 올록한 부분과 볼록한 부분이 서로 맞물리면서 지퍼가 닫히도록 되어 있다. 이런 형태 덕분에 지퍼가 쉽게 빠지지 않는다. 참고로, 지퍼를 영어로 파스너(fastene)라고도 하는데, '꽉 맞물린 물체'라는 뜻이다.

벨크로 테이프는 어떻게 잠길까?

|벨크로 테이프 이야기|

도꼬마리처럼 끝이 구부러진 잔가시가 많이 있기 때문이다.

세 가지만 알면 나도 과학자!

옷에 달라붙는 '도꼬마리'의 씨앗

가을철 풀숲에 가면 도꼬마리라는 식물의 씨앗(어렸을 때 도깨비풀이라 부르며 가지고 놀았다)이 옷에 달라붙을 때가 있다. 동물에게 붙어 씨앗을 멀리까지 퍼뜨리려는 도꼬마리의 '생존 전략'이다.

도꼬마리의 구조

도꼬마리의 가시는 끝이 구부러진 갈고리 모양으로 이루어져 있다. 이 갈고리가 옷 섬유에 엉겨 붙으면 쉽게 떨어지지 않는다. 이 구조에서 힌트를 얻어 흔히 '찍찍이'라고 부르는 벨크로 테이프가 발명되었다. 생물의 모양을 모방한 발명을 '생체 모방 기술(bio mimetic)'이라고 한다.

도꼬마리 씨앗

벨크로 테이프의 구조

일반적으로 벨크로 테이프에는 갈고리 모양의 가느다란 가시가 잔뜩 붙은 면과 자잘한 고리가 빽빽하게 붙어 있는 면이 있다. 이 두 종류가 한 쌍이 되어 접착력을 발휘한다.

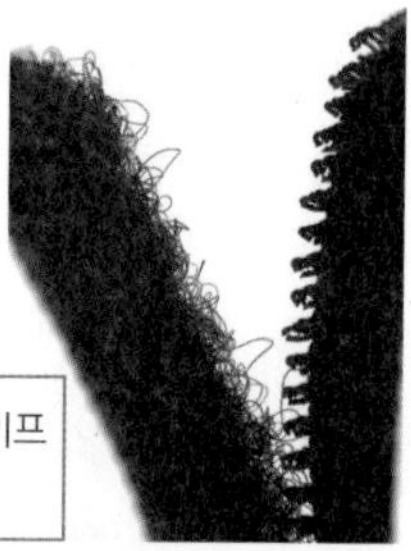

벨크로 테이프 확대도

화이트보드에 쓴 글씨는 어떻게 깨끗이 지워질까?

|화이트보드 이야기|

잉크에 '박리제'가 들어 있어 화이트 보드에 글씨를 쓰면 잘 지워진다.

세 가지만 알면 나도 과학자!

일반적인 유성펜

우리가 흔히 사용하는 유성펜 잉크는 색을 내는 '염료'와 그 염료를 녹이는 알코올 등의 '용제'가 주성분이다. 이 용제가 모두 증발하면 염료가 굳어 쉽게 떨어지지 않는다.

화이트보드용 보드 마커

화이트보드에 사용하는 보드 마커(board marker)는 색을 내는 '안료'와 안료를 접착하는 '수지', 이들을 녹이는 알코올 등의 '용제'에 박리제가 추가되어 있다. '박리(剝離)'란 벗겨낸다는 뜻이다. 이 박리제가 보드 마커의 핵심이다.

박리제의 작용

보드 마커로 글씨를 쓰면 잉크에서 용제가 증발하고 안료와 수지가 피막을 형성한다. 그러면 박리제 위에 뜬 상태가 된다. 착 달라붙지 않고 뜬 상태라서 문지르면 쉽게 벗겨진다. 실수로 화이트보드에 유성펜으로 글씨를 썼을 때 그 위에 보드 마커로 따라 쓰면 지울 수 있다.

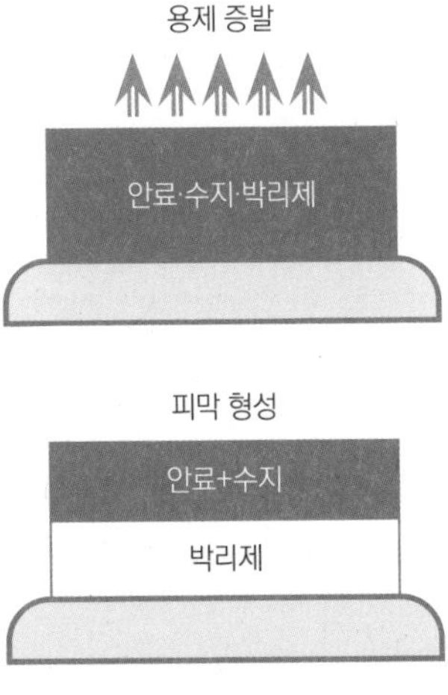

나침반의 작동 원리는 뭘까?

|나침반 이야기|

지구는 거대한 자석이라서 북극에는 S극, 남극에는 N극이 있고, 그 방향으로 자석이 향한다.

세 가지만 알면 나도 과학자!

지구는 거대한 자석

지구는 거대한 자석이다(196일 차 참고). 지구가 왜 자석으로 만들어졌는지는 확실히 밝혀지지 않았다. 지구 중심의 외핵이 액체 상태 금속으로 이루어져 있고, 그 액체 금속이 움직이며 거대한 전자석이 된다고 추정될 뿐이다.

북극에 S극, 남극에 N극

지구의 자기를 '지자기'라고 한다. 북극에는 S극이 있어 나침반의 N극을 잡아당기고, 남극에는 N극이 있어 나침반의 S극을 잡아당긴다. 이 원리를 이용해 방향을 알아낼 수 있다. 참고로, 지자기는 태양에서 온 전기를 띤 입자로, 오로라를 만들기도 한다.

지자기 역전

이유는 알 수 없지만, 지자기의 극은 수십만 년 주기로 바뀐다. 증거가 되는 지층이 일본 지바현에서 발견되었다. 그 지층이 생긴 시대를 지바현의 지명을 따서 '지바니안(Chibanian)'이라고 한다.

곤충의 종류는 얼마나 될까?

|곤충 이야기|

현재 알려진 동물은 약 142만 종이며,
그중 100만 종가량이 곤충이다.

세 가지만 알면 나도 과학자!

지구는 곤충의 별?!

현재 지구상에 알려진 동물은 약 142만 종이다. 그중 곤충이 100만 종가량 된다. 문어와 오징어로 대표되는 연체동물이 대략 8만 종이고, 사람과 물고기 같은 척추동물이 약 6만 종이다. 그러니 곤충이 얼마나 많은지 짐작할 수 있다. 곤충은 미발견 종까지 포함하면 500만 종에서 5,000만 종에 이를 것으로 추정된다.

쥐며느리와 거미는 곤충이 아니다?!

곤충의 몸은 머리, 가슴, 배로 나뉜다. 가슴에는 다리 6개와 날개 4장이 붙어 있다. 벼룩처럼 진화하지 않는 곤충도 날개가 있다. 절지동물인 쥐며느리는 다리가 14개, 거미는 8개라서 곤충이 아니다.

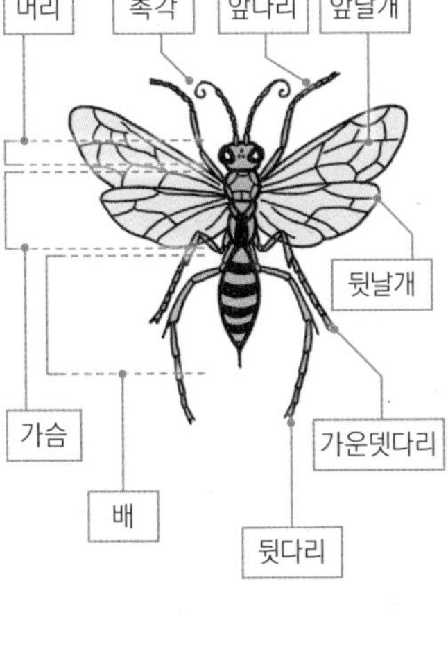

애벌레에서 곧바로 성충이 되는 곤충도 있다

곤충은 알로 번식한다. 애벌레(유충)는 성장하면서 탈피한다. 80퍼센트 이상의 곤충이 애벌레에서 번데기로 변한 뒤 성충이 된다. 메뚜기와 귀뚜라미, 매미, 잠자리처럼 번데기가 되지 않고 곧바로 성충이 되는 곤충도 있다.

Day 312

생물 | 벌레와 식물

곤충은 불빛을 보면 왜 몰려들까?

| 벌레의 습성 이야기 |

곤충이 전등을 달로 착각해서 몰려든다고 추정된다.

세 가지만 알면 나도 과학자!

달을 등대 삼아 비행

밤에 활동하는 곤충은 똑바로 날아도 바람 등의 방해를 받기 쉽다. 그런데 멀리 있는 달을 향해 같은 각도를 유지하며 날면 똑바로 갈 수 있다. 즉, 밤에 활동하는 곤충은 달을 등대 삼아 비행하는 셈이다.

인공조명을 달이라고 착각해 달려드는 이유

그림으로 그려서 생각해보면 이해하기 쉽다. 다시 말해, 곤충이 가까운 거리에 있는 인공조명을 달이라고 착각해 같은 각도로 계속 날면 아래 그림처럼 빛을 향해 뛰어들게 된다.

LED 조명에도 모여들까?

많은 곤충이 사람의 눈에는 보이지 않는 자외선을 감지할 수 있다. 그런데 요즘 많이 사용하는 LED는 자외선을 거의 방출하지 않아 곤충이 모여들지 않는다. 참고로, 전기 살충기는 자외선으로 벌레를 포집해서 감전시키는 원리를 이용한 것이다.

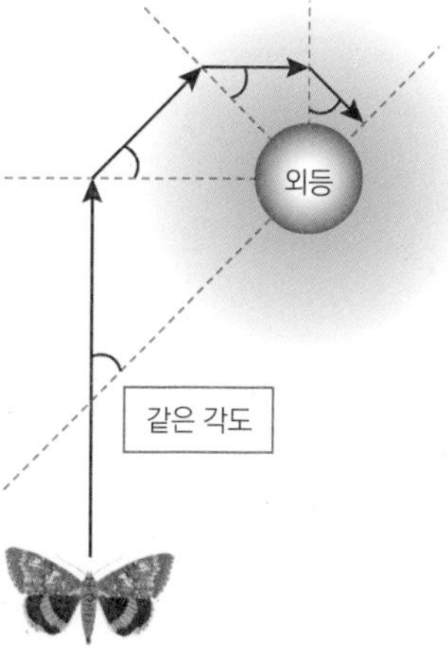

나무와 풀은 어떤 차이가 있을까?

| 식물 이야기 |

풀은 위로만 자라고, 나무는 옆으로 굵어지며 생장한다.

세 가지만 알면 나도 과학자!

줄기는 식물의 몸통을 지탱하고, 물과 양분이 지나는 통로

줄기는 몸체를 떠받치고 꽃과 잎을 맺는 역할을 하며, 양분과 물이 이동하는 통로이기도 하다. 줄기 안에는 뿌리에서 흡수한 물 및 무기 양분(mineral nutrient)이 지나는 관과 잎에서 만들어진 양분이 지나는 관이 있다.

나무줄기와 풀대는 어떻게 다를까?

나무줄기 안에는 세포를 생성하는 형성층이 있다. 이 형성층에서 세포가 만들어져, 나무줄기가 점점 굵어진다. 하지만 풀대에는 형성층이 없거나, 있더라도 잘 활성화되지 않아 나무줄기와 달리 튼실하게 자라지 않는다. 참고로, 바나나는 나무처럼 보이지만 어엿한 풀이다.

나무의 중심은 죽은 세포

형성층에서 만들어진 세포는 형성층을 바깥으로 이동시키면서 증식하고, 다 성장한 세포는 '목화(木化)'해서 죽는다. 여름에는 성장이 왕성하고 겨울에는 정체된다. 이렇게 계절의 변화를 겪으며 나이테가 생긴다.

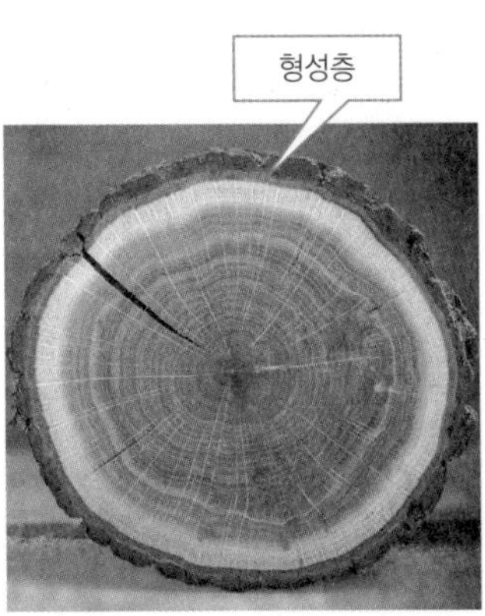

생물 과학 인체 먹을거리 질병과 약 우주 기계와 도구 자연

식물은 물만 먹고 어떻게 살까?

|광합성 이야기|

식물은 생활과 성장에 필요한 영양분을 스스로 만든다.

세 가지만 알면 나도 과학자!

싱그러운 초록 잎의 원천은 엽록소

식물은 잎 등의 세포에 있는 엽록체라는 색소 입자가 영양분을 만든다. 엽록체 속에는 엽록소라는 초록색 색소가 들어 있는데, 이 색소는 태양의 빛에너지를 이용해 활동한다.

엽록체는 햇빛을 이용해 영양분을 만든다!

엽록체는 햇빛을 이용해 뿌리에서 흡수한 물과 공기 중의 이산화탄소로 포도당과 전분 등의 영양분을 만든다. 이것이 '광합성'이다. 그래서 식물은 물만 있으면 살 수 있는 것처럼 보이지만, 사실은 그렇지 않다. 그 물로 자신에게 필요한 영양분을 스스로 만들어 생장하는 것이다. 참고로, 광합성 작용에서는 영양분과 함께 산소도 만들어진다.

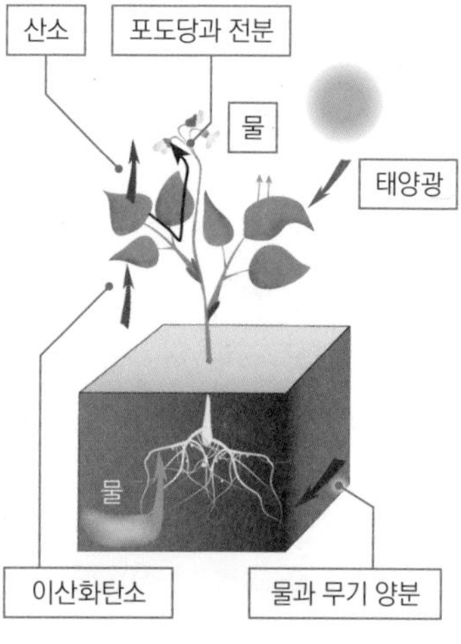

식물의 몸을 만드는 데 필요한 무기 양분

뿌리에서 흡수한 물에는 질소와 인 등의 무기 양분이 녹아 있다. 이 무기 양분은 식물의 몸을 만드는 단백질 등을 합성할 때 사용된다.

열매가 열리는 식물과 열리지 않는 식물의 차이는 뭘까?

| 열매 이야기 |

씨앗이 되는 밑씨가 밖으로 나온 식물은 열매가 열리지 않는다.

세 가지만 알면 나도 과학자!

씨앗이 만들어지는 원리

씨앗은 암술머리에 꽃가루가 묻는 수정에서부터 시작된다. 수정이 이루어지면 꽃가루에서 화분관이 나고, 암술머리 아래쪽 자방(씨방) 안에 있는 밑씨까지 뻗는다. 그러면 화분관 속에 있는 정세포와 밑씨 안에 있는 난세포가 수정해 수정란이 만들어진다.

자방이 열매로 변한다

수정란이 성장하면 배(胚)가 생기고, 배는 씨앗과 뿌리가 된다. 수정란 주위 세포에서는 발아할 때 영양분이 만들어진다. 밑씨는 씨앗이 되고, 밑씨를 에워싸고 있던 자방은 열매가 된다.

속씨식물에만 열매가 열린다

대부분 식물은 밑씨가 자방에 싸여 있는 속씨식물이다. 그런데 소나무와 은행, 소철처럼 씨앗이 되는 밑씨가 밖으로 나와 있는 겉씨식물도 있다. 겉씨식물은 자방이 없어 열매를 맺지 않는다. 식물의 열매는 동물이 씨앗을 운반할 수 있도록 다양한 형태로 진화했다.

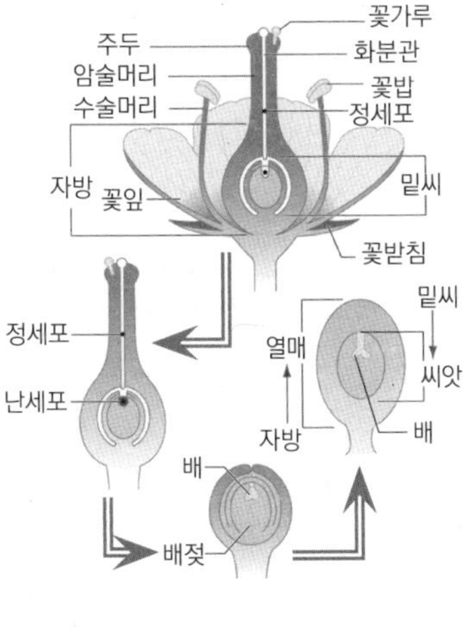

버섯도 식물일까?

|버섯 이야기|

버섯은 광합성으로 영양분을 만들 수 없으므로 식물이 아니다.

세 가지만 알면 나도 과학자!

버섯은 곰팡이·효모와 친척인 균류다

효모처럼 단세포생물도 있지만, 세균은 세포가 실처럼 이어진 균사 형태로 이루어져 있다. 세균은 포자로 증식하는데, 버섯은 '자실체'라는 포자를 만들기 위한 기관으로, 식물의 꽃과 같다.

균류는 유기물을 분해해서 살아간다

버섯 등의 균류는 낙엽과 목재 등 유기물을 분해해서 영양분을 섭취하며 살아간다. 쓰러진 나무와 수북하게 쌓인 낙엽에 숲이 파묻히지 않는 것은 균류가 열심히 분해하기 때문이다. 참고로, 세균(박테리아)은 핵막으로 감싼 핵이 없어 균류가 아니다.

균류는 식물과 공생관계

송이버섯, 만가닥버섯, 나팔버섯처럼 균사가 이미 충분히 자란 식물의 뿌리와 결합하고 협력해서 서로 영양을 주고받으며 생장하는 버섯도 있다. 이렇게 공생하는 균을 '균근균(菌根菌)'이라고 한다.

씨가 없는 '과일'은 어떻게 번식할까?

| 식물의 번식 이야기 |

씨가 없는 과일은 꺾꽂이, 접붙이기, 포기나누기 등으로 번식시킬 수 있다.

세 가지만 알면 나도 과학자!

바나나에는 왜 씨가 없을까?

원래는 씨가 있었으나 돌연변이가 발생해 우연히 씨가 없는 바나나가 탄생했다. 바나나는 줄기 둥치에서 나온 새싹을 잘라 묘목으로 심어서 키운다. 이러한 '포기나누기'로 씨앗이 없는 바나나 재배지가 확대되었다고 추정된다.

씨앗이 없어도 번식할 수 있다

블루베리는 가지를 잘라서 흙에 꽂아두는 '꺾꽂이'를 하면 가지에서 뿌리와 새싹이 나온다. 씨가 없는 귤나무 가지를 잘라 탱자나무 가지에 '접붙이기'를 하면 귤을 얻을 수 있다. 이미 뿌리가 발달한 탱자나무를 이용하기 때문에 꺾꽂이보다 빨리 열매를 수확할 수 있다.

인공적으로 씨 없는 과일을 만들 수 있다

씨 없는 모든 식물이 꺾꽂이·접붙이기로 번식하는 것은 아니다. 식물 호르몬 지베렐린(Gibberellin)을 포도 자방에 붙이면 자방이 부풀며 씨 없는 포도가 열린다. 씨 없는 수박은 약품 처리해 만든 씨앗으로 재배한다.

냉동식품은 어떻게 오래 보관할 수 있을까?

|냉동식품 이야기|

얼리면 식품에 묻어 있는 이런저런 세균류가 증식하지 않아 오래 보관할 수 있다.

세 가지만 알면 나도 과학자!

음식물이 썩지 않는 가장 좋은 방법은?

옛날부터 사람들은 식품을 썩지 않게 하고 오랫동안 보존할 수 있는 다양한 방법을 연구했다. 그래서 생각해낸 것이 건조, 염장(소금에 절이기), 발효다. 이후 기술이 발전하면서 냉장고와 냉동고가 개발되어 식품 보존 기술이 눈부시게 발전했다.

얼리면 세균 증식을 막을 수 있다

겉보기에는 깨끗한 것 같아도 음식물에는 온갖 세균과 곰팡이가 득실거린다. 그 세균이 증식하면 식품이 썩거나 식중독을 일으킬 수 있다. 하지만 냉동하면 세균 번식을 어느 정도 억제할 수 있다.

냉동고는 영하 18도

가정용 냉동고는 최대 몇 도까지 온도를 내릴 수 있을까? 영하 18도 정도까지 가능하다. 랩 등으로 감싸 공기를 빼내고, 얇게 펴서 최대한 빠르게 냉동하는 것이 이상적이다. 하지만 가정용 냉동고는 수시로 여닫아 보존 기간이 1개월 정도밖에 되지 않는다.

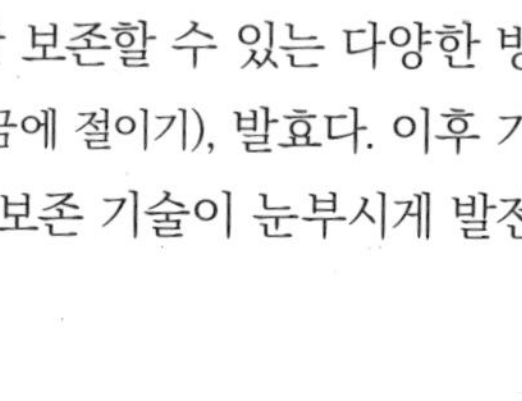

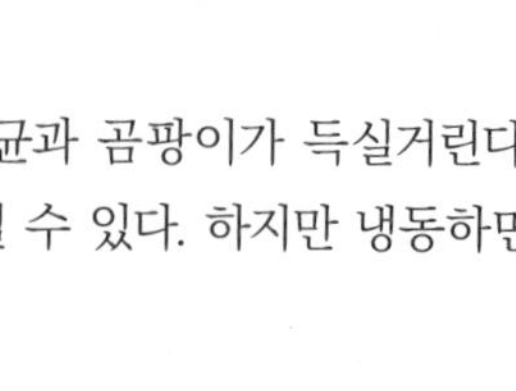

Day 319

식품첨가물은 왜 필요할까?

|식품첨가물 이야기|

식품에 소량 첨가해 색과 향기를 내거나 보존 기간을 늘린다.

세 가지만 알면 나도 과학자!

향기와 식감을 좋게 한다

남녀노소가 사랑하는 젤리는 원래 젤라틴이라는 물질로 만든다. 하지만 더욱 탱글탱글한 식감을 내기 위해 합성 응고제를 넣는다. 그리고 다양한 맛을 연출하기 위해 착색료와 향료 등의 식품첨가물을 사용한다.

햄과 소시지에도 첨가물이 들어 있다

고기를 냉장고에서 장시간 보관하면 먹음직스러운 색이 사라진다. 그래서 고기를 가공해 햄과 소시지를 제조한다. 햄과 소시지의 색을 먹음직스럽게 유지하기 위해서도 식품첨가물이 사용된다.

식품첨가물이 없다면?

식품첨가물을 전혀 사용하지 않으면 색과 향기가 옅어져 우리 식탁이 무미건조해질 수 있다. 첨가물이 없으면 상한 음식을 먹고 탈이 날 수도 있다. 이렇듯 식품첨가물을 피할 수 없으므로 깐깐하게 확인하고 안전한 성분만 사용하도록 허가한다.

품종개량을 하면 어떤 점이 좋을까?

|품종개량 이야기|

수확량을 늘리기 위해 다양한 생물을 교배시켜 품종을 개량한다.

세 가지만 알면 나도 과학자!

대부분 식품은 품종개량의 산물

우리가 먹는 작물과 가축은 처음부터 지금 모습이었을까? 아니다. '원종'의 생물을 인간이 오랜 세월에 걸쳐 품종개량한 결과다. 우리가 원하는 형태와 최대한 비슷해지도록 개량을 거듭해 원종과 상당히 다른 형태를 만들어냈다.

돼지의 원종은 멧돼지

돼지는 사나운 멧돼지를 가축으로 길들여 먹을 수 있는 부위가 좀 더 많은 품종으로 개량한 것이다. 멧돼지는 머리가 큰 데 반해, 돼지는 복부가 길어 고기의 양이 많다. 허리뼈가 많아진 것도 품종개량의 결과다.

다양한 토마토도 품종개량으로 탄생!

토마토의 원산지는 남미 대륙이다. 지금은 온갖 크기의 알록달록한 토마토가 생산된다. 하지만 원종 토마토는 방울토마토보다 훨씬 작고 그다지 맛있지 않은 독성 식물이었다. 최근에는 게놈 편집이라는 방법까지 등장해 단기간에 설계대로 품종을 만들어 내기도 한다.

유전자 조작 식품이란 뭘까?

|유전자 조작 식품 이야기|

유전자 조작이란 어느 생물의 유용한 성질을 다른 생물에게 도입해 품종을 개량하는 방법이다.

세 가지만 알면 나도 과학자!

품종개량을 하려면 몇 세대가 필요

지금까지는 품종을 개량하려면 엄청나게 긴 시간이 필요했다. 생물이 지닌 유전자가 세대마다 조금씩 변해 몇 세대를 걸쳐야만 개량이 가능했다.

유전자 조작으로 시간 단축!

과학 기술이 발전하면서 다양한 성질을 보여주는 유전자 조작 방법이 등장했다. 유전자 조작이란 어느 생물의 유리한 성질을 인공적으로 재배합하거나 돌연변이를 일으켜 유전자의 성질을 바꿔놓는 것을 말한다. 하지만 유전자 조작 식품은 여러 법률로 안전성을 확보해야 생산할 수 있다.

농약을 줄이고 맛도 좋아진다

유전자 조작은 여러 가지 용도로 활용되고 있다. 구체적인 예를 들면, 농약 사용을 줄이고 농민의 일손을 덜기 위해 해충이 생기더라도 그 해충이 번식하지 않게 하는 품종을 만드는 식이다. 또 먹는 사람의 영양에 맞춰 설계된 작물 등도 개발 중이다.

농약은 왜 뿌려야 할까?

|농약 이야기|

해충과 다른 식물에 영양분 등을 빼앗기지 않기 위해 살포한다.

세 가지만 알면 나도 과학자!

농약은 왜 필요할까?

텃밭이나 취미로 재배하는 주말농장 등에서 채소를 재배할 경우에는 농약이 필요하지 않다. 하지만 농사를 생업으로 하는 농민들은 안정적으로 작물을 생산해야 하기 때문에 농약이 필요하다.

살충을 위한 농약

해충이 작물을 갉아먹으면 작물이 자라지 않거나 상품 가치가 훼손된다. 그래서 농민들은 살충제 성분의 농약을 적절하게 사용한다.

제초제로서 농약

밭에는 작물 외에도 많은 식물이 자란다. 이런 잡초는 작물의 생장에 필요한 영양분을 빼앗아간다. 또한 수확 시기에 잡초를 뽑느라 아까운 시간과 노력을 허비하게 만든다. 그래서 제초제를 사용할 수밖에 없다. 농약은 사람에게 안전하고 환경에 악영향을 주지 않는 방향으로 계속해서 개량되고 있다.

Day 323

인스턴트식품은 정말 데우기만 해도 먹을 수 있을까?

| 인스턴트식품 이야기 |

건조 과정에서 최대한 작은 구멍으로 수분이 스며들기 쉽도록 만들었기 때문에 데우기만 해도 먹을 수 있는 제품이 많다.

세 가지만 알면 나도 과학자!

새로운 인스턴트식품 제조법

건조 블록에 뜨거운 물을 붓기만 하면 바로 먹을 수 있는 즉석 제품, 레토르트 식품 등 다양한 인스턴트식품이 판매되고 있다. 다양한 식품에 최신 기술인 '동결 건조'가 이용되고 있다.

냉동시켜 건조 과정을 거치면 완성

동결 건조를 하려면 대규모 설비가 필요하다. 동결 건조(Freeze drying)란 수분이 있는 재료를 진공 상태에서 급속냉동한 후 얼음을 승화시켜 건조하는 방식이다.

작은 구멍이 잔뜩 뚫려 있다

동결 건조를 하면 건조 과정에서 물이 증발하면서 식품에 작은 구멍이 송송 뚫린다. 뜨거운 물을 부으면 그 구멍으로 물이 스며들어 단시간에 원래 형태로 돌아간다. 수분이 전혀 없어 가볍고 각종 세균도 번식하지 않아 장기간 보관할 수 있다. 궁극의 인스턴트식품은 우주비행사가 먹는 우주식이라고 할 수 있다.

Day 324

껌은 어떻게 만들까?

|껌 이야기|

껌은 초산비닐수지 등의 껌 베이스에
설탕과 박하 등의 향료를 섞어서 만든다.

세 가지만 알면 나도 과학자!

입에 남는 껌 베이스

편의점이나 마트에 가면 다양한 형태의 껌을 볼 수 있다. 단물을 다 빨아 먹어도 입안에 남아 질겅질겅 씹히는 물질이 껌 베이스다. 예전에는 '치클(chicle)'이라는 물질을 사용했다.

치클은 어디서 채취할까?

앞에서 고무나무에 상처를 내고 천연고무를 채취하는 과정을 살펴보았다(235일차 참고). 치클은 남미가 원산지인 사포딜라라는 나무의 수액이다. 고무와 같은 방법으로 채취한다. 치클 덩어리는 진짜 고무처럼 끈끈하다.

요즘에는 인공적으로 제조한다

치클로 껌을 만들면 비용이 많이 들고 시간도 많이 필요하다. 그래서 최근에는 초산비닐수지(목공용 강력 접착제의 원료) 등의 합성수지도 사용된다. 다양한 첨가물을 사용해 치클과 비슷한 식감을 만들어낸다. 참고로, 껌은 소화 흡수되지 않아 대변으로 나오지만, 그래도 삼키지 않는 게 좋다.

Day 325

상대성 이론이란 뭘까?

|상대성 이론 이야기|

'빛의 속도는 누가 봐도 같다'는, 우주의 비밀을 푸는 이론이다.

세 가지만 알면 나도 과학자!

시간과 공간은 속도에 따라 상대적이다

'상대성 이론'이란 뉴턴 역학을 부정하고, 알베르트 아인슈타인(Albert Einstein)이 처음으로 세운 특수 상대성 이론과 일반 상대성 이론을 통틀어 이르는 용어다. 특수 상대성 이론은 시간과 공간은 절대적인 것이 아니며 속도에 따라 상대적이라는 이론이다. 그리고 에너지는 질량과 빛의 속도의 제곱을 곱한 것과 같다는 아름다운 방정식 '$E = mc^2$'이 탄생했다.

'시간과 공간'이 휘어진다

일반 상대성 이론은 중력 개념을 재해석했다. 질량(무게)이 있는 물체는 주위 시간과 공간을 휘게 만든다. 그 영향으로 빛도 휘어진다. 이를 '중력 렌즈'라고 한다. 따라서 멀리 있는 천체가 신비한 형태로 보이기도 한다.

알베르트 아인슈타인

내비게이션에도 상대성 이론 활용

중력의 세기에 따라 시계의 진행 방식도 달라진다. 지상에서 멀리 떨어진 GPS 위성은 중력이 지상과 다르다. 따라서 위치 정보 왜곡을 수정하기 위해 상대성 이론을 활용한다.

인공위성은 무슨 일을 할까?

| 인공위성 이야기 |

지구 주위를 돌면서 지구의 모습과 멀리 있는 천체를 관측한다.

세 가지만 알면 나도 과학자!

인공위성이 지구로 떨어지지 않는 이유

공을 던지면 살짝 앞으로 날아가다가 떨어진다. 던지는 속도를 올리면 조금 더 멀리 날아갈 뿐이다. 만약 공을 초속 7.9킬로미터(제1 우주속도)보다 빠르게 던질 수 있다면, 이론상으로 지구를 한 바퀴 돌 수 있다. 인공위성이 이 속도로 돌기 때문에 지구로 추락하지 않는 것이다.

우리 생활과 관련 있는 인공위성들

우리 생활과 관련이 깊은 인공위성으로는 ① 국내외 중계 등에 사용되는 통신·방송 위성 ② 일기 예보 등에 사용되는 기상 위성 ③ 장소와 시간을 실시간으로 정확하게 측정하는 측지 위성 등이 있다.

과학 조사를 위한 인공위성

그 밖에 지구 온난화와 관련해 이산화탄소 농도를 조사하는 지구 관측 위성, 태양 관측 위성 등도 있다. 목적에 따라 다양한 위성이 우주에 떠 있다. 그러다가 사용 목적을 다한 인공위성은 우주 쓰레기(Space debris)가 된다.

우주왕복선은 어떻게 날까?

|우주왕복선 이야기|

우주왕복선은 메인 엔진과 로켓을 이용해 단숨에 우주까지 날아간다!

세 가지만 알면 나도 과학자!

1981년부터 2011년까지 30년 동안 5기가 총 135회 운항

우주왕복선(Space Shuttle)은 일회용이 아니라 몇 번씩 재활용할 수 있게 만든다. 궤도선(Orbiter Vehicle, 본체, 메인 엔진), 외부 연료 탱크(External Tank, ET), 고체 로켓 부스터(Solid Rocket Boosters, SRB)로 구성되어 있다. 공기가 없는 곳에서 비행할 수 있도록 설계되었다.

발사 직후엔 SRB로 비행(상승 1단계)

발사대에 선 우주왕복선은 메인 엔진에 점화한 뒤 고체 로켓에 점화해 발사한다. 발사 후 2분가량은 SRB를 이용해 상승하고(고도 약 45킬로미터, 초속 1.3킬로미터 이상), 다음 단계에서 SRB를 분리한다.
SRB는 회수해 정비한 뒤 반복 사용한다.

상승 2단계 돌입

약 8분 40초 후 메인 엔진을 정지하고(이때 초속 약 8킬로미터), 약 9분 후에는 텅 빈 ET를 분리한다(ET는 일회용). 약 40분 후에는 목적 궤도에 오르기 위해 제어 시스템 엔진으로 미세 조정한다.

우주복은 어떻게 만들까?

|우주복 이야기|

가혹한 우주 공간에서 몸을 지키기 위해
우주복에는 갖가지 기능을 탑재한다.

세 가지만 알면 나도 과학자!

두 종류의 우주복

우주복은 '외부 활동 유니트(EMU)'와 '여압복', 이렇게 두 종류가 있다. 여압복은 할리우드 영화에서 자주 볼 수 있는 주황색 우주복으로, 지구에서 국제 우주 정거장(ISS)까지 이동하는 동안 착용한다. 지상에서 발사할 때와 귀환할 때의 충격, 기압 변화에 견딜 수 있게 제작된다.

우주복(EMU)은 '1인용 우주선'과 같다

우주선 밖에서 활동할 때는 EMU(Extravehicular Mobility Unit)를 입는다. 다양한 장비가 부착되어 있어 120킬로그램 가까이 나간다.

튼튼하고 성능이 뛰어나다!

EMU는 ①진공과 극단적인 온도 차, 우주 쓰레기 등으로부터 신체를 보호한다. ②우주복 내부 온도와 습도를 조절한다. ③호흡할 수 있는 산소를 만들고, 이산화탄소를 제거한다. ④다른 우주비행사 및 지상과 통신할 수 있다. 이 네 가지 기능이 특히 중요하다. 미래의 유인 달 탐사와 화성 탐사를 위한 차세대 우주복 등 계속해서 개발 중이다.

Day 329 우주 | 우주 테크놀로지

국제 우주 정거장에서는 무슨 일을 할까?

| 국제 우주 정거장 이야기 |

우주라는 특별한 환경을 살리기 위한 실험이나 연구활동을 한다.

세 가지만 알면 나도 과학자!

15개국이 참여한 국제 협력 프로젝트

국제 우주 정거장(ISS)은 지상에서 약 400킬로미터 위치에 자리하고 있다. 이는 지구를 약 90분에 한 바퀴 도는 거대한 유인 우주 정거장이다. 그 크기는 축구장 하나 정도밖에 되지 않지만, 무게는 약 420톤에 이른다. 현재 미국, 러시아, 일본, 캐나다, 유럽 각국 등 15개국이 협력해 다양한 실험과 연구를 진행하고 있다.

ISS에서의 실험과 연구 성과

ISS에서 이루어진 실험과 연구 성과는 여러 가지 기술에 응용되고 있다. 예를 들어 오염된 물을 정화하는 여과 기술, 로봇 팔 기술을 응용한 외과 수술 로봇 등 다양하다.

지상에서 ISS를 볼 수 있다

ISS는 지상 400킬로미터 상공에 있어, 지상에서 해가 저문 뒤 잠시 햇빛을 받는다. 해가 뜰 때는 지상보다 먼저 햇빛이 닿는다. 계절에 따라 편차는 있지만, 해가 저문 후와 해가 뜨기 전에 ISS가 하늘을 가로지르는 모습을 볼 수 있다. ISS도 인공위성이다.

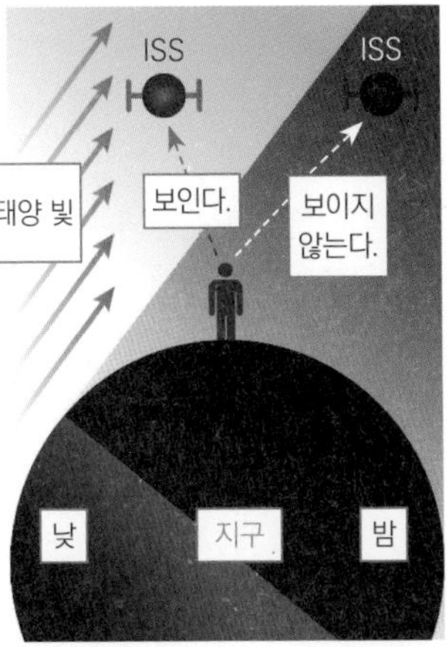

Day 330 우주 | 우주 테크놀로지

우주식에는 어떤 음식이 있을까?

|우주식 이야기|

현재 우주식은 우리가 일상적으로 먹는 음식과 많이 다르지 않다.

세 가지만 알면 나도 과학자!

우주식도 진화 중이다!

우주식이라고 하면 으레 튜브에 들어 있거나 물을 넣어 먹는 방식을 떠올린다. 그런데 요즘에는 메뉴가 다양해져 우리가 평소에 먹는 음식을 그대로 이용하는 우주식도 있다고 한다.

영양소를 갖추고 맛있기만 해서는 부족하다

영양소를 갖추고 맛있기만 해서는 우주식으로서 자격이 부족하다. 우주식은 위생적이어야 하고(식중독이 발생하면 대형 사고!), 먹을 때 흩날리지 않아야 하며, 장기 보존(적어도 1년 반)이 가능해야 한다.

어떤 우주식이 있을까?

동결 건조 수프와 밥 종류, 차 등의 음료도 있고, 그대로 먹을 수 있는 레토르트 식품과 통조림(스테이크, 푸딩 등)도 있다. 신선한 과일과 채소는 상하기 쉬워 최대한 빨리 소비해야 한다는 규정이 있다. 나라마다 자국 우주인의 입맛에 맞는 다양한 우주식을 개발하고 있다.

Day 331 과학 | 공기

공기는 어떻게 구성되어 있을까?

|공기 이야기|

건조한 공기에 포함된 기체는 질소가 가장 많고 산소, 아르곤 등도 들어 있다.

세 가지만 알면 나도 과학자!

건조한 공기의 성분

수증기가 없는 건조한 공기의 성분을 부피 비율(%)로 표시하면 다음과 같다. 질소 78.08퍼센트, 산소 20.95퍼센트, 아르곤 0.93퍼센트, 이산화탄소 0.041퍼센트, 네온 0.0018퍼센트, 헬륨 0.00052퍼센트, 그리고 메탄, 크립톤, 수소, 질소 화합물, 제논 등이 나머지를 차지한다.

공기는 반드시 수증기를 포함한다

실제 공기에는 반드시 수증기가 포함되어 있다. 공기에 포함된 수증기의 최대량(포화 수증기량)은 기온으로 정해지는데, 기온이 높을수록 커진다. 따라서 공기 성분은 건조한 상태에서 따져봐야 한다.

지상에서 40킬로미터까지 공기의 성분 비율이 같다

지구는 대기라고 불리는 기체에 둘러싸여 있다. 지상에서는 상공으로 갈수록 공기가 희박하다. 그러나 공기의 성분 비율은 지상에서 40킬로미터 정도까지 거의 일정하다. 참고로, 공기란 지구 표면을 감싸는 대기 하층 부분에 해당하는 기체를 말한다.

【공기의 성분】

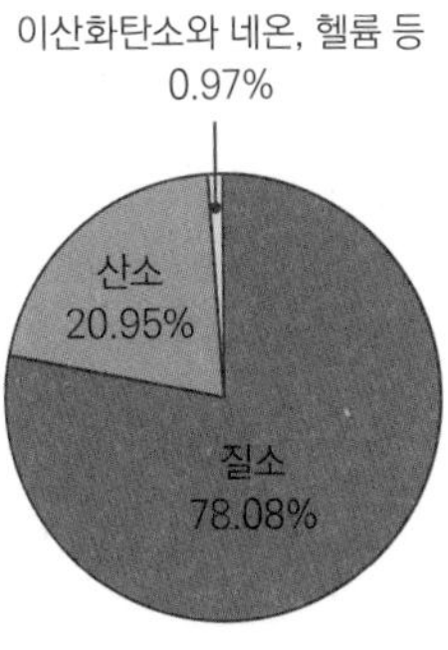

Day 332 과학 | 공기

공기 속에는 왜 질소가 엄청 많을까?

| 질소 이야기 |

지구가 탄생할 당시에는 이산화탄소가 많고 질소는 적었다.

세 가지만 알면 나도 과학자!

초기 지구에는 이산화탄소가 많았다

약 46억 년 전, 갓 태어난 지구의 대기는 알 수 없는 이유로 날아가버렸다. 그 후 지구 내부에서 화산을 통해 지구 표면으로 나온 기체가 대기가 되었다. 당시 대기 대부분은 이산화탄소와 수증기였고, 질소는 아주 적은 양만 존재했다. 원시 지구의 대기는 현재 금성의 대기와 비슷했다.

이산화탄소는 바다에 녹아들어 감소했다

지구가 차츰 식으면서 대기 중의 수증기는 비가 되어 내리기 시작했고, 마침내 바다가 되었다. 이산화탄소는 바다에 자꾸 녹아들고, 질소는 대기에 그대로 남아, 가장 많았다. 그 당시에는 산소가 없었다.

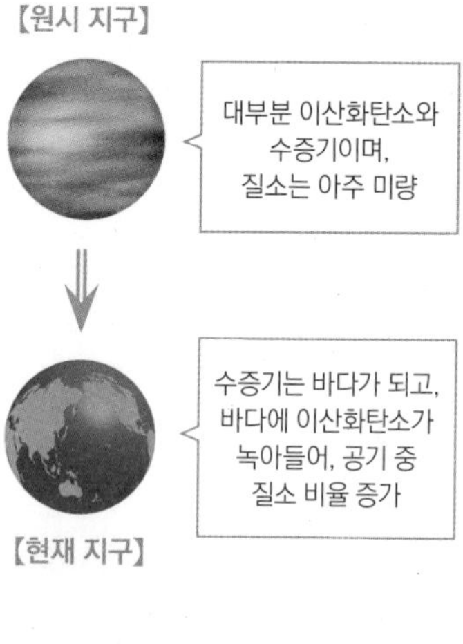

광합성 작용 생물로 산소가 증가했다

바다에서는 생물이 진화했다. 이윽고 약 35억 년 전, 바다에 녹아든 이산화탄소를 흡수해 산소를 방출하는 '광합성' 작용 생물이 등장하기 시작했다. 광합성 작용 생물들 덕분에 지구의 대기 중에 산소가 증가했다.

아르곤이 뭘까?

| 아르곤 이야기 |

공기 중에서 세 번째로 많은 기체이며, 형광등 등에 사용된다.

세 가지만 알면 나도 과학자!

몰래 숨어 있는 아르곤

아르곤(argon)은 무색무취 기체다. 다른 물질과 거의 반응하지 않는다. 공기 중에 0.93퍼센트 포함되어 있어, 질소와 산소 다음으로 많다. 1984년 영국의 화학자 윌리엄 램지(William Ramsay)와 물리학자 존 스트럿 레일리(John Strutt Rayleigh)가 발견했다.

고독을 즐기는 '게으름뱅이'

아르곤은 왜 유독 늦게 발견되었을까? 이유는 간단하다. 다른 물질과 거의 반응하지 않고 혼자 얌전히 있기를 즐기기 때문이다. 그래서 이름도 그리스어 '아르고스(argos, 게으름)'에서 따왔다.

아르곤의 동료들

아르곤이 발견된 이후, 다른 물질과 거의 반응하지 않는 네온, 헬륨 등이 발견되었다. 다른 물질과 거의 반응하지 않아 이들을 '불활성 기체(Noble Gas)'로 분류한다. 아르곤은 일상에서 백열전구와 형광등에 사용된다. 네온사인에서 네온에 소량의 아르곤을 섞으면 파란색과 초록색으로 빛난다.

윌리엄 램지

존 윌리엄 스트럿 레일리

Day 334 과학 | 공기

이산화탄소는 어떤 물질일까?

| 이산화탄소 이야기 |

탄소와 탄소를 포함한 화합물을 연소시키면 이산화탄소가 발생한다.

세 가지만 알면 나도 과학자!

이산화탄소의 성질

이산화탄소는 무색무취 기체로, 물에 녹아 약한 산성을 띤다. 탄산음료는 이산화탄소를 녹인 음료다. 톡 터지는 거품은 녹아 있던 이산화탄소 때문이다. 석회수(수산화칼슘 수용액)에 통과시키면 탄산칼슘의 흰색 침전물이 생긴다.

석유와 천연가스를 태우면 이산화탄소가 나온다

탄소와 탄소를 포함한 화합물을 연소시키면 탄소 원자 1개와 산소 원자 2개가 결합해서 이산화탄소(CO_2)가 만들어진다. 석유와 천연가스, 석탄(합쳐서 '화석 연료'라고 한다)을 태우면 이산화탄소가 발생한다.

이산화탄소는 지구를 달군다

대기 속에는 우주 공간에서 방출된 열의 일부를 흡수해 열이 빠져나가지 못하게 하는 기체가 있다. 화석 연료를 태워 발생하는 이산화탄소도 그중 하나다. 화석 연료를 대량 소비해 대기 중 이산화탄소가 증가함에 따라 지구의 평균 기온이 조금씩 상승하고 있다. 온실 효과에 영향을 미치는 가스로는 이산화탄소 외에 수증기, 메탄, 프레온 가스 등이 있다.

Day 335 과학 | 공기

일산화탄소 중독이란 뭘까?

| 일산화탄소 이야기 |

일산화탄소가 우리 몸에 들어와서 산소 운반 작용을 방해하는 것이다.

세 가지만 알면 나도 과학자!

공기가 부족한 채로 태우면 '불완전 연소'가 일어난다

물질을 태울 때 공기의 양이 딱 알맞고 가장 효율적으로 타는 상태를 '완전 연소'라고 한다. 공기의 양이 너무 적으면 '불완전 연소'가 일어난다. 불완전 연소 상태에서는 그을음이 생기거나 매우 유독한 일산화탄소가 발생할 수 있다.

우리 몸에 산소가 제대로 전달되지 않는다!

무색무취 기체인 일산화탄소는 탄소 원자 1개와 산소 원자 1개가 결합해서 만들어진다(CO). 화재나 폭발 사고, 순간 가열식 온수기와 연탄의 불완전 연소 시 발생한다. 일산화탄소에 중독되면 혈액 속의 적혈구 헤모글로빈과 강하게 결합해 산소를 우리 몸으로 운반할 수 없어 두통, 구역질, 현기증 등 중독 증상이 발생한다. 일산화탄소는 혈액 내 헤모글로빈과 결합력이 산소의 약 250배다. 따라서 일산화탄소에 노출된 채 장시간이 지나면 사망할 수도 있다. 밀폐된 실내에서는 연소에 주의해야 한다!

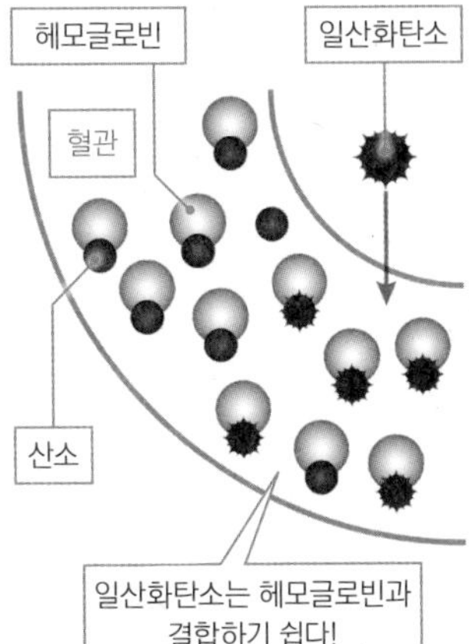

몸 상태가 이상해지면……

일산화탄소 중독으로 몸에 이상이 나타나면 즉시 밖으로 나가 신선한 공기를 마셔야 한다.

높은 산에 오르면 왜 몸 상태가 나빠질까?

| 공기의 무게 이야기 |

높은 산에 오르면 공기가 줄어들기 때문이다.

세 가지만 알면 나도 과학자!

공기는 1리터당 대략 1.2그램

공기에도 무게가 있다. 지표 부근에서 20도일 때 1리터는 1.2그램이다. 우리 몸 위에서 약 1.2그램의 무게로 항상 누르고 있는 셈이다(22일 차 참고). 1세제곱센티미터당 대략 10뉴턴(1킬로그램에 가해지는 중력)이다.

지면에서 높을수록 공기가 희박해진다

지구의 대기는 중력의 영향으로 지구를 떠나지 않고 유지된다. 그러나 지면에서 높아질수록 유지되는 대기가 적어지며 옅어진다. 그렇지만 성분 비율은 거의 달라지지 않는다.

고산병이란?

3,000미터 넘는 높은 산에 오르면 공기가 희박해진다. 몸에 흡수되는 산소의 양도 줄어 체내에서 산소가 부족해진다. 산소가 부족하면 고산병이 생길 수 있다. 초기 증상으로는 두통, 어지러움, 메스꺼움 등이 나타난다. 참고로, 지면의 기압은 약 1,013헥토파스칼(hPa)이고, 에베레스트산 정상의 기압은 약 300헥토파스칼이다.

고산병 예방을 위한 캔 산소도 있다.

Day 337 과학 | 공기

드라이아이스는 어떻게 만들까?

|드라이아이스 이야기|

드라이아이스는 고체 형태의 이산화탄소이며,
저온 유지를 위한 보냉제로 사용된다.

세 가지만 알면 나도 과학자!

고체에서 급격하게 기체가 되는 '승화'

드라이아이스를 공기 중에 두면 액체 상태를 뛰어넘어 기체가 된다. 이처럼 고체에서 곧바로 기체가 되는 현상을 '승화'라고 한다. 드라이아이스는 계속 승화해 줄어들더라도 영하 78.5도를 유지한다.

드라이아이스 만드는 법

기체를 단단히 압축해서 가느다란 구멍으로 강력하게 내뿜으면 온도가 크게 내려간다. 이 과정을 반복하면 이산화탄소는 액체가 된다. 액체 이산화탄소를 드라이아이스 프레스 속으로 분출시키면 눈 같은 가루가 되는데, 그 가루에 몇 퍼센트의 물을 더해 드라이아이스 프레스로 꾹 누르면 드라이아이스가 만들어진다.

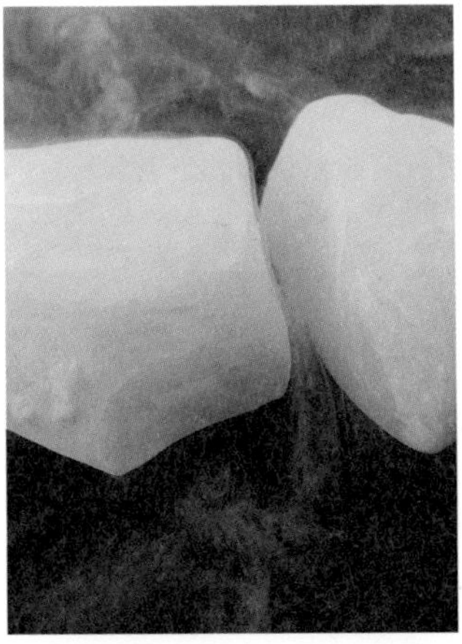

절대 금지!

드라이아이스를 유리병이나 페트병에 넣어 밀폐하면 부피가 급격하게 늘어나 엄청난 기세로 터질 위험이 있다! 참고로, 드라이아이스는 액체 상태를 거치지 않고 고체에서 곧바로 기체가 되는데, 이때 압력을 가하면 액체가 된다.

우박과 눈은 어떻게 다를까?

|우박 이야기|

눈은 얼음의 결정이고,
우박은 지름 5밀리미터 미만의 얼음 알갱이다!

세 가지만 알면 나도 과학자!

대기 중의 수증기가 얼어서 생긴 눈

눈은 대기 중의 수증기가 천천히 얼어서 생긴 결정이다. 적란운에서 내리는 지름 5밀리미터 미만의 얼음 알갱이를 '우박'이라 하고, 눈 주위에 얼음이 낀 것을 '싸락눈'이라고 한다(25일 차 참고).

눈은 깨끗한 결정이 된다!

눈의 결정을 자세히 관찰해본 적 있는가? 눈이 내릴 때 돋보기로 관찰하면 아름다운 결정체를 볼 수 있다. 서리는 동글동글해 보여도 작은 얼음이 잔뜩 달라붙어 만들어진 것이다. 그리고 우박의 겉모양이 동글동글한 것은 떨어질 때 계속 회전하기 때문이다.

눈과 비가 동시에 내리면 '진눈깨비'

눈이 녹아서 비가 되는 경계 온도는 몇 도일까? 1~3도다. 이 정도 기온에서는 눈 결정 일부가 녹거나 눈이 비와 함께 내릴 수도 있다. 이처럼 눈과 비가 함께 내리는 것을 '진눈깨비'라고 한다.

Day 339 자연 | 수수께끼 자연현상

나뭇잎은 가을이 되면 왜 붉어질까?

|단풍 이야기|

일사량이 줄어들고 기온이 내려가면,
엽록체가 분해되어 잎의 초록색이 빠지고 붉게 물든다.

세 가지만 알면 나도 과학자!

식물의 잎에는 양분을 만드는 초록색 엽록체가 있다

식물은 광합성으로 포도당과 전분 등을 만든다. 광합성은 잎 속에 있는 엽록체에서 이루어진다. 엽록체에는 초록색 엽록소(클로로필) 등 색소가 들어 있는데, 그 색소가 광합성 작용을 일으킨다.

겨울에는 잎을 유지하는 에너지가 부족하다

잎은 광합성과 동시에 에너지를 사용하고 호흡도 한다. 겨울에는 해가 비치는 시간이 짧고 기온이 낮아 광합성 효율이 떨어진다. 이로 인해 클로로필이 분해되어 잎의 초록색이 사라진다.

단풍은 잎이 빨간색과 노란색으로 변하는 현상

겨울철, 잎으로 가는 수분 공급이 줄어들어 활동이 둔화하면 축적된 포도당을 재료로 빨간 색소(안토시아닌)가 만들어져 빨간색으로 물든다. 은행나무 등은 붉은 색소가 만들어지지 않아 원래 있던 노란 색소(카로티노이드)로 물든다. 빨간색으로 단풍 든 뒤 안토시아닌이 적어지면 갈색으로 변한다.

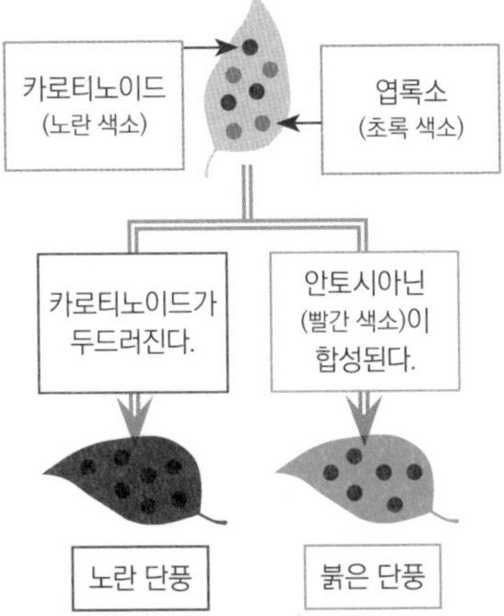

엘니뇨 현상이 뭘까?

|엘니뇨 현상 이야기|

엘니뇨란 태평양 동부 적도 유역 해면의 수온이 평년보다 높아져 1년가량 이어지는 현상이다.

세 가지만 알면 나도 과학자!

전 세계에서 나타나는 이상 기후

적도 부근에서는 무역풍이 불어 해수를 빙글빙글 순환시킨다. 그런데 엘니뇨 현상이 발생하면 무역풍이 약해지고 인도네시아 인근의 따뜻한 바닷물이 동쪽으로 퍼져간다.

3~5년 주기로 반복되는 엘니뇨 현상

엘니뇨 현상이 일어나면 태평양 중앙부는 따뜻해진다. 이와 반대로 인도네시아와 남미 북부는 저온으로 평년보다 비가 적고, 적운과 적란운의 발생이 줄어든다. 이 시기에 한국은 강수가 증가하는 경향이 있고, 일본은 여름엔 서늘하고 겨울엔 따뜻하다. 엘니뇨 현상은 3~5년 주기로 반복된다.

엘니뇨 현상과 반대되는 라니냐 현상

무역풍이 강해지고 태평양 동부 적도 유역의 해면 수온이 내려가, 반대로 서부의 수온이 높아지는 상태를 '라니냐 현상'이라고 한다. 이 시기에 태평양 서부에서는 대류 활동이 활발해져 한국은 강수가 감소하는 경향을 보이고, 일본은 여름엔 더 덥고 겨울엔 더 춥다.

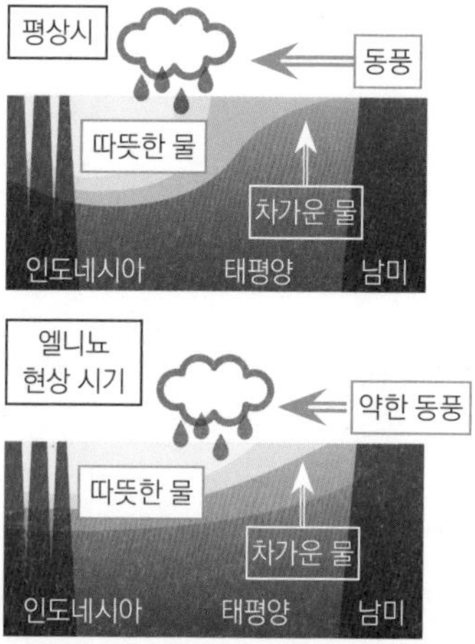

Day 341

지구가 뜨거워진다는 말이 사실일까?

|온실가스 이야기|

대기에 포함된 온실가스로 지구의 온도가 유지된다.

세 가지만 알면 나도 과학자!

온실가스가 지구의 온도를 유지한다

인간의 이런저런 활동으로 증가한 대표적인 온실가스는 이산화탄소다. 온실가스는 태양에서 온 빛으로 데워진 지구의 열이 우주 공간으로 빠져나가지 않도록 막아 지구의 온도를 유지한다.

계속 증가하는 온실가스

18~19세기 산업혁명 이후 전 세계적으로 온실가스 배출이 증가해 지구 온난화가 계속되고 있다. 각국에서 배출을 억제하려 노력하고 있으나 온난화는 좀처럼 진정되지 않고 있다. 온난화의 영향으로 지구 곳곳에서 이상 기후 등이 나타나고 있다.

섬이 가라앉고 대형 태풍이 증가한다

지구의 온도가 높아지면 높은 산의 얼음과 남극의 얼음이 녹는다. 그 영향으로 해수면이 상승해 작은 섬이 가라앉을 수 있다. 또 대형 태풍이 불어 피해가 커지거나 기후 변화로 농작물과 동식물에도 영향을 미친다. 열대지방에서 발생하는 질환이 세계 각국으로 퍼져 나갈 수도 있다.

북극 근처 그린란드의 빙산과 빙하

남극은 남쪽인데 왜 추울까?

|남극 이야기|

지구는 둥그런 모양이어서
극지방에는 태양의 열이 조금밖에 도달하지 않는다.

세 가지만 알면 나도 과학자!

남쪽으로 갈수록 따뜻하다

북반구의 경우, 같은 나라인데도 북쪽 지역은 춥고 남쪽 지역은 따뜻하다. 적도 유역에 가까워지면 일 년 내내 태양이 머리 위를 지나며 강한 햇살이 내리쬔다. 그로 인해 지면이 따뜻해지고 기온이 높아진다.

지구는 둥근 구 모양이어서 태양의 남중고도에 차이가 있다

북반구 중위도에 해당하는 한국과 일본에서 낮과 밤의 길이가 거의 같아지는 춘분과 추분 무렵, 적도 지대에서는 머리 바로 위에 태양이 있어 대량의 열이 지표로 내리꽂힌다. 하지만 남극과 북극은 태양이 지평선 부근에서 더 이상 높아지지 않는다.

태양에서 온 열이 적으면 춥다

남극은 남쪽에 있지만, 적도 너머로 위도가 매우 높아 지면을 데우는 태양의 빛 각도가 작아 데워지지 않는다. 그래서 눈이 녹지 않고 얼음에 뒤덮인 드넓은 대륙이 되었다. 특히 남극은 대륙이라서 바다로 되어 있는 북극보다 더 춥다.

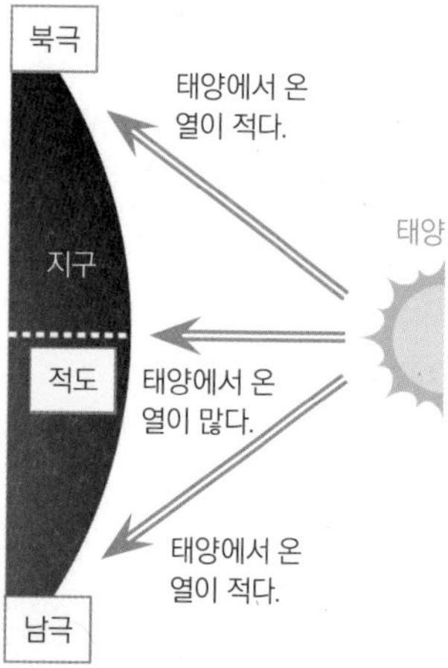

Day **343** 자연 | 수수께끼 자연현상

계절의 변화는 왜 생길까?

| 계절 이야기 |

지구의 자전축은 공전 면과 수직이 아니므로
태양이 비치는 방식에 차이가 생긴다.

세 가지만 알면 나도 과학자!

자전축의 기울기가 사계절을 만든다

지구의 자전축은 공전 면의 수직선에서 23.4도 기울어져 있다. 그래서 북극이 태양 쪽으로 기울어 북반구에 많은 태양 빛이 닿는 시기(여름)와 태양 빛이 많이 닿지 않는 시기(겨울)가 있다.

여름에는 북반구에 햇빛이 많이 닿는다

북반구에 태양열이 많이 내리쬐면 지표가 데워져 기온이 높아지고, 반대로 줄어들면 기온이 낮아진다. 북극이 태양을 향할 때는 북반구가 여름이 된다.

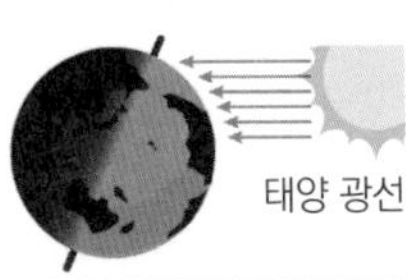

하지: 북반구는 여름,
태양이 머리 바로 위에서 내리쬔다.

중위도 국가는 사계절 변화가 뚜렷하다

중위도에 있는 나라는 연교차가 커서 사계절의 변화가 뚜렷하다. 북극과 남극은 대부분 겨울이고, 적도 지역은 대부분 여름이다. 적도 지대는 '상하(常夏)'라고 해서 여름이 계속되는데, 1년 중 사계의 변화가 거의 없는 지역도 있다. 이런 지역은 1년 동안 태양으로부터 거리가 변해도 영향이 거의 없다고 볼 수 있다.

동지: 북반구는 겨울,
태양이 비스듬하게 비춘다.

심해는 어떤 곳일까?

| 심해 이야기 |

일반적으로 수심 200미터 이상이며,
태양광이 거의 닿지 않고 수압이 높으며 산소도 적다.

세 가지만 알면 나도 과학자!

수압이 높고 저온이며 어두침침하다

심해의 수압은 수심 200미터에 20기압, 즉 1제곱센티미터에 약 20킬로그램만큼의 힘이 가해진다. 손가락 끝에 약 20킬로그램의 물건을 올려놓은 상태와 같다. 수온은 2~4도이고, 빛이 닿지 않아 깜깜해서 아무것도 볼 수 없다.

해저에도 산과 계곡, 균열이 있다

심해 잠수함과 음파 등으로 조사한 결과, 심해에도 펄뿐 아니라 산과 계곡, 균열 등이 존재한다는 것이 밝혀졌다. 또 화산과 용암, 열수 분출공 등도 발견되고 있다. 그러나 아직은 탐험하지 못한 부분이 더 많은 미지의 세계다. 현재까지 알려진 가장 깊은 지점은 필리핀 근처의 마리아나 해구(Mariana trench)로, 깊이가 약 1만 1,034미터에 이른다.

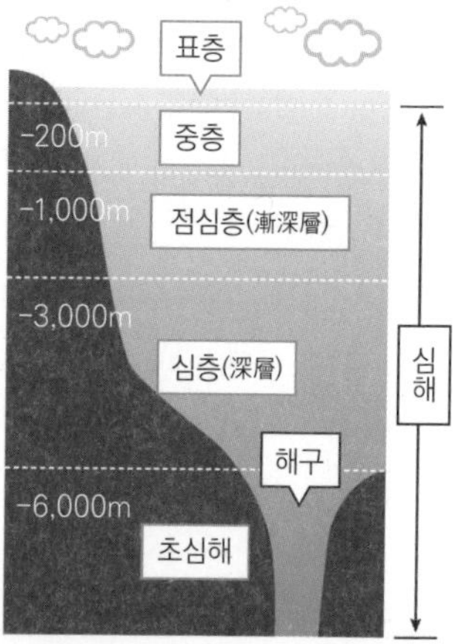

가혹한 환경에서 사는 생물들

빛이 거의 없어 먹이가 적은 환경에서는 육상에서 볼 수 없는 특수한 생물이 서식한다. 또 열수에 포함된 유화수소와 메탄 등에서 에너지를 얻는 세균과 생물도 서식한다.

설사는 왜 날까?

| 설사 이야기 |

대변에 수분이 많아져 나타나는 설사는
식중독이나 스트레스 등 원인이 다양하다.

세 가지만 알면 나도 과학자!

장으로 나오는 수분이 증가하면 설사 증상이 나타난다

장에서 음식물이 소화될 때는 소화액 등 다양한 형태로 수분이 나온다. 이 수분이 증가하면 설사 증상이 나타난다. 세균과 바이러스가 원인인 식중독도 대개 이런 이유다.

그 외에도 원인은 여러 가지

식중독으로 장 벽에 상처가 생기거나 장이 수분을 끌어당기면 설사 증상이 나타난다. 또 스트레스 등으로 장 운동이 지나치게 활발해도 장에서 수분을 충분히 흡수하지 못해 설사 증상이 나타날 수 있다.

설사의 작용

설사 증상이 나타나는 이유는 우리 몸에 해로운 세균과 바이러스, 독소를 신속하게 몸 밖으로 내보내기 위해서다. 지사제를 복용해 이 작용을 억제하기도 하는데, 설사를 억지로 멈추지 않는 게 나을 때도 있다. 그러나 하루에 여섯 번 이상 설사를 하고, 구토와 발열 증상이 나타나며, 수분 섭취가 불가능할 때는 병원에 가서 진찰을 받아야 한다.

암은 어떤 병일까?

|암 이야기|

암은 세포가 이상증식해 정상적인 장기의 활동을 방해하는 질병이다.

세 가지만 알면 나도 과학자!

낡은 세포에서 새로운 세포로 교체되고 있다

하나의 세포는 분열해서 두 개가 된다. 우리 몸은 낡은 세포가 사멸할 때 새로 분열해서 생긴 세포로 교체해 몸 상태를 그대로 유지한다.

암세포는 이상 증식한다!

우리 몸을 유지하는 데 필요한 수보다 많은 세포가 만들어지는 경우가 있다. 그러면 남아도는 세포들이 덩어리를 형성해 다른 세포를 방해하고, 이로 인해 신체 활동에 지장이 생긴다. 정상적인 수준보다 비정상적으로 늘어난 세포를 암세포라고 한다.

암세포는 다른 장기로 전이된다

특정 장소에 생긴 암세포는 혈액 속을 흘러 다른 장기로 옮겨갈 수 있다. 그러면 옮겨간 곳의 장기에 문제가 생기고, 생명이 위태로워질 수도 있다. 암 치료법은 나날이 발전하고 있다. 따라서 요즘에는 암에 걸린다고 무조건 사망하지는 않는다.

Day 347

독은 무엇일까?

| 독 이야기 |

생물에 부적절한 영향을 미치는 물질을 '독극물'이라고 한다.

세 가지만 알면 나도 과학자!

자연에도 '독'이 많다

외부의 적으로부터 몸을 지키려고 온갖 독을 품고 있는 생물이 있다. 독사, 복어, 독버섯 등은 물론, 광산에서 흘러나온 납과 카드뮴 등 중금속도 독성을 띤다.

사람이 만들어낸 독도 있다

화학무기를 만들기 위해 강력한 독성을 지닌 물질을 합성하거나, 효과를 기대하며 개발한 물질이 나중에 알고 보니 독성을 지닌 사례도 있다. 특히 몇 년 지난 뒤에야 몸에 영향이 나타나는 물질은 독성을 알아내기 어렵다.

독을 이용한다

독을 직접 섭취하거나 접촉하면 위험하지만 독이 사람에게 쓸모 있을 때도 있다. 암모니아는 비료의 원료로, 사이안화 포타슘(청산가리)은 도금에 사용된다. 독사의 독은 피가 혈관을 막는 현상을 방지해 약품 개발에 사용되기도 한다. 소금도 너무 많이 먹으면 건강을 해치듯, 전혀 독성이 없는 물질은 없다.

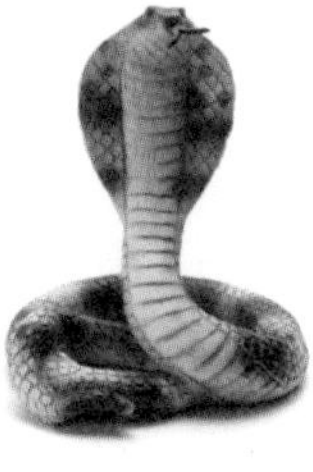

무좀에 걸리면 왜 가려울까?

|무좀 이야기|

피부의 세포가 가려움증 유발 물질을 분비하면, 신경을 통해 전달되어 뇌가 가려운 감각을 느낀다.

세 가지만 알면 나도 과학자!

'가려움'이란 어떤 상태일까?

피부 세포가 가려움증 유발 물질을 만들어 분비할 때가 있다. 피부에 있는 가려움 신경이 이 가려움증 유발 물질을 전달받으면 뇌에 전달해서 간질간질한 감촉을 느낀다.

무좀의 원인은 곰팡이

무좀의 원인은 백선균이라는 곰팡이의 일종이다. 이 곰팡이가 피부에 침투하면 피부 세포가 가려움증 유발 물질을 만든다. 무좀으로 생기는 물집에는 이 물질이 들어 있다.

모든 무좀이 가려움증을 유발하지는 않는다

무좀은 백선균이 발의 피부에서 증식하는 상태를 말한다. 하지만 무좀에 걸렸다고 모두가 가려움증을 느끼는 것은 아니다. 좀더 구체적으로, 무좀 환자 열 명 중 한 명꼴로 가려움증을 느낀다. 백선균은 어디에나 존재한다. 그리고 발에 묻는다고 해서 무조건 감염되지는 않는다.

단 음식을 먹으면 왜 충치가 생길까?

|충치 이야기|

충치의 원인은 뮤탄스균인데, 단 음식은 뮤탄스균의 먹이가 된다.

세 가지만 알면 나도 과학자!

뮤탄스균이 치아를 녹이는 물질을 만든다

충치의 원인인 뮤탄스균은 누구의 입속에나 있다. 단 음식을 많이 먹으면 뮤탄스균이 당분을 먹고 치아를 녹이는 물질을 만든다. 뮤탄스균이 치아를 녹이면 충치가 된다.

세균 덩어리 '치태'

입속에는 수많은 세균이 서식하고 있다. 그 세균 덩어리를 '치태'라고 한다. 1밀리그램의 치태에는 1억 마리가 넘는 세균이 득실대고 있다. 따라서 치석이 쌓이면 충치가 생기기 쉽다.

충치를 예방하려면

충치를 예방하려면 뮤탄스균이 살기 불편한 환경을 만들어야 한다. 세균 덩어리인 치태는 며칠이면 딱딱하게 굳어 치석으로 변한다. 치석이 생기지 않도록 매일 꼼꼼하게 양치질을 하는 것이 최선이다. 그리고 치석은 스스로 제거하기 어려우므로 정기적으로 치과를 방문해 점검받는 것이 좋다.

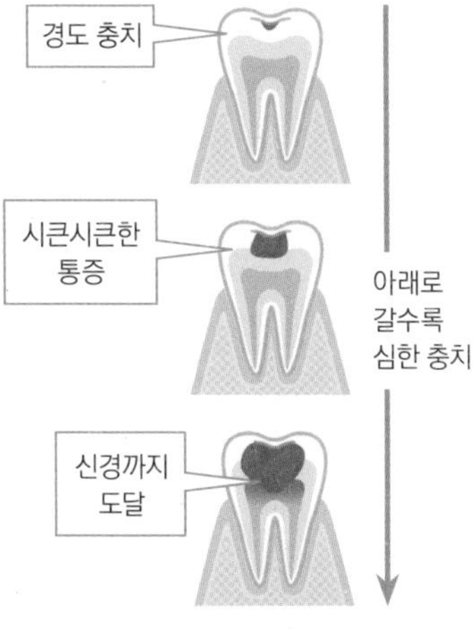

천식은 어떤 병일까?

| 천식 이야기 |

천식은 목에서 '쌕쌕' 소리가 나고 가쁜 숨을 몰아쉬며 격렬한 기침 발작이 일어나는 질환이다.

세 가지만 알면 나도 과학자!

원인을 알 수 없는 경우도 있다

천식의 원인을 확실히 규명할 수 없는 경우도 있다. 진드기, 먼지, 곰팡이 등의 알레르기 유발 물질, 스트레스, 운동, 대기 오염 등이 복합적으로 작용해 천식을 일으킨다.

천식 진단 방법은?

천식을 진단할 때는 우선 숨 뱉는 검사를 한다. 천식에 걸린 사람은 숨을 힘차게 뱉을 수 없다. 그 밖에 알레르기 등의 검사로 진단하기도 한다.

천식은 어떻게 치료할까?

운 나쁘게 천식에 걸리면 발작을 일으키는 원인을 최대한 피하고 줄여야 한다. 병원에서는 공기가 지나는 기도 확장에 도움이 되는 약물을 처방한다. 발작이 일어났을 때는 강력하게 기도를 확장해 염증을 억제하는 약물도 사용한다. 천식을 제대로 치료하지 않으면 기도가 좁아져 발작이 심해지므로 치료에 힘써야 한다.

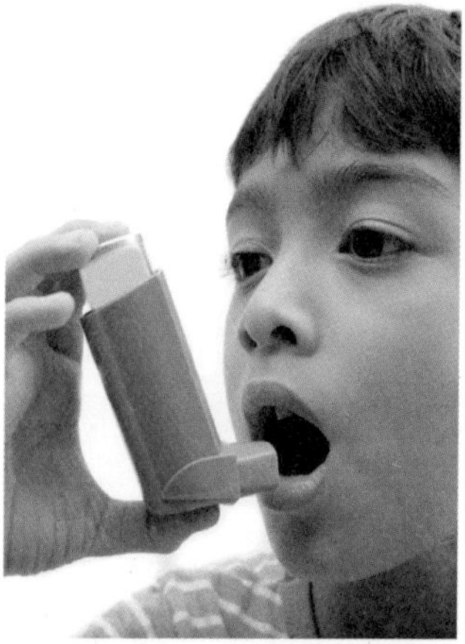

Day 351

식중독이란 뭘까?

|식중독 이야기|

식중독은 세균과 바이러스, 독이 음식물과 함께 몸속으로 들어와 설사, 구토, 발열 등의 증상이 생기는 질병이다.

세 가지만 알면 나도 과학자!

식중독을 일으키는 원인

식중독의 원인에는 여러 가지가 있다. 주요 원인으로는 대장균 O-157, 웰치균 등의 세균, 노로바이러스 등의 바이러스, 아니사키스 등의 기생충, 복어의 독, 패류의 독소(Shellfish poioning), 독버섯의 독, 구리와 납 등의 중금속을 들 수 있다.

식중독의 증상

세균·바이러스성 식중독에 걸리면 구토, 설사, 발열 증상이 심하다. 구토·설사는 병원체를 몸 밖으로 내보내는 신체 활동이다. 복어의 독은 혀를 마비시키는데, 치사량의 독성이 들어 있다. 또 버섯 중에는 환각을 일으키는 종류도 있다.

식중독을 예방하려면?

바이러스와 세균이 원인인 식중독을 예방하려면 음식에 병원체가 묻지 않도록 주의하고(손과 식기 등을 깨끗이 씻는다), 음식에서 병원체가 증식하지 않도록 보관에 유의하며(서늘한 곳에 보관), 병원체를 없애는(가열) 이 세 가지 수칙을 지켜야 한다.

Day 352

콘센트 안은 어떻게 생겼을까?

|콘센트 이야기|

전기를 꽂는 콘센트 안에는 전선이 연결되어 있다.

세 가지만 알면 나도 과학자!

끼워지는 구멍이 콘센트

가전제품을 사용하려면 반드시 콘센트가 있어야 한다. 콘센트에 플러그를 꽂아야 전기 통로(회로)가 만들어져 전기를 쓸 수 있다. 일반적인 콘센트는 220볼트이고, 나라에 따라 100볼트(또는 110볼트)를 쓰는 곳도 있다. 6,600볼트로 송전된 전기를 전신주의 변압기를 이용해 가정용 전압인 220볼트로 변환한다. 전선은 가정의 분전반에서 나뉘어 콘센트로 배선된다.

100볼트(또는 110볼트) 콘센트는 왼쪽이 약간 길다

콘센트에 연결되는 전선 중 한 가닥은 전신주에서 접지(133일 차 참고) 장치를 거쳐 콘센트 왼쪽으로 연결된다는 규정이 있다. 일반적인 가전제품은 플러그를 꽂는 방향을 신경 쓰지 않도록 만들어져 소비자가 일일이 확인할 필요가 없다.

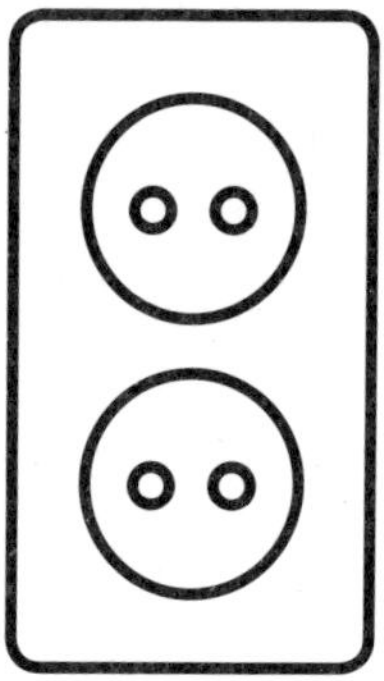

에어컨과 빌트인 인덕션용 콘센트의 구멍 모양이 다른 이유

큰 전력이 필요한 에어컨과 빌트인 인덕션용 콘센트는 세 가닥의 전선이 전신주에서 배선되어 구멍의 모양이 완전히 다르다. 전압의 차이로 인한 가전제품의 고장을 방지하기 위해서다. 단, 국가에 따라 콘센트의 전압과 모양이 각각 다르다.

손목시계는 어떤 원리로 움직일까?

| 시계 이야기 |

전지로 움직이는 쿼츠 손목시계는
U자 모양의 수정 진동자가 핵심이다.

세 가지만 알면 나도 과학자!

'수정의 진동'이 정확성의 비밀

쿼츠(Quartz) 시계는 수정의 고유 성질을 이용해 전지로 작동하는 전자식 시계다. 단추처럼 동그랗고 납작하게 생긴 버튼 전지와 태양광 전지를 에너지원으로 사용한다. 쿼츠는 '수정'이라는 뜻이다. 시계 안에 작은 U자 모양의 수정 진동자를 사용해 시간을 정확히 잰다. 쿼츠 손목시계는 1969년 일본의 시계 전문 기업 세이코가 세계 최초로 개발했다.

1초 동안 3만 번 이상 진동!

수정 진동자는 전기를 흘리면 1초 동안 3만 2,768번 진동한다. 이를 기준으로 1초가 지나면 IC 회로를 사용해 모터로 톱니바퀴를 돌리고, 초침을 움직인다. 한 달에 0.8~20초 정도밖에 오차가 나지 않는다.

전파를 이용해 정기적으로 수정하는 전파 시계

전파 시계는 기지국의 표준 전파를 정기적으로 안테나에서 수신해 수정하므로 시각을 정확하게 표시할 수 있다. 기지국에서는 10만 년에 1초밖에 오차가 나지 않는 '세슘 원자시계'를 기준으로 표준 전파를 송신한다.

로봇 청소기는 어떻게 먼지를 발견할까?

|로봇 청소기 이야기|

로봇 청소기는 보이지 않는 적외선과 초음파의 눈(카메라)으로 먼지를 인식한다.

세 가지만 알면 나도 과학자!

적외선으로 먼지와 장애물 발견!

로봇 청소기는 센서로 바닥의 먼지뿐 아니라 장애물도 인식할 수 있다. 사람의 눈에는 보이지 않는 적외선을 사용하는 제품이 많다. 적외선을 발사해 먼지와 장애물에서 반사되는 강도와 시간으로 거리를 측정한다.

초음파를 사용하는 제품도 있다

유리는 근적외선이 통과하므로 초음파 센서로 인식 능력을 보조하는 제품도 있다. '근적외선'은 적외선 중에서도 눈에 보이는 빛에 가까운 파장으로, 주로 리모컨에 사용된다. 물건에 부딪히거나 계단에서 떨어지지 않도록 수십 개에 이르는 다양한 센서를 장착한 로봇 청소기도 있다.

집 안 지도를 만들어 움직이는 청소기도 있다!

로봇 청소기는 통과한 지점밖에 청소하지 못한다. 위치 확인을 위한 카메라와 레이저 센서를 사용해 인공지능으로 어디에 무엇이 놓여 있는지 확인한다. 이렇게 집안 지도를 만들며 움직이는 똑똑한 청소기도 있다.

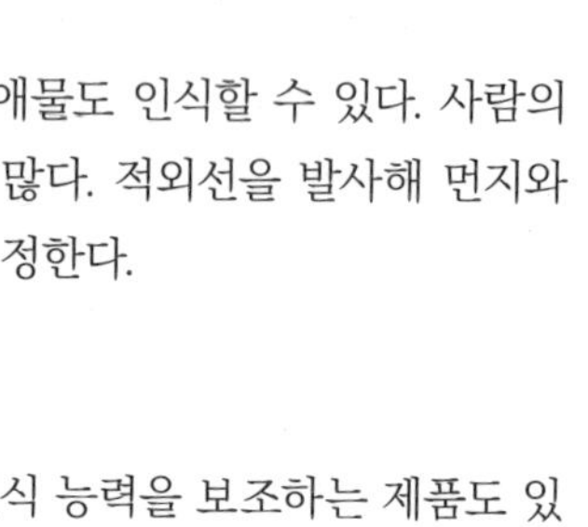

Day 355

전기자동차는 어떻게 달릴까?

| 전기자동차 이야기 |

전기로 충전하고 모터로 타이어를 회전시켜 달린다.

세 가지만 알면 나도 과학자!

전기로 달리는 자동차 모형과 같은 원리

전기자동차의 원리는 건전지로 모터를 회전시켜서 달리는 장난감 자동차와 비슷하다. 다만 사람이 타는 자동차는 무거워서 모터도 크고 힘도 세야 한다.

큰 전지를 싣고 있다

자동차를 움직이게 하려면 엄청난 힘이 필요해 전기도 많이 쓴다. 전기를 많이 저장하려면 커다란 전지가 필요하다. 전기자동차에는 충전한 전기를 효율적으로 꺼낼 수 있는 대용량 리튬 이온 전지를 사용한다.

가정용 콘센트로 충전할 수 있는 차량

가정용 콘센트로 충전할 수 있는 자동차도 개발되고 있다. 반대로 재해 등으로 정전되었을 때 자동차에 충전한 전기를 가정에서 쓸 수 있는 장치도 갖춰져 있다. 자동차가 대용량 충전지로 활용되는 셈이다. 전기자동차는 배기가스를 배출하지 않아 친환경 교통수단으로 각광받고 있다!

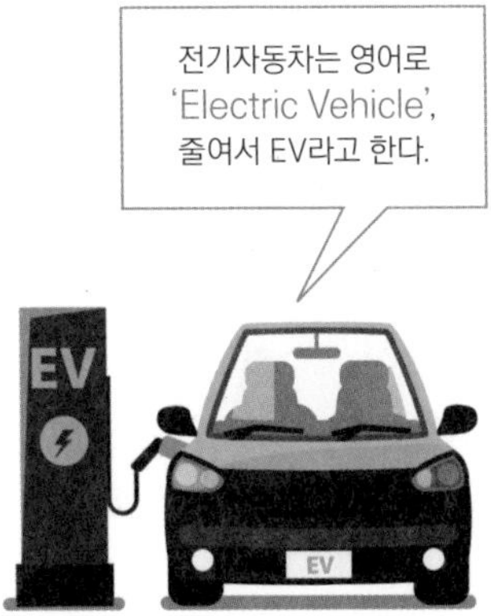

Day 356

기계와 도구 | 전기로 움직이는 원리

드론과 무선조종 비행기는 뭐가 다를까?

| 드론 이야기 |

전파를 사용해 조종하는 원리는 같고, 조종 방식만 다르다.

세 가지만 알면 나도 과학자!

드론과 무선조종 비행기는 같은 원리다!

드론은 자율 항법 장치에 의해 자동 조종되거나 무선 전파를 이용해 원격 조종되는 무인 비행 물체를 말한다. 따라서 드론과 무선조종 비행기는 같은 원리로 작동한다.

드론이 더 똑똑하다!

전파로 조종한다는 점은 드론과 무선조종 비행기가 같다. 무선조종 비행기는 대부분 모든 지령을 조종하는 사람이 내린다. 반면에 드론은 GPS와 자이로 센서, 기압 센서 등으로 자기 위치를 파악하고 속도와 고도를 스스로 조종할 수 있다. 따라서 드론이 더 똑똑하다.

드론이 더 조종하기 쉽다!

무선조종 비행기는 헬리콥터형과 프로펠러형이 많아 안정적으로 날리기 어렵다. 하지만 프로펠러가 네 개 이상인 드론은 안정적으로 비행할 수 있어 누구나 쉽게 조종할 수 있다. 참고로, '드론(drone)'은 영어로 '수컷 벌'이라는 뜻이다. 벌처럼 웽웽대는 소리를 내며 날아서 이런 이름이 붙었다.

엘리베이터는 어떻게 움직일까?

|엘리베이터 이야기|

모터를 이용해서 도르래에 끼운 와이어로 사람이 탄 상자를 위아래로 움직인다.

세 가지만 알면 나도 과학자!

같은 무게의 추를 사용해 힘을 절약

엘리베이터에는 사람이 타는 '상자' 반대편에 상자와 같은 무게의 추가 달려 있다. 강력한 모터를 사용해 탑승자와 물건의 무게만큼 추를 들어 올려 위아래로 움직이게 한다.

컴퓨터로 회전 제어

높은 건물에서 사용되는 엘리베이터는 로프를 감아 올리는 모터의 회전 속도를 컴퓨터 계산으로 조절하고 브레이크를 작동시켜 멈춘다. 소음과 진동이 생기지 않도록 상자 양쪽 가장자리에 바퀴를 달고, 샤프트(shaft, 엘리베이터가 오르내리는 수직 방향의 공간_옮긴이)에는 가이드 레일을 달아 부드럽게 움직이도록 설계되어 있다.

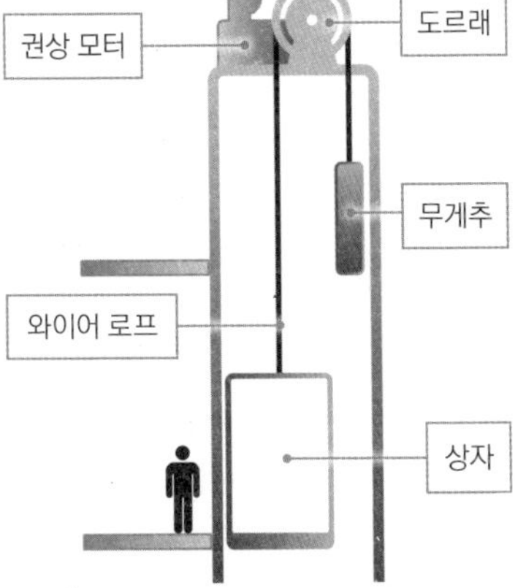

가장 빠른 엘리베이터는?

한국에서 가장 빠른 엘리베이터는 부산 엘시티의 분속 600미터급 초고속 엘리베이터다. 참고로, 약 2,000년 전에는 엘리베이터를 사람의 힘으로 움직였다는 기록이 남아 있다.

Day 358

디지털 체중계는 어떻게 몸무게를 잴까?

| 체중계 이야기 |

사람의 무게로 발생하는 부품의 작은 변형(뒤틀림)을 전기로 전환한다.

세 가지만 알면 나도 과학자!

'뒤틀림'으로 체중 측정!

단단한 금속도 힘을 받으면 눈에 보이지 않을 만큼 미세한 변형이 일어난다. 몸무게가 무거운 사람이 디지털 체중계에 올라가면 큰 힘이 가해져 부품의 뒤틀림이 커진다. 체중계 부품에는 이 변형을 감지하는 '변형 게이지(Strain Gauge)'가 있는데, 변형 게이지를 사용하면 뒤틀림에 따른 수축과 확장을 알 수 있다.

뒤틀림이 크면 전기 저항이 변한다

변형 게이지에 따라 전기가 흐르는 정도(전기 저항)가 달라진다. 전지를 사용해 전기 저항의 변화를 측정하면, 체중계에 가해지는 힘을 통해 체중(몸무게)을 알 수 있다.

체지방은 사람의 전기 저항으로 측정!

체지방률을 측정하는 체중계는 두 발(혹은 두 손) 사이에 아주 약한 전류를 흘려 몸속의 전기 저항을 측정한다. 지방이 많을수록 전기 저항이 커지므로 그 정도를 계산해 체지방률을 표시한다.

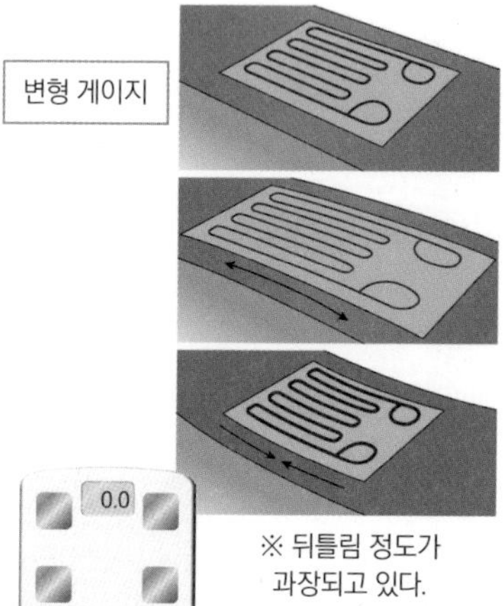

※ 뒤틀림 정도가 과장되고 있다.

아픔을 왜 느낄까?

|통각 이야기|

아픔을 느낌으로써 위험을 감지하고 안전하게 행동하기 때문이다.

세 가지만 알면 나도 과학자!

통각은 위험을 알리는 경고 신호

통증을 느끼면 상처나 질병으로 다친 부위가 나을 때까지 쉬거나 무리하게 몸을 움직이지 않는다. 만약 통증을 느끼지 않는다면 큰일이 벌어질 수 있다! 통증은 신경을 통해 뇌에 위험을 알리는 경고 신호다. 통각(痛覺)은 생명을 지키기 위한 중요한 기능이라 할 수 있다.

통증의 종류

통증에는 상처로 인한 것 외에도 신경 통증, 근육통, 스트레스 등으로 인한 두통 등 원인이 다양하다. 갑작스러운 통증과 서서히 만성적으로 나타나는 통증처럼 기간에 따른 종류도 있다.

통증을 느끼는 방식은 사람마다 다르다

통증 정도와 익숙함, 회복 속도는 사람에 따라 다르다. 나이와 성격, 경험, 희로애락의 감정과 운동 등의 영향으로 느끼는 강도도 달라진다. 욱신욱신, 찌릿찌릿 등 나름대로 표현할 수는 있어도 통증의 공통 단위는 없다. '코털을 뽑았을 때 느끼는 아픔을 통증 단위로 삼자'는 우스갯소리도 있다.

맛을 어떻게 알 수 있을까?

| 미각 이야기 |

혀 위에 녹아 나온 음식의 화학 물질을
미뢰(맛봉오리)로 포착해 뇌에 전달한다.

세 가지만 알면 나도 과학자!

미뢰는 다섯 가지 맛을 느끼는 미각 센서

미뢰는 '짠맛', '단맛', '신맛', '쓴맛', '감칠맛'을 느끼는 미각 센서다. 하나의 미뢰에서 5가지 기본 맛을 각각 느끼는 세포가 반응한다. 혀 위에 녹아 나온 음식의 화학 물질(짠맛을 내는 나트륨 이온 등) 정보를 미각 신경을 통해 대뇌로 보내면 대뇌에서 맛을 보고, 상한 음식이나 독극물은 피하도록 지시한다.

국물용 다시마에서 찾은 감칠맛

오랫동안 '짠맛', '단맛', '신맛', '쓴맛'을 4대 미각으로 여겨왔다. 일본의 이케다 기쿠나에(池田菊苗) 교수가 국물용 다시마에서 감칠맛 물질인 글루탐산을 발견한 후 세계적으로 통용되고 있다. 감칠맛은 다시마, 가다랑어포, 말린 멸치 등에 많이 들어 있다.

혀에 닿는 감촉·통증·냄새

5가지 미각 외에 '아린맛'과 '떫은맛'이 있다. 매운맛 성분인 캡사이신은 통증으로 맛을 느낀다. 미각은 문화, 습관, 나이, 건강 상태에 따른 차이 등 개인차가 있다.

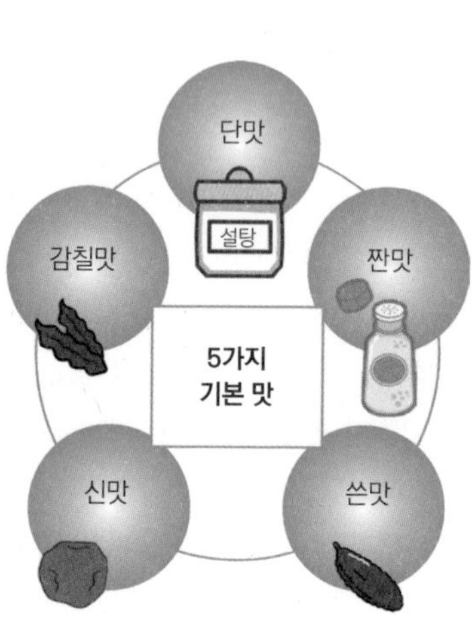

기본 맛 외에 매운맛, 떫은맛, 아린맛 등이 있다.

냄새를 어떻게 느낄까?

|후각 이야기|

코로 들어간 냄새 성분을 후각세포가 받아서 퍼뜨린다.

세 가지만 알면 나도 과학자!

냄새의 성분은 뿔뿔이 흩어진 분자

공기 중에 있는 냄새 성분은 기체 상태로 뿔뿔이 흩어진 분자다. 냄새 분자의 종류는 40만 종이 넘는 것으로 알려져 있다. 향기로운 꽃 냄새, 군침이 도는 알싸한 카레 냄새, 코를 찔러 위험을 알리는 가스 냄새 등 조합하기 나름이라 무한하다고 할 수 있다.

냄새 성분을 맨 먼저 감지하는 후각 섬모

코와 입으로 들어온 냄새 성분은 코 깊숙한 지점에 있는 '후각 섬모(olfactory cilia)'라는 작은 털의 점액에 녹는다. 그리고 후각 세포에 있는 후각 수용체라는 센서에 전달되어, 후각 신경을 통해 대뇌에서 감지해 냄새를 맡는다.

커피의 냄새 성분은
800종류가 넘는다.

생명을 지키는 중요한 후각

후각은 처음으로 맡은 냄새를 경계하거나, 음식의 냄새를 판단하거나, 상한 음식을 거부하거나, 위험한 냄새를 감지한다. 따라서 생존에 꼭 필요한 중요한 감각이다. 대뇌는 후각으로 호불호를 느끼거나 그리운 기억을 떠올리기도 한다.

소름은 왜 돋을까?

|소름 이야기|

소름은 모공 속에 있는 근육이 바짝 수축해서
모공이 볼록하게 위로 솟는 현상이다.

세 가지만 알면 나도 과학자!

털을 일으켜 세우는 입모근

날씨가 추울 때 우리 몸은 외부의 한기로 열을 뺏기지 않기 위해 잔뜩 움츠러든다. 그러면 모공 뿌리에 있는 입모근(立毛筋)이 바짝 쪼그라들어, 잠들어 있던 솜털이 발딱 일어나 모공이 닫힌다. 이렇게 솟아난 모공이 오돌토돌한 소름으로 변한다.

춥지 않을 때도 소름이 돋는다

입모근의 수축은 열을 빼앗기지 않으려고 교감신경이 내린 명령이다. 따라서 스스로 조절하기 어렵다. 이 신경은 추위뿐 아니라 공포, 흥분, 놀라움 등의 반응에도 작용해 그 효과로 자연스럽게 소름이 돋는다. 소름이 돋으면 닭의 피부처럼 오돌토돌해 소름을 '닭살'이라 부르기도 한다.

먼 옛날의 흔적

참새는 열을 빼앗기지 않으려고 깃털 사이에 공기를 잔뜩 머금는다. 개와 고양이는 흥분하면 털을 곧추세운다. 이것은 모두 소름과 관계있다. 인간의 소름은 동물들만큼 도움이 되지는 않지만 먼 옛날 원시인류 시절 흔적이 남은 신체 반응이라고 할 수 있다.

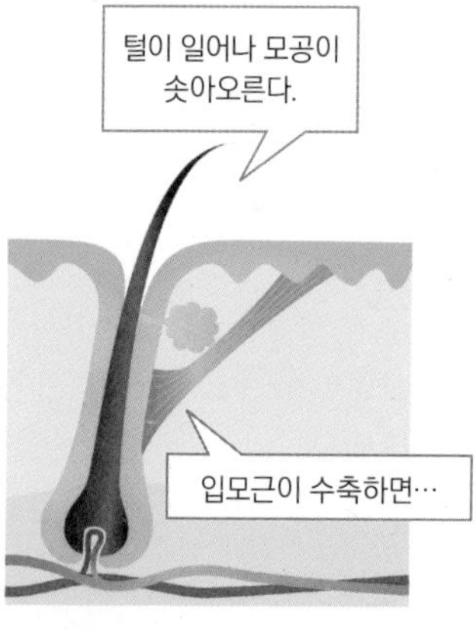

무릎을 꿇고 앉으면 왜 다리가 저릴까?

| 신경 이야기 |

신경과 혈관이 눌려 혈액 순환이 나빠지기 때문이다.

세 가지만 알면 나도 과학자!

저린 증상은 혈액 순환과 관계있다

무릎을 꿇고 앉으면 몸무게에 눌려 무릎에서부터 아래쪽의 혈액 흐름이 나빠진다. 그러면 신경에 필요한 산소와 영양분이 공급되지 않아 신경에서 대뇌에 저린 증상으로 위험 신호를 보낸다. 억지로 무릎을 꿇고 앉으면 혈관이 막힐 위험도 있다. 일어나면 혈액 순환이 개선되며 저린 증상이 바로 좋아진다. 이것은 신경의 혈액 순환이 회복되었다는 의미다.

누구나 저릴 수 있다?

다리 저린 증상은 누구나 겪을 수 있다. 무릎을 꿇는 것은 벌 받는 자세로 여겨지지만 동양 문화권에서는 예의 바른 자세로 받아들여진다. 질병의 전조 증상으로 저릴 수도 있다.

다리가 저리지 않게 하려면

무릎을 꿇더라도 다리가 저리지 않게 하는 방법이 있다. 다리의 한 지점에만 체중이 실리지 않도록 다리를 움직이거나, 손으로 주무르거나, 양발의 엄지발가락을 포개 위아래를 바꾸는 등 자세를 조금씩 바꾸면 효과적이다. 무릎을 위로 살짝 띄우고 앞으로 체중을 싣고 앉으면 보기에 좋은 자세를 만들 수 있다.

손톱과 발톱은 왜 깎아도 아프지 않을까?

|손발톱 이야기|

손톱과 발톱에는 통증을 느끼는 통점도,
통증을 전달하는 신경도 없다.

세 가지만 알면 나도 과학자!

손톱과 발톱은 피부가 변화한 기관

손톱과 발톱은 피부의 가장 바깥쪽 각질층이 변해서 단단해진 것이다. 각질에는 통점도 신경도 혈관도 없어 손톱과 발톱 끝은 잘라도 아프지 않고 피도 나지 않는다. 그러나 손톱과 발톱 뿌리에는 많은 신경이 분포해 세게 누르면 아프다. 개와 고양이의 발톱은 인간처럼 납작하지 않다. 하지만 옆에서 보면 혈관과 신경이 분포한 것을 알 수 있다.

손톱과 발톱의 역할

손톱과 발톱은 머리카락처럼 케라틴이라는 단백질로 이루어져 있다. 또 신경이 집중된 손끝과 발끝을 지킨다. 손톱과 발톱 덕분에 손가락 끝에 힘을 줄 수 있고, 손으로 정교한 작업을 하거나 발로 안정적으로 몸을 지탱하며 걸을 수 있다.

새로운 손톱과 발톱은 조모에서 만들어진다

새로운 손톱과 발톱은 피부 안쪽의 조모(爪母, nail matrix) 부분에서 세포 분열을 거듭해 만들어진다. 손톱과 발톱이 자라는 속도는 발보다 손, 밤보다 낮, 겨울보다 여름, 어른보다 아이, 여성보다 남성이 더 빠르다고 한다. 또 주로 사용하는 손일수록 빨리 자라는 경향이 있다.

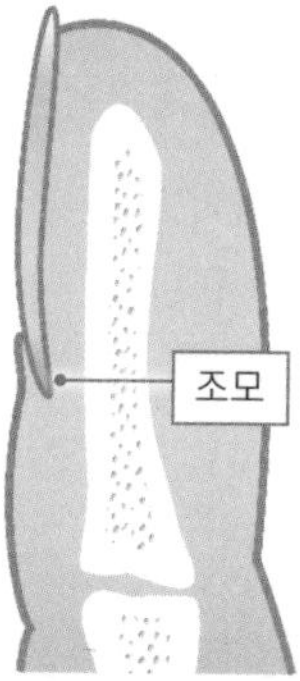

긴장하면 왜 가슴이 두근거릴까?

|자율신경 이야기|

자율신경에서 힘을 내야 한다는 느낌이 전달되어,
심장이 혈액을 대량 공급하기 때문이다.

세 가지만 알면 나도 과학자!

교감신경과 부교감신경

자율신경은 체내 환경과 움직임을 조정하는 두 종류의 신경 네트워크다. 낮이나 활동 중에는 '교감신경'이, 밤이나 이완된 상태일 때는 '부교감신경'이 활발해진다. 긴장했을 때 가슴이 두근거리는 것은 교감신경의 작용이어서 스스로 조절하기 어렵다. 이럴 때 몸에서 힘을 빼고 심호흡하거나 즐거운 일을 상상하면 긴장을 푸는 데 효과적이다.

두근거림은 심장의 밸브 소리

힘을 내야 한다는 느낌이 뇌에서 심장에 전달되면, 온몸에 산소와 영양을 공급하려고 혈액을 대량 공급한다. 이때 혈액의 펌프 역할을 하는 심장의 밸브가 빠르고 힘차게 열리고 닫히면서 두근거림 증상이 나타난다.

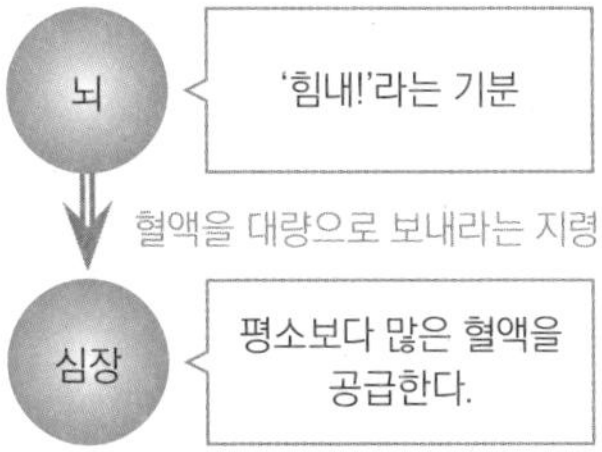

자율신경이 흐트러지면 컨디션이 나빠진다

생활 습관 때문에 자율신경이 교란되면 컨디션이 나빠질 수 있다. 텔레비전과 스마트폰 등의 화면을 온종일 들여다보면 교감신경이 자극을 받아 잠들기 어렵고, 이로 인해 아침에 일어나도 찌뿌둥하다.

찾아보기

사진·일러스트 (※ 숫자는 쪽수 표시)

123RF 26, 27, 28, 34, 40, 41, 45, 49, 53, 55, 57, 58, 59, 62, 66, 75, 78, 80, 81, 82, 83, 85, 87, 88, 89, 90, 92, 93, 95, 96, 97, 98, 99, 100, 105, 108, 117, 119, 122, 124, 128, 129, 131, 132, 137, 139, 142, 144, 150, 153, 154, 161, 162, 164, 165, 169, 174, 176, 177, 185, 186, 187, 188, 192, 193, 195, 196, 197, 198, 199, 200, 201, 203, 204, 206, 207, 208, 209, 211, 212, 213, 216, 218, 220, 221, 222, 223, 224, 225, 226, 227, 228, 230, 232, 234, 235, 237, 238, 248, 251, 252, 253, 254, 255, 256, 259, 263, 264, 265, 266, 267, 268, 269, 271, 280, 283, 285, 286, 287, 288, 289, 293, 296, 298, 299, 300, 302, 304, 306, 307, 308, 309, 310, 311, 314, 316, 319, 321, 322, 323, 324, 327, 331, 332, 334, 336, 337, 338, 340, 343, 344, 346, 350, 351, 352, 354, 358, 360, 361, 365, 371, 374, 377, 379, 380, 383, 385

일러스트 AC 31, 35, 42, 44, 46, 54, 57, 64, 68, 70, 72, 76, 77, 79, 86, 101, 103, 111, 112, 120, 130, 138, 144, 145, 146, 147, 168, 175, 176, 185, 184, 194, 215, 228, 236, 239, 240, 241, 249, 250, 260, 272, 273, 275, 277, 280, 284, 290, 310, 312, 313, 315, 316, 317, 318, 328, 334, 342, 345, 348, 356, 369, 370, 372, 373, 375, 378, 382, 384, 386, 388, 389

일러스트야 69, 104, 121, 157, 159, 184, 185, 249, 280, 310, 354, 375
공익재단법인 지진예지종합연구진흥회 지진조사연구추진본부 182
위키미디어 코먼스 25, 74, 151, 152, 210, 246, 261, 301, 349, 357, 382
지카리이시 아리카 37, 149, 170, 335, 387 **이노우에 간지**(井上貫之) 341
오시마 오사무(大島修) 362 **기타무라 가즈아키**(北村和明) 84 **사진 AC** 183
일본 국립 천문대 61, 295, 297 **포토 라이브러리** 123 **웹 교재 일러스트 도판 공방** 339

도판 작성·DTP 이가라시 요시아키(五十嵐好明)

옮긴이 **서수지**

대학에서 철학을 전공했지만 직장생활에서 접한 일본어에 빠져들어 회사를 그만두고 본격적으로 일본어를 공부해 출판 번역의 길로 들어섰다. 옮긴 책에 『세계사를 바꾼 10가지 약』『세계사를 바꾼 13가지 식물』『세계사를 바꾼 37가지 물고기 이야기』『세계사를 바꾼 21인의 위험한 뇌』『세계사를 바꾼 10가지 감염병』『세상에서 가장 재미있는 63가지 심리실험 - 뇌과학편』『세상에서 가장 재미있는 61가지 심리실험 - 인간관계편』『세상에서 가장 재미있는 88가지 심리실험 - 자기계발편』『세상에서 가장 재미있는 물리 이야기』『소수는 어떻게 사람을 매혹하는가?』 등이 있다.

과학잡학사전 통조림 – 일반과학편

1판 1쇄 발행 2023년 4월 13일
1판 5쇄 발행 2024년 4월 30일

지은이 사마키 다케오 외
옮긴이 서수지
펴낸이 이재두
펴낸곳 사람과나무사이
등록번호 제2024-000012호
주소 경기도 파주시 회동길 508(문발동), 스크린 405호
전화 (031)815-7176 **팩스** (031)601-6181
이메일 saram_namu@naver.com
표지디자인 박대성
영업 용상철
인쇄·제작 도담프린팅
종이 아이피피(IPP)

ISBN 979-11-88635-78-8 03400